高等学校土木工程专业规划教材

测 量 学

赵同龙　主编
于承新　主审

中国建筑工业出版社

图书在版编目（CIP）数据

测量学/赵同龙主编 .—北京：中国建筑工业出版
社，2010

高等学校土木工程专业规划教材
ISBN 978-7-112-11677-5

Ⅰ. 测… Ⅱ. 赵… Ⅲ. 测量学-高等学校-教材 Ⅳ. P2

中国版本图书馆 CIP 数据核字（2009）第 227022 号

　　测量学是学习测绘科学的入门课，是一门理论性、技术性、应用性很强的学科。本书从测量学的基本任务"确定地面点位"入手，系统地讲述了测量工作的基本原则、组织程序以及测量数据的获取原理、方法、使用的仪器设备等关键问题。作为测量数据的实际应用，书中详细讲述了坐标定位的基本原理、地形图的测绘方法、地形图在工程建设中的应用以及测量在工程建设中的具体运用。

　　本书可作为土木工程及相关专业在校生、函授及成人教育本科生及专科生的教材，也可作为从事测量工作的工程技术人员的参考书。

＊　　＊　　＊

责任编辑：朱首明　李　明
责任设计：崔兰萍
责任校对：袁艳玲　刘　钰

高等学校土木工程专业规划教材
测　量　学
赵同龙　主编
于承新　主审
＊
中国建筑工业出版社出版、发行（北京西郊百万庄）
各地新华书店、建筑书店经销
北京红光制版公司制版
北京市密东印刷有限公司印刷
＊
开本：787×1092 毫米　1/16　印张：11　字数：268 千字
2010 年 1 月第一版　　2019 年 9 月第六次印刷
定价：**19.00** 元
ISBN 978-7-112-11677-5
（18924）

前　言

随着现代科学技术，尤其是计算机技术、现代通信技术、信息技术和传感技术的发展，测量学已由传统的模拟时代发展到数字化时代，目前正向信息化时代发展，在国民经济建设和国防建设中发挥着越来越重要的作用。

在时代背景下，测量学作为高等学校土木工程、建筑工程管理、工程造价等土建类专业的一门重要技术基础课，其教学内容、教学形式也需要不断更新和完善，以适应时代发展和培养各类专门人才的需要。以此为出发点，我们组织山东建筑大学测绘工程教研室的教师，总结多年来测量教学经验，结合时代发展进程，编写了本教材。

全书共分十章，章末附有复习思考题。第一章绪论，主要讲述了测量学的任务、内容、原则和地面点位的确定以及测量工作的基本原则和基本程序。第二章至第六章主要讲述了测量的基本原理、技术和方法。第七章讲述了地形图应用的内容。第八章至第十章讲述了施工测量技术以及测量在不同工程领域的应用。

本书由赵同龙主编，王倩、赵吉涛副主编，丁宁、郝光荣、王京卫参编。全书由于承新主审。具体分工情况如下：

第一章、第二章、第六章由赵同龙编写，第三章、第七章由王倩编写，第四章、第五章由赵吉涛编写，第八章由郝光荣编写，第九章、第十章由丁宁、王京卫、赵同龙、赵吉涛共同编写。

本书的部分图表和数据取自所列的参考文献，在此向原作者致谢。

由于编者水平有限，书中难免存在谬误之处，敬请读者批评指正。

目　录

第1章　绪论 …………………………………………………………………………… 1

1.1　测量学的任务及作用 …………………………………………………………… 1

1.2　测量常用坐标系及地面点位的确定 …………………………………………… 3

1.3　测量工作的程序及基本内容 …………………………………………………… 9

1.4　测量的度量单位 ………………………………………………………………… 10

复习思考题 ……………………………………………………………………… 11

第2章　水准测量 ……………………………………………………………………… 12

2.1　水准测量的原理 ………………………………………………………………… 12

2.2　水准测量的仪器和工具 ………………………………………………………… 12

2.3　水准测量的外业实施 …………………………………………………………… 18

2.4　水准测量内业计算 ……………………………………………………………… 24

2.5　微倾式水准仪的检验和校正 …………………………………………………… 25

2.6　水准测量的误差及注意事项 …………………………………………………… 28

复习思考题 ……………………………………………………………………… 29

第3章　角度测量 ……………………………………………………………………… 31

3.1　角度测量原理 …………………………………………………………………… 31

3.2　角度测量的仪器 ………………………………………………………………… 32

3.3　水平角观测 ……………………………………………………………………… 35

3.4　竖直角观测 ……………………………………………………………………… 40

3.5　经纬仪的检验与校正 …………………………………………………………… 43

3.6　水平角测量的误差及注意事项 ………………………………………………… 46

复习思考题 ……………………………………………………………………… 48

第4章　距离测量与直线定向 ………………………………………………………… 50

4.1　钢尺量距的一般方法 …………………………………………………………… 50

4.2　钢尺量距的精密方法 …………………………………………………………… 52

4.3　视距测量 ………………………………………………………………………… 54

4.4　光电测距 ………………………………………………………………………… 56

4.5　电子全站仪简介 ………………………………………………………………… 58

4.6　直线定向 ………………………………………………………………………… 59

复习思考题 ……………………………………………………………………… 62

第5章　控制测量 ……………………………………………………………………… 63

5.1　控制测量概述 …………………………………………………………………… 63

5.2　导线测量 ………………………………………………………………………… 64

5.3　交会测量 ………………………………………………………………………… 71

5.4　高程控制测量 …………………………………………………………………… 74

5.5　GPS在控制测量中的应用 ……………………………………………………… 75

复习思考题 ……………………………………………………………………… 81

第6章　地形测量 ······ 82
　6.1　地形图的基本知识 ······ 82
　6.2　地物符号和地物注记 ······ 90
　6.3　地貌符号 ······ 91
　6.4　地形图测绘 ······ 94
　复习思考题 ······ 108

第7章　地形图的应用 ······ 109
　7.1　地形图的识读 ······ 109
　7.2　地形图应用的基本内容 ······ 109
　7.3　图形面积的量算 ······ 111
　7.4　地形图在工程建设中的应用 ······ 115
　复习思考题 ······ 121

第8章　测设的基本工作 ······ 122
　8.1　水平距离、水平角度、高程的测设 ······ 122
　8.2　点的平面位置的测设 ······ 124
　8.3　已知坡度直线的测设 ······ 127
　复习思考题 ······ 128

第9章　工业与民用建筑中的施工测量 ······ 129
　9.1　施工测量概述 ······ 129
　9.2　建筑施工控制测量 ······ 129
　9.3　建筑施工测量 ······ 134
　9.4　建筑工程变形观测 ······ 141
　9.5　建筑工程竣工测量 ······ 149
　复习思考题 ······ 151

第10章　道路、桥梁与地下工程测量简介 ······ 152
　10.1　道路工程测量概述 ······ 152
　10.2　道路中线测量 ······ 152
　10.3　道路曲线测设 ······ 154
　10.4　路线纵横断面测量 ······ 158
　10.5　桥梁工程测量概述 ······ 161
　10.6　桥梁控制测量 ······ 161
　10.7　桥梁施工测量 ······ 162
　10.8　地下工程测量概述 ······ 163
　10.9　地下工程控制测量 ······ 164
　10.10　联系测量 ······ 165
　10.11　地下工程施工测量 ······ 168
　复习思考题 ······ 169

主要参考文献 ······ 170

第1章 绪 论

1.1 测量学的任务及作用

1.1.1 测量学的任务和内容

测量学是测绘学科的一门技术基础课，也是土木工程、交通工程、市政工程、土地管理等专业的一门专业基础课。学习本课程的目的是为了掌握测量基本数据的获取、地形图的测绘、地形图的应用、工程建筑物施工放样以及变形观测的基本理论和方法。

人们在长期的劳动和实践过程中，在面对大小、高下、远近、方圆，在面对点、线、面、体、方向、位置等的日常生活中，已经自觉和不自觉的用到了测量知识。

远近可以对应于测量中的距离测量，高下可以对应于测量中的高程测量，方向可以对应于测量中的角度测量与直线定向工作。运用测量原理，通过高程测量、角度测量、距离测量与直线定向工作，我们可以确定一个点在空间中的位置。点之间可以连成线，线的组合可以构成面，面之间再组合可以构成体。于是物体的大小、形状以及它所在的位置就可以确定出来。当然，与此有关的高程、距离、角度、面积、体积、方向等指标也可以通过测量方法进行量化。

因此，说得简单一点，测量学就是确定地面点位（包含空中、地下和水下）的科学。说得抽象一点，测量学就是研究地球空间（包括地面、地下、水下、空中）具体几何形体的测量描绘和抽象几何实体的测设实现的理论、方法和技术的一门应用性学科。它主要以建筑工程和机械设备为研究对象。

具体几何实体是指一切被测对象，它们是业已存在的一切几何实体（包括原始自然地貌、人工建筑及其有关的目标）；抽象几何实体是指一切设计好的、还仅存在于图纸上的、尚未建成的各项工程。

另外，在生产实践中，人们有时候需要明确建筑物在施工和运营期间其形状、位置等是否产生了变化？如果变化了，这些变化量到底有多大？它影响不影响建筑物的安全？解决这些疑问，就要用到测量中变形观测的理论和方法。因此，变形观测也是测量工作的一项重要内容。

就测量目的的实现而言，测量学的主要内容包括描绘性测量（测定）、实现性测量（施工测设）、监视性测量（变形观测）和验证性测量（测量检测）。

描绘性测量就是利用测量仪器和工具，通过测量和计算，测量出具体几何实体的形状、大小和位置，从而获取想要的测量数据；或者根据需要，将几何实体的集合，运用一定的符号系统，根据地图制图理论绘制出地形图，供规划设计、信息管理、经济建设和国防建设等部门使用。

施工测设实际上是指抽象几何实体的实现问题。将抽象的几何实体按照其设计好的位置在地面上标定出来，作为后续施工的依据，称为测设（又称放样）。机械设备的安装也是一种放样。放样可以归纳为点、线、面、体的放样，其中点放样是基础。放样与描绘性测量的原理相同，使用的仪器和方法也相同，只是实现的目的不一样。

变形观测就是周期性地对建筑物上的观测点进行重复观测，求得其在两个及两个以上周期的变化量，以便能正确反映出建筑物的变化情况，达到监视建筑物的安全运营，了解其变形规律的目的。为了能反映出建筑物的微小变形量，变形观测通常要用精密测量仪器和专用测量仪器才能实现。除了实现目的和对仪器的精度有特殊要求以外，变形观测与描绘性测量的原理、方法也是相同的。

验证性测量实质上是对工程建筑物及其构件的安装进行测量方面的质量控制，通过测量，可以验证其几何尺寸是否符合设计要求，其变形量是否符合建筑限差的要求等等。验证性测量的成果是工程建筑物成果验收的重要依据，其测量原理、测量方法与描述性测量、变形观测基本相同。

1.1.2 测量学的地位和作用

测量学是测绘学科的一门技术基础课，测绘科学与技术的应用范围非常广泛，在国民经济建设、国防建设和科学研究等领域都占有重要地位，对国家的可持续发展发挥着越来越重要的作用。

在国民经济建设领域，测绘信息是国民经济建设和社会发展规划中最重要的基础信息之一。在资源开发与利用、城市规划与建设、交通工程、水利工程、工业设备与安装、甚至农业、环境保护等诸多方面，都离不开测绘信息（资料）的支持。譬如修一条路，首先要根据地形条件，按照一定的限制坡度选择线路走向；要知道作物的产量，就要先知道作物的种植面积；进行土方计算，实际上就是要计算挖土和填土的体积；机械设备的安装，必须保证足够的精度；相向开挖的隧道，必须保证能够正确贯通等等，所有这些，都需要测量工作的支持和参与。

在国防建设方面，测量工作更有不可替代的作用。各种国防工程的规划、设计与施工必然用到测量工作。战略部署、战役指挥、兵力投送等离不开军事地图，导弹、卫星、航天器的发射与精确定轨等离不开测量工作。目前，现代军事科学技术与现代测绘科学技术已经紧密地结合在一起。仅在卫星导航领域，目前世界上就有美国的 GPS、欧盟的 Galileo、俄罗斯的 GLONASS、中国的"北斗"等。

在科学研究方面，航天技术、极地探索、地壳形变、灾害监测、资源评估等诸多领域以及其他科学中，都要用到测绘科学技术，都需要测量工作的参与和配合。地理信息系统、数字城市、数字中国乃至数字地球的建设，都需要现代测绘科学技术提供基础数据信息。

近几十年来，随着空间科学、信息科学的飞速发展，3S（GPS、RS、GIS）技术已经成为当前测绘科学的核心技术。测量工作已从单纯的与地形有关的测绘和资料收集发展到数据采集、传输、存储、处理的自动化，测绘领域早已从陆地扩展到海洋、空间和地下，测绘成果已从三维扩展到四维、从静态发展到动态，测量工作正向着"测量内外业作业的一体化、数据获取及处理的自动化、测量过程控制和系统行为的智能化、测量成果和产品的数字化、测量信息管理的可视化、信息共享和传播的网络化"六化方向发展。

测绘科学与技术在土建类专业中的应用可以从工程建设的规划设计、施工建设和运营管理三个阶段来考虑。

在工程建设的规划设计阶段（也称勘测设计阶段），测量工作主要提供与规划设计有关的各种测量数据和各种比例尺的地形图。

在工程建设的施工阶段，测量工作者首先要将所设计的工程建筑物按照施工的要求在现场标定出来（即定线放样），作为实际修建的依据。然后再按照施工的需要，采用各种不同的放样方法，将图纸上所设计的内容转移到实地。此外，还要进行施工质量控制（如高层建筑的竖直度、梁的挠度及弯曲等）、设备安装、竣工测量等工作。

在工程建设的运营管理阶段，为了保证建筑物的安全，还要对建筑物的水平位移、沉陷、倾斜、裂缝以及摆动等进行变形观测。

非测绘工程专业的学生，学习本课程之后，应该掌握测量学的基本理论和基本方法；能够正确使用测量仪器获取测量数据；了解大比例尺地形图的成图原理和方法；掌握地形图在本专业方面的应用；具备一定的施工放样能力；了解现代测绘科学与技术的发展动态，以便能灵活运用所学到的测量知识为其专业服务。

测量学是一门实践性很强的学科，除课堂教学外，还有实验课和教学实习。在掌握课堂教学内容的同时，学生还要认真参加实验课和教学实习，达到验证所学理论和学以致用的目的，要自始至终完成各项实习任务，规范操作、忠实记录、认真计算，通过实习培养理论联系实际、分析问题和解决问题的能力，通过实习提高实际动手能力和团结协作精神，培养严谨、求实的作风，为以后的工作打下良好的基础。

1.2　测量常用坐标系及地面点位的确定

1.2.1　地球的形状和大小

测量工作主要是在地球自然表面进行的，因此，地球整体的形状和大小与测量工作密切相关。首先，地球表面是极不规则的，有高山大川，也有湖泊海洋，珠穆朗玛峰高达8844.43m，马里亚那海沟深达 11022m，但这与地球约 6371km 的半径相比，只能算是极小的起伏。其次，地球表面约 71% 的面积为海洋，约 29% 的面积为陆地，海洋占了绝大多数。因此，测量中把地球的形状看作是由静止的海水面向陆地延伸并包绕整个地球所形成的某种形状（如图 1-1）。

地球上任一质点在静止状态下都会受到两个力的作用：一是地球自转产生的惯性离心力，二是整个地球质量产生的万有引力。这两个力的合力称为重力。万有引力方向指向地球的质心，惯性离心力的方向垂直于地球自转轴向外。重力方向则是两者合力的方向（如图 1-2）。重力的作用线又称为铅垂线，铅垂线是测量外业所依据的基准线。用细线系一重锤，其静止时所指的方向即为重力的方向。由于惯性离心力在赤道处最大，随纬度的升高而逐渐减小，在两极处为零，因此如图 1-1 所示，地球形体为赤道较为突出而两极较为扁平的椭球体。

处于静止状态的水面称为水准面。水准面是一个重力等位面，水准面上任意一点的垂线都垂直于该点的水面。在地球表面重力作用的空间，通过任意高度的点都有一个水准面，因此，水准面有无数个。为了统一高程计算的基准面，设想全球的海水面都静止下来，形成一个平均海水面，并假设该平均海水面穿过大陆和岛屿包围了整个地球，形成一个闭合曲面，这个闭合曲面就是大地水准面。因此，大地水准面就是假想的、与静止的平均海水面相吻合，并向大陆和岛屿延伸而形成的闭合的特定重力等位面，它是测量外业所依据的基准面。需要指出的是，出于某种需要，在不同的国家和地区，大地水准面所采用的平均海水面是不同的，我国的大地水准面采用黄海的平均海水面，因此这个大地水准面应称为"似大地水准面"。

图 1-1　地球的形状

图 1-2　引力、离心力和重力

由于地球表面的起伏不定和地球内部质量分布的不均匀，使得重力作用线的方向产生不规则的变化，根据水准面的特性，可以判断出大地水准面是一个不规则的曲面（如图 1-3），因此大地水准面所包围的地球形体"大地体"也是不规则的，它难以用数学公式准确表达。测绘地形图时，需要将地球曲面上的几何实体投影到平面上，由于地球曲面的不规则，致使投影计算变得十分困难。

经过长期测量实践表明，地球形状及其近似于一个两极稍扁的旋转椭球，即一个椭圆绕其短轴旋转而成的形体（如图 1-4）。旋转椭球面可以用数学公式准确表达。因此，在测量工作中用一个规则的旋转椭球面来代替大地水准面作为测量内业计算的基准面。

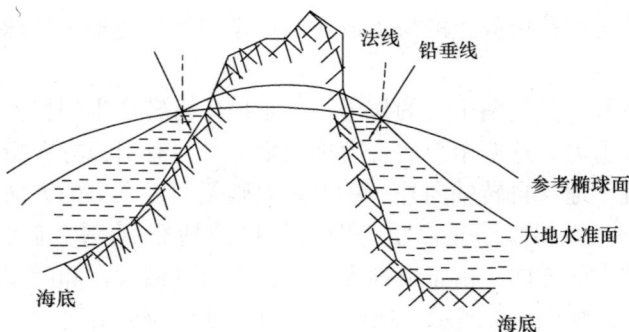

图 1-3　大地水准面

图 1-4　旋转椭球体

在几何大地测量中，椭球的形状和大小通常用长半轴 a 和扁率 f 来表示：

$$f = \frac{a-b}{a}$$

式中　a——椭球的长半轴；

4

b——椭球的短半轴；

f——椭球的扁率。

代表地球形状的总地球椭球（与全球大地水准面最为接近的地球椭球）只有一个，但世界上不同的国家和地区使用的却是与自己国家和地区的似大地水准面最为接近的椭球，称为参考椭球。几个世纪以来，许多学者曾测算出参考椭球体的参数值，表 1-1 为几次有代表性的测算成果。

地球椭球几何参数　　　　　　　　　　　　　　　　　表 1-1

椭球名称	年代	长半轴 a（m）	扁率 f	备　注
德兰布尔	1800	6375653	1：334.0	法国
白塞尔	1841	6377397.155	1：299.152 812 8	德国
克拉克	1880	6378249	1：293.459	英国
海福特	1909	6378388	1：297.0	美国
克拉索夫斯基	1940	6378245	1：298.3	前苏联
1975 大地测量参考系统	1975	6378140	1：298.257	IUGG 第 16 届大会推荐值
1980 大地测量参考系统	1979	6378137	1：298.257	IUGG 第 17 届大会推荐值
WGS-84 系统	1984	6378137	1：298.257 223 563	美国国防部制图局（DMA）

注：IUGG——国际大地测量与地球物理联合会（International Union of Geodesy and Geophysics）。

由于参考椭球的扁率很小，当测区面积不大时，在普通测量中可以把地球近似的看作圆球体，其半径为：

$$R = \frac{1}{3}(a+a+b) \approx 6371\text{km}$$

1.2.2　测量常用坐标系

为了确定地面点的位置，需要建立坐标系。一个点在空间的位置需要三维坐标来表示，在测量工作中，点的空间位置由球面或平面上的坐标（二维）加高程（一维）三个数据来表示，即用一个二维坐标系（投影面为球面或平面）和一个一维坐标系（高程）的组合来表示，它们分别属于大地坐标系、平面直角坐标系和高程系；在卫星测量中，采用的是空间直角坐标系。同一个点在不同坐标系之间的坐标彼此可以相互换算。

1. 大地坐标系

地面上一点的空间位置可用大地坐标（B，L，H）来表示。参考椭球面是大地坐标系的基准面，在参考椭球面上确定一点投影位置的两个参考面是赤道面和起始子午面。

在图 1-5 中，过地面点 P 的子午面与起始子午面之间的夹角，称为该点的大地经度，用 L 表示。规定从起始子午面起算，向东为正，由 0°到 180°为东经；向西为负，由 0°到 180°为西经。

过地面点 P 的椭球面法线与赤道面的夹角称为该点的大地纬度，用 B 来表示。规定从赤道面起算，向北为正，由 0°到 90°为北纬；向南为负，由 0°到 90°为南纬。

P 点沿椭球面法线到椭球面的距离称为大地高程，用 H 来表示。从椭球面起算，向外为正，向内为负。

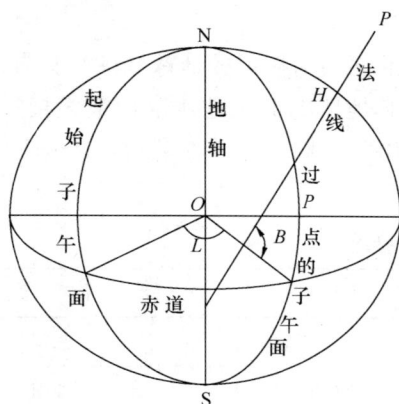

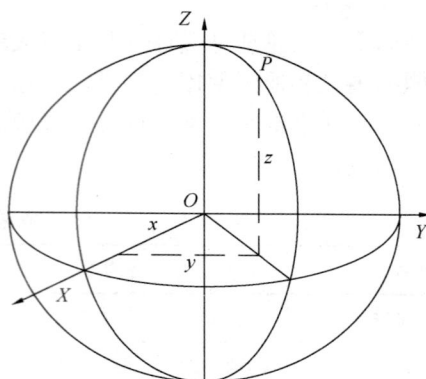

图 1-5 大地坐标系   图 1-6 空间直角坐标系

2. 空间直角坐标系

以椭球体中心 O 为原点，起始子午面与赤道面交线为 X 轴，赤道面上与 X 轴正交的方向为 Y 轴，椭球体的旋转轴为 Z 轴，构成右手直角坐标系 $O\text{-}XYZ$，在该坐标系中，P 点的位置用 OP 在这三个坐标轴上的投影 x、y、z 来表示（如图 1-6）。

3. 独立的平面直角坐标系

根据上面介绍，地面点在椭球面上的坐标可以用大地坐标和空间直角坐标表示，但是，由于工程建设规划设计是在平面上进行的，需要将点的位置和地形图表示在平面上，因此工程建设中，通常采用平面直角坐标系。测量中采用的平面直角坐标系有独立的平面直角坐标系、高斯平面直角坐标系。

大地水准面虽然是曲面，但当测量区域（如半径不大于 10km 的范围）较小时，可以用通过测区中心点的切平面来代替曲面，地面点在投影面上的位置就可以用平面直角坐标来确定。这个"切平面"就是独立平面直角坐标系的"平面"，其坐标原点一般选在测区的西南角，以使测区内各点的坐标值均为正值；以纵轴作为 X 轴，表示南北方向，向北为正；以横轴作为 Y 轴，表示东西方向，向东为正；象限顺序以顺时针方向排列（如图 1-7）。应当注意，测量中的平面直角坐标系与数学中的平面直角坐标系（如图 1-8）是有区别的，比如坐标轴、象限的规定等。但是，由于测量中表示点的位置时其角度是以北方向为准按照顺时针计算的，因此，当 X 轴与 Y 轴如此互换后，全部平面三角公式均可用于测量计算中。

4. 高斯平面直角坐标系

当测区较大时，就不能把大地水准面当作水平面来看待。此时，要将球面坐标和曲面图形转换成相应的平面坐标和图形，必然会产生变形，为了使变形小于测量误差，就必须采用适当的方法来解决。测量中通常采用高斯投影方法。

如图 1-9 所示，设想有一个椭圆柱面横套在地球椭球体外面，使它与椭球上某一子午线（该子午线称为中央子午线）相切，椭圆柱的中心通过椭球体中心，然后用一定的投影方法，将中央子午线两侧各一定经差范围内的地区投影到椭圆柱面上，再将此柱面展开即成为投影面。故高斯投影又称为横轴椭圆柱投影。高斯投影具有以下特点：

6

图 1-7　测量平面直角坐标系　　　　　　图 1-8　数学平面直角坐标系

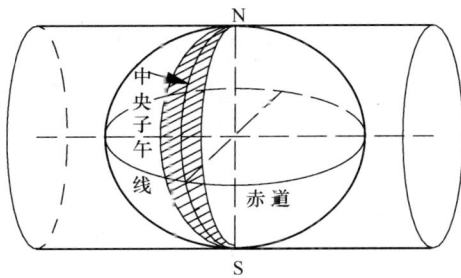

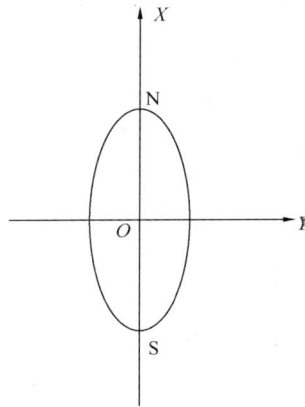

图 1-9　高斯投影　　　　　　图 1-10　高斯平面直角坐标系

（1）高斯投影是正形投影的一种，投影前后的角度相等。

（2）中央子午线投影后为直线，且长度不变。距离中央子午线越远的子午线，投影后弯曲程度越大，长度变形也越大。

（3）椭球面上除中央子午线外，其他子午线投影后均向中央子午线弯曲，并向两极收敛，对称于中央子午线和赤道。

（4）在椭球面上对称于赤道的纬圈，投影后仍成为对称的曲线，并与中央子午线的投影线互相垂直且凹向两极。

在投影面上，中央子午线和赤道的投影都是直线。以中央子午线和赤道的交点 O 作为坐标原点，以中央子午线的投影为纵坐标轴 X，规定 X 轴向北为正；以赤道的投影为横坐标轴 Y，规定 Y 轴向东为正，这样就建立了高斯平面直角坐标系（如图 1-10）。

根据高斯投影的特点，为了控制长度变形，将地球椭球面按一定的经度差分成若干范围不大的带，称为投影带。投影带的带宽（即经差）一般分为 6°和 3°，它们分别称为 6°带和 3°带（如图 1-11）。

6°带：从 0°子午线起，每隔经差 6°自西向东分带，依次编号 1，2，3，…60，每带中间的子午线称为轴子午线或中央子午线，各带相邻子午线称为分界子午线。我国领土跨 13～23 共 11 个 6°带。带号 N 与相应中央子午线经度 L_0 的关系为：

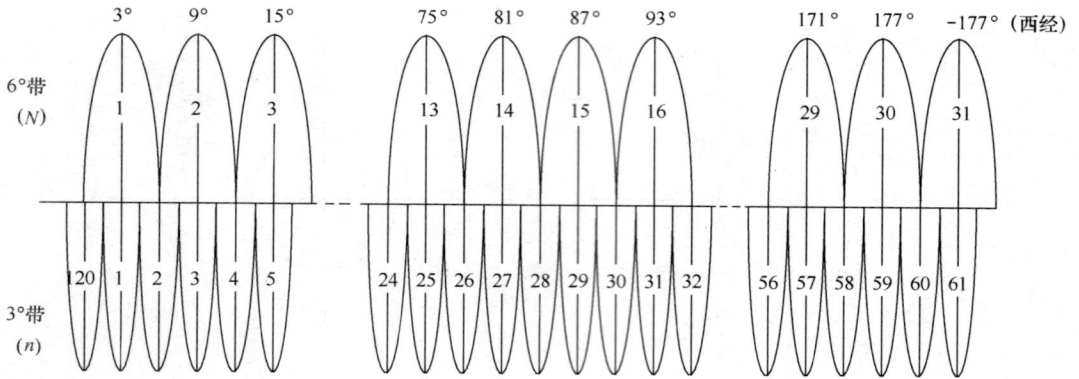

图 1-11 6°带与3°带

$$L_0 = 6N - 3$$

3°带：从东经 1.5°子午线起，每隔经差 3°自西向东分带，依次编号 1，2，3，…120。我国领土跨 24～45 共 22 个 3°带。带号 n 与相应中央子午线经度 l_0 的关系为：

$$l_0 = 3n$$

我国位于北半球，X 坐标均为正值，而 Y 坐标有正有负。为避免 Y 坐标出现负值，规定将坐标轴 X 向西平移 500km，即所有点的 Y 坐标值均加上 500km。此外，为便于区别某点位于哪一个投影带内，还应在横坐标前冠以带号。这种坐标称为国家统一坐标。

例如，P 点的坐标 $X_P = 3275611.188$m；$Y_P = -376543.211$m，若该点位于 19 带内，则 P 点的国家统一坐标为：

$$x_P = 3275611.188\text{m}, y_P = 19123456.789\text{m}。$$

1.2.3 地面点位的确定

测量工作的基本任务是确定地面点的位置，通常地面点的位置要用三个量 (X, Y, H) 来表示〔当然也可以用 (L, B, H) 或 (X, Y, Z) 来表示〕。其中 (X, Y) 是指地面点沿着铅垂线投影到投影面（如高斯平面、独立平面、空间直角坐标系的 XOY 平面）上的平面坐标；H 是指地面点到高度起算面的铅垂距离，H 又称为高程，高度起算面又称为高程基准面。选用不同的高程基准面，可以得到不同的高程系统。

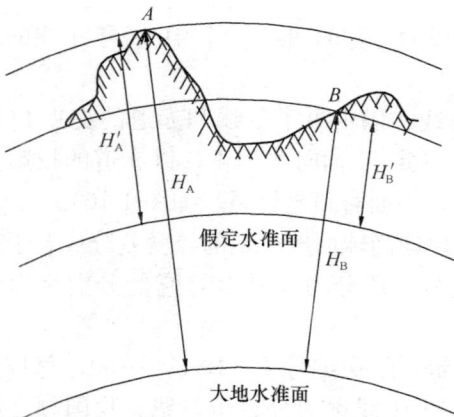

图 1-12 地面点高程的确定

地面点沿铅垂线方向到大地水准面的距离称为该点的绝对高程或海拔。地面点沿铅垂线方向到假定水准面的距离称为该点的相对高程或假定高程。高程用 H 表示。图 1-12 中的 H_A 和 H_B 分别为地面点 A、B 的绝对高程，H_A' 和 H_B' 分别为地面点 A、B 的相对高程。

为了统一全国的高程系统，我国根据长期验潮观测资料，求出了黄海平均海水面的位置作为我国绝对高程的起算面，并在青岛建立了水准原点，其高程为 72.260m，全国各地的绝对高程都以它为基准进行测算。此即为我国目前采用的"1985 国家高程基准"。

1.3　测量工作的程序及基本内容

1.3.1　测量工作程序及基本原则

地球表面的外形是复杂多变的，在测量工作中，一般将其分为两大类：地面上自然形成的高低起伏等变化，如山岭、谷地、平原等称为地貌；地面上由人工建造的地面附着物，如房屋、道路、桥梁等称为地物；地物和地貌统称为地形。

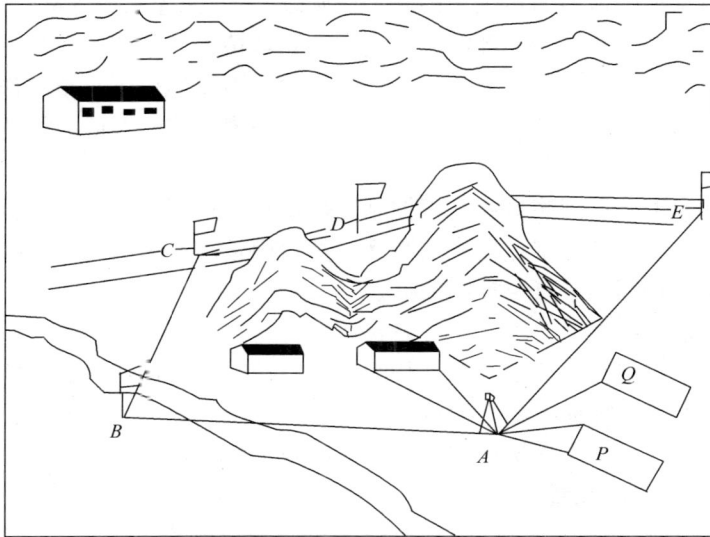

(a)

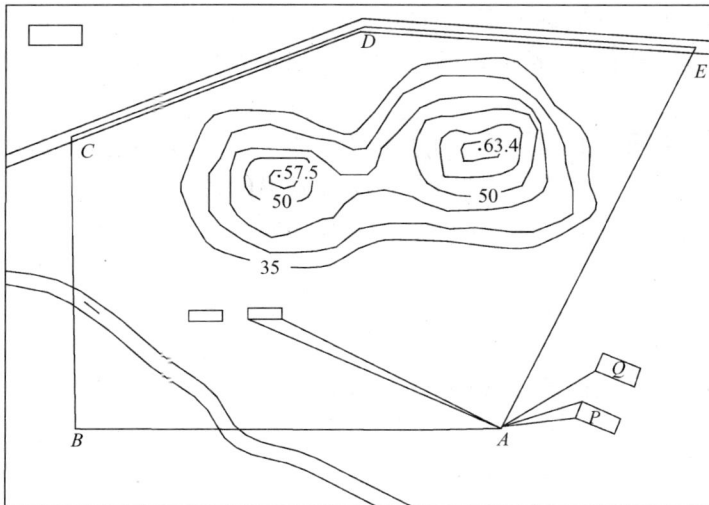

(b)

图 1-13　控制测量与碎部测量

测绘地形图时，在一个测站上用仪器测绘出测区内所有的地物和地貌是不可能的。同样，建筑施工放样工作也不可能在一个测站上完成。如图 1-13（a）所示，在 A 点设站，只能测绘它周围的地物和地貌,对于山后和较远的地方就观测不到,因此,需要在若干点上分别施测,才能测绘拼接出一幅完整的地形图。同样,要放样设计房屋 P、Q 的位置,也可能需要在不同点上安置仪器才能完全放样出其位置。因此,进行某一个测区的测量工作时,首先要用较严格的方法和较精密的仪器,以较高的精度测定分布在全测区的少量控制点(如图 1-13 中的 A、B、C、D、E)的点位,作为测图或施工放样的框架和依据,以保证测区的整体精度,称为控制测量。然后在每个控制点上,以较低但必要的精度测绘其周围的局部地形图或放样需要施工的点位,称为碎部测量。

以上讲的测量程序即为测量工作的基本原则之一:"先控制后碎部"。此外,在测量的布局上,还应把握"从整体到局部"的原则,在测量精度上要按照"从高级到低级"的原则,在实地测量过程中要按照"前一步工作未经检核不能进行下一步工作"的原则进行施测。采取这些测量原则的目的在于减少测量误差的积累,使测图或放样的点位精度均匀。

1.3.2 控制测量

控制测量分为平面控制测量和高程控制测量,是先在测区选择一定数量的具有控制意义的控制点,由这一系列控制点构成控制网,然后用较高的精度测定出控制点的平面坐标和高程,作为后期碎部测量点位控制依据。

1.3.3 碎部测量

碎部测量是在控制测量的基础上进行的,即以控制点为依据,在不同的控制点上安置仪器,测定一系列地形特征点的平面位置和高程,以绘制地形图;或测设一系列设计建筑物的平面位置和高程,并作现场标定,作为后续施工的依据。

1.3.4 测量基本观测量

确定地面点位时,点与点之间的相对位置可以通过距离、角度、高差来确定,因此,这些量称为测量基本观测量。

距离分为水平距离(简称平距)和倾斜距离(简称斜距)。水平距离是指两点之间的连线投影到同一水平面上的长度;倾斜距离是指不在同一水平面上的两点之间连线的长度。

角度分为水平角和竖直角。水平角是指由一点发出的两条射线投影到水平面上之后的交角;竖直角是指在同一竖直面内水平线与倾斜线之间的交角。

高差为两点之间的高程之差,即两点之间沿铅垂线方向的距离。

1.4 测量的度量单位

测量上采用的长度、面积、体积、角度单位如下:

1. 长度单位

我国测量工作中法定的长度计量单位为米(meter)制单位:

1m(米)=10dm(分米)=100cm(厘米)=1000mm(毫米)

1km(公里或千米)=1000m

2. 面积单位

我国测量工作中法定的面积计量单位为平方米(m^2),大面积则用公顷(hm^2)或平方公里(km^2)。我国农业上常用亩(mu)为计量单位。

$1m^2 = 100dm^2 = 10000cm^2 = 1000000mm^2$

$1mu = 666.6667m^2$

$1hm^2 = 10000m^2 = 15mu$

$1km^2 = 100hm^2 = 1500mu$

3. 体积单位

我国测量工作中法定的体积计量单位为立方米（m^3），在工程上简称"立方"或"方"。

4. 角度单位

（1）度分秒制

1 圆周＝360°（度），$1° = 60'$（分），$1' = 60''$（秒）

此外，还有 100 等分的新度：

1 圆周＝400^g（新度），$1^g = 60^c$（新分），$1^c = 60^{cc}$（新秒）

两者的换算公式是：1 圆周＝360°＝400^g，故

$1^g = 0.9°$	$1° = 1.111^g$
$1^c = 0.54'$	$1' = 1.852^c$
$1^{cc} = 0.324''$	$1' = 3.086^{cc}$

（2）弧度制

圆心角的弧度为该角所对弧长与半径之比。规定把等于半径的弧长所对 de 圆心角称为一个弧度，以 ρ 表示。由于整个圆周为 2π 弧度，故

弧度与角度的关系为：$2\pi\rho = 360°$，因此：

$$\rho° = \frac{180°}{\pi} \approx 57.3°$$

$$\rho' = \frac{180°}{\pi} \times 60 \approx 3438'$$

$$\rho'' = \frac{180°}{\pi} \times 3600 \approx 206265''$$

知道一个角度的度、分、秒值，可以按照下式将其化为弧度值：

$$\widehat{\beta} = \frac{\beta°}{\rho°} = \frac{\beta'}{\rho'} = \frac{\beta'}{\rho''}$$

复 习 思 考 题

1. 测量学的任务是什么？

2. 测量学的内容有哪些？

3. 什么是水准面？什么是大地水准面？它们有何作用？

4. 测量坐标系统有哪些？高斯投影有哪些特点？高斯平面直角坐标系是如何建立的？

5. 某点位于东经 118°30′，则在高斯投影带中，该点位于哪个 6°带上？所在 6°带的中央子午线是多少？3°带呢？

6. 测量工作的基本原则是什么？

7. 测量工作的组织程序是什么？测量工作的基本观测量有哪些？

第2章 水 准 测 量

测量地面上各点高程的工作称为高程测量。高程测量根据所使用的仪器和施测方法的不同，可分为水准测量、三角高程测量、气压高程测量和液体静力水准测量等。水准测量是高程测量中应用最普遍也是精度较高的一种测量方法，在国家高程控制测量、工程勘测和施工测量中被广泛应用。本章将着重介绍水准测量的原理、水准测量的仪器和工具、水准测量的施测方法及成果检核和数据处理方法。三角高程测量将在后续章节中介绍。

2.1 水准测量的原理

水准测量的原理是利用水准仪提供的一条水平视线，借助于两端水准尺的读数，测定地面两点之间的高差，这样就可以由已知点的高程推算出未知点的高程。如图2-1所示，欲测定 A、B 两点之间的高差 h_{AB}，可在 A、B 两点上分别竖立带有刻划的尺子——水准尺，并在 A、B 两点之间安置一台能够提供水平视线的仪器——水准仪。根据仪器的水平视线，在 A 点尺上读数，设为 a，在 B 点水准尺上读数，设为 b，则 A、B 两点之间的高差为：

$$h_{AB} = a - b \tag{2-1}$$

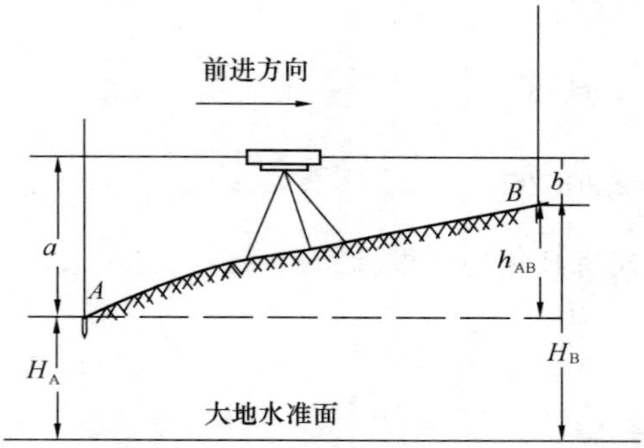

如果水准测量的前进方向由 A 到 B，如图2-1中的箭头方向所示，假设 A 点的高程为已知，设为 H_A，则在已知点上所立水准尺的读数 a 称为后视读数，B 为待求高程点，则在待求点上所立水准尺的读数 b 称为前视读数。高差等于后视读数减去前视读数。$a > b$，高差为正；反之，高差为负。B 点的高程计算式为：

$$H_B = H_A + h_{AB} = H_A + (a - b) \tag{2-2}$$

还可以通过计算仪器的视线高计算 B 点高程，即

$$\left. \begin{array}{l} H_i = H_A + a \\ H_B = H_i - b \end{array} \right\} \tag{2-3}$$

图 2-1 水准测量原理

式（2-2）称为高差法，式（2-3）称为视线高法。当安置一次仪器要求出若干个前视点的高程时，视线高法比高差法方便。

2.2 水准测量的仪器和工具

水准测量所使用的仪器称为水准仪，工具为水准尺和尺垫。

水准仪按其精度可以分为 DS_{05}、DS_1、DS_3 和 DS_{10} 四个等级（见表 2-1）。DS 是大地测量水准仪之"大地测量"和"水准仪"汉语拼音的第一个字母，05、1、3、10 是指仪器的标称精度，即每公里往返测高差中数的中误差（mm）。建筑工程中广泛使用 DS_3 级水准仪，因此本章着重介绍这类仪器。

水准仪系列分级及主要用途 表 2-1

水准仪系列型号	DS_{05}	DS_1	DS_3	DS_{10}
每公里往返测高差中数的中误差	≤0.5mm	≤1mm	≤3mm	≤10mm
主要用途	国家一等水准测量及地震监测	国家二等水准测量及其他精密水准测量	国家三、四等水准测量及一般工程水准测量	一般工程水准测量

2.2.1 水准仪的构造

水准仪主要由望远镜、水准器和基座三部分构成。图 2-2 是我国生产的 DS_3 级水准仪。图中的望远镜 1 和水准管 8 连成一个整体，转动微倾螺旋 5，可使望远镜和水准管相对于其下部的支架作上下微倾运动，从而使水准管气泡居中，望远镜视线水平。由于用微倾螺旋使望远镜作上下微倾运动有一定的限度，所以应使支架大致水平，支架的旋转轴即仪器的纵轴，插在基座 14 的轴套中，转动基座的三个脚螺旋 6，可以使圆水准器 9 的气泡居中，此时，支架面大致水平，然后再调节微倾螺旋，使水准管气泡居中，望远镜视线水平。

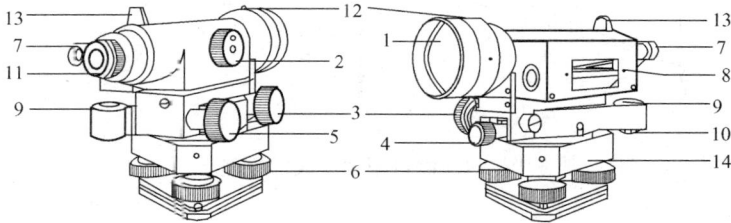

图 2-2 DS₃ 微倾式水准仪

1—望远镜物镜；2—物镜调焦螺旋；3—微动螺旋；4—制动螺旋；
5—微倾螺旋；6—脚螺旋；7—气泡观察镜；8—水准管；9—圆水准器；
10—水准器校正螺钉；11—望远镜目镜；12—准星；13—缺口；14—基座

1. 望远镜

望远镜用于瞄准远处的目标和读数，图 2-3 为 DS_3 望远镜结构示意图，它主要由物镜 1、目镜 2、调焦透镜 3、十字丝分划板 4、物镜调焦螺旋 5 和目镜调焦螺旋 6 构成。转动物镜调焦螺旋，可以使目标（水准尺）的像清晰。转动目镜调焦螺旋，可以使十字丝像清晰，7 是从目镜中看到的放大的十字丝像。十字丝分划板为刻在玻璃片上的三根横丝和一根竖丝，长度等于直径的水平线称为中丝，用于读取水准尺上的分划，另外两条短的水平线称为上、下丝或视距丝，用以测定水准仪和水准尺之间的距离。上、中、下三丝都是为瞄准读数时用的，水准测量原理中的后视读数、前视读数指的是中丝读数。

物镜光心和十字丝交点的连线称为视准轴，如图 2-3 中的 CC。视准轴的延长线称为

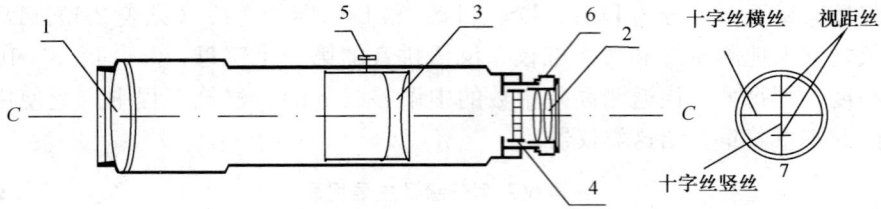

图 2-3　测量望远镜

1—物镜；2—目镜；3—调焦透镜；4—十字丝分划板；

5—物镜调焦螺旋；6—目镜调焦螺旋；7—十字丝放大像

视线。水准测量就是在视准轴水平时，用十字丝的中横丝读取水准尺上的读数。

望远镜的成像原理如图 2-4 所示，远处目标 AB 发出的光线经过物镜 1 及调焦透镜 4 的折射后，在十字丝平面 3 上成一倒立的实像 ab，经过目镜 2 的放大，成 $a'b'$，十字丝也同时得以放大。虚像 $a'b'$ 对观测者眼睛的视角 β 比原目标 AB 的视角 α 扩大了若干倍，使观测者感觉到远处的目标被拉近了，这样就可以提高瞄准和读数的精度。β 与 α 之比称为望远镜的放大率，即放大率 $V=\beta/\alpha$。DS3 级水准仪望远镜的放大率一般为 28 倍。

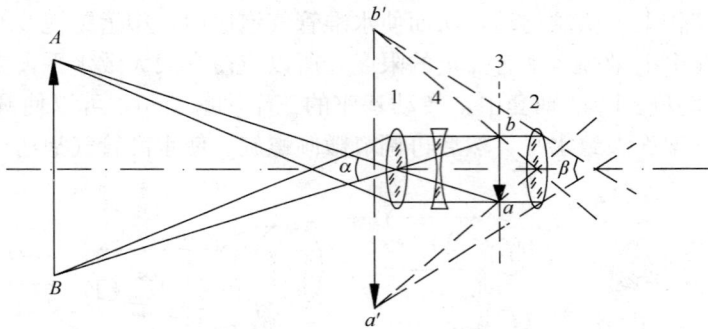

图 2-4　测量望远镜成像原理

2. 水准器

水准器是用来指示水准仪视准轴是否水平和仪器竖轴是否竖直的装置。有水准管和圆水准器两种，水准管用来指示视准轴是否水平，圆水准器用来指示仪器的竖轴是否竖直。

（1）水准管

又称管水准器，由玻璃圆管制成，其内壁被磨成一定半径的圆弧，管内装满酒精或乙醚，加热融封冷却后留有一个气泡（如图 2-5a），即水准气泡。

在水准管表面刻有 2mm 间隔的分划线，如图 2-5（b）所示，分划线的中点 O，称为水准管零点。通过零点作水准管圆弧的切线 LL，称为水准管轴。当水准管的气泡中点与水准管零点重合时，称为气泡居中，这时水准管轴 LL 处于水平位置。

水准管 2mm 圆弧所对的圆心角 τ，称为水准管分划值（如图 2-6）。用公式表示为：

$$\tau'' = \frac{2}{R} \cdot \rho'' \tag{2-4}$$

式中　ρ''——$\rho''=206265''$；

　　　R——水准管圆弧半径，单位为 mm。

式（2-4）说明：水准管圆弧半径越大、分划值越小，则水准管的灵敏度越高。DS₃水准仪上的水准管，其分划值一般不大于20″/2mm。

为了提高目估水准管气泡居中的精度，近代水准仪的水准管上方都装有符合棱镜，如图2-7所示，借助棱镜的反射作用，把气泡两端的影像转到望远镜旁的水准管气泡观察镜内，当气泡两端的像符合成一个圆弧时，表示气泡居中。

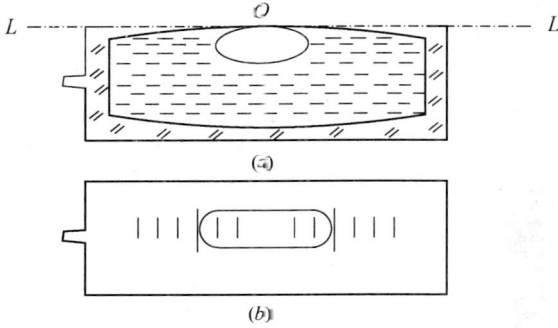

图 2-5　水准管

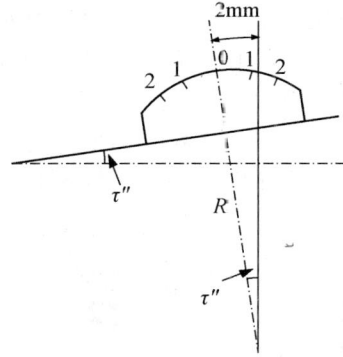

图 2-6　水准管分划值

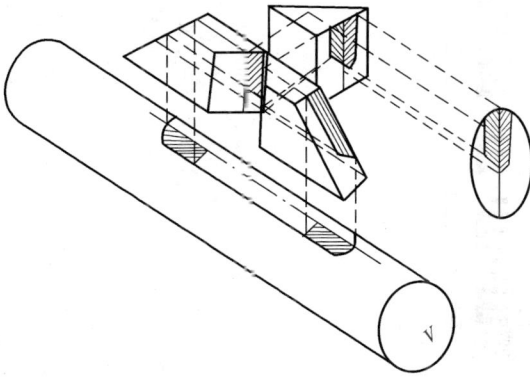

图 2-7　水准管与符合棱镜

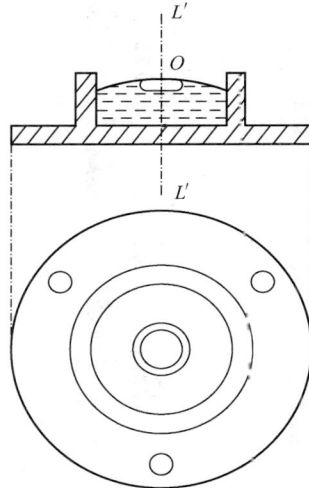

图 2-8　圆水准器

（2）圆水准器

圆水准器是将一圆柱形的玻璃盒镶嵌在金属框内，如图2-8所示。像水准管一样，盒内装有酒精或乙醚，玻璃盒顶面内壁被磨成圆球面，中央刻有一个小圆圈，它的圆心 O 是圆水准器的零点，过零点的球面法线称为圆水准器轴。当圆水准器气泡居中时，该轴线处于竖直位置。但由于圆水准器的分划值较大（$8'\sim10'$），精度较低，故一般只用于粗略整平仪器，要想精平仪器，还要使用微倾螺旋，使水准管气泡精确居中。

2.2.2　水准尺和尺垫

水准尺是水准测量的标尺，其质量好坏直接影响水准测量的精度。水准尺是用优质干燥的木材、铝材或（因瓦）镍铁合金制成，要求尺长稳定，分划准确。根据它们的构造又可以分为直尺和塔尺（如图2-9）。

双面水准尺（如图2-9a）多用于三、四等水准测量。其长度有2m和3m两种，且两根尺为一对。尺的两端均有1cm的刻划，一面为黑白相间称为黑面尺，两尺的黑面均由零开始，一面为红白相间称为红面尺，一根由4687mm开始至6687mm或7687mm，另一根由4787mm开始至6787mm或7787mm。

塔尺（如图2-9b）多用于等外水准测量，其长度有2m和5m两种，两节或三节套接在一起。尺的底部为零，尺上黑白相间，每一格宽度为1cm，有的为0.5cm，每1米或1分米处均有注记。

水准测量中还有一种铟瓦尺，通常是单面尺，一般长3m或2m。常与精密水准仪配套使用，用于国家一、二等水准测量。

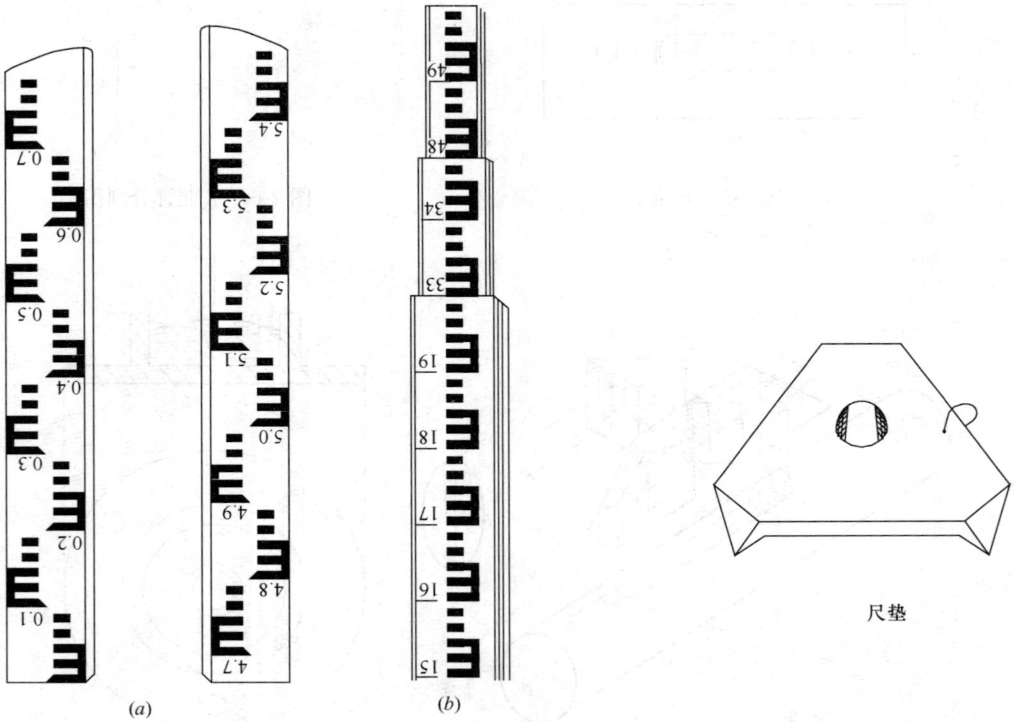

图2-9 水准尺和尺垫

水准测量中需要设置转点之处，为防止在观测过程中尺子下沉而影响读数的准确性，应在转点处放置一尺垫。如图2-9中的尺垫一般由生铁制成，中间有一凸起的半球体，下方有三个支脚，以便踩入土中，使其稳定，立尺时，水准尺应立于球顶，当水准尺转动方向时，能够保证尺底的高程不会改变。

2.2.3 基座

基座起支撑和连接作用，基座不但支承仪器的上部，而且通过中心螺旋将基座连接到三脚架上。基座主要由轴座、脚螺旋、底板和三角压板构成。

2.2.4 水准仪的使用

水准仪的使用包括仪器的安置、粗平、照准、精平和读数几个步骤。

1. 安置仪器

打开三脚架，松开架腿上的三个制动螺旋，伸缩架腿，使三脚架的安置高度适中，旋紧制动螺旋；三脚等距分开，使架头大致水平。如在土质地面，还应将三脚架的三个脚尖踩实到土中，以使脚架稳定。

然后从仪器箱内取出水准仪，放在三脚架头上，一手握住仪器，一手将三脚架上的连接螺旋旋入水准仪基座上的螺孔内，使它们连接牢固，防止仪器从架头上摔下来。

2. 粗略整平

粗平的目的是使圆水准器气泡居中，仪器的竖轴大致竖直，从而达到视准轴粗略水平。粗平的方法如图2-10所示，气泡未居中而是位于图中 a 处，则先按照图上箭头所示的指向用两手相对转动脚螺旋1和2，使气泡移动到图中 b 的位置。再转动脚螺旋3，即可使气泡居中。在整平的过程中，气泡移动的方向与左手大拇指移动的方向相同。

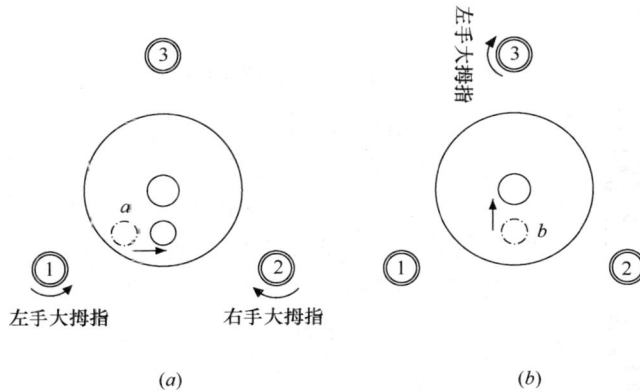

图 2-10　使圆水准器气泡居中

3. 瞄准水准尺

瞄准水准尺前，首先进行目镜对光，即松开制动螺旋，把望远镜对准远处明亮的背景，调节目镜调焦螺旋，使十字丝清晰。转动望远镜，借助仪器上的缺口和准星瞄准水准尺，拧紧制动螺旋。然后从望远镜中观察，转动物镜调焦螺旋对光，使目标清晰，再转动微动螺旋，使竖丝对准水准尺。

当观测者的眼睛作上、下（或左、右）移动（如图2-11 b 中1、2、3位置）时，若发现目标像与十字丝之间有相对移动，这种现象称为视差。产生视差的原因是目标成像的平面和十字丝平面不重合。有了视差，就不可能进行精确地瞄准和读数，因此必须消除视差。视差消除的方法是重新进行目镜、物镜调焦，在目标像与十字丝都十分清晰的情况下，直到目标像与十字丝之间无相对移动，则视差已经消除，可以进行下一个步骤。

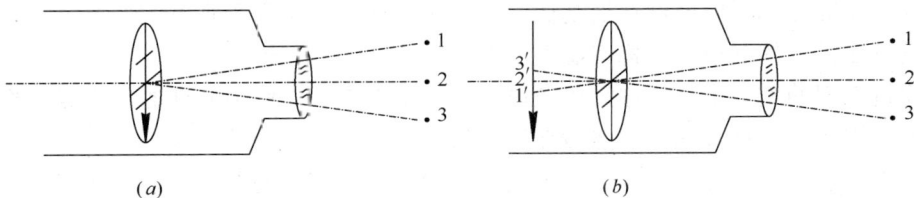

图 2-11　测量望远镜的瞄准与视差

17

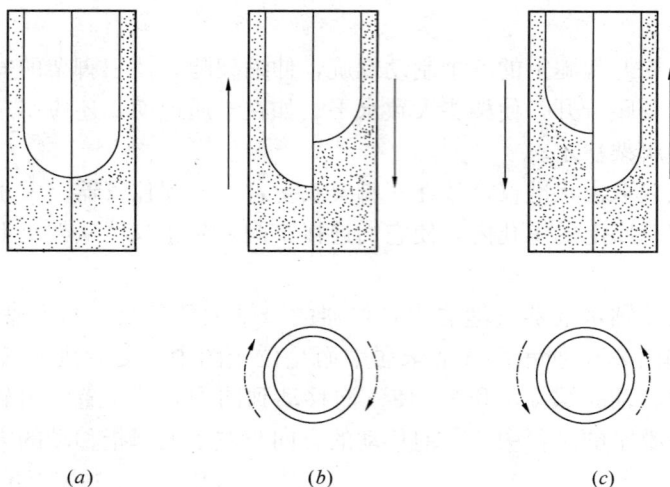

(a)	(b)	(c)

图 2-12　水准管气泡两端像符合

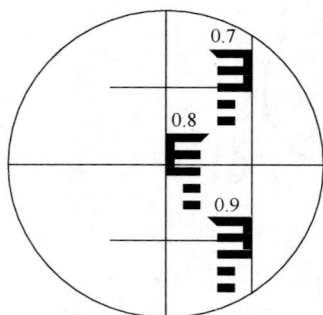

图 2-13　水准尺读数

4. 精平与读数

精平是转动微倾螺旋，使水准管气泡严格居中（符合），从而使望远镜的视准轴处于水平位置。有符合棱镜的水准管，可以在水准管气泡观察镜中看到气泡两端的影像，如图 2-12 所示，其中图（a）为气泡居中，图（b）、（c）为气泡不居中，此时可按照图中箭头所示方向转动微倾螺旋，使气泡两端的像符合。

水准管气泡符合后，即可在水准尺上读数，如图 2-13 所示，读取中丝读数 0838，单位为 mm，其中最后一位数 8 为估读数。读数后还要检查水准管气泡是否符合，只有这样，才能取得准确的读数。

2.3　水准测量的外业实施

2.3.1　水准点

水准测量一般是在两水准点之间进行的，而水准点是测区的高程控制点，是测绘部门在全国各地测定并埋设的，测量时，一般以测绘部门提供的水准点高程作为已知数据。水准点一般缩写为"BM"，用"⊗"符号表示，有永久性和临时性两种。图 2-14（a）为永久性水准点，是用混凝土制成的标石，标石上部镶嵌有半球形的金属标志，其顶部标志该点的高程。水准点标石应埋设在地基稳固、便于长期保存又利于观测的地方。有些水准点也可以设置在稳定的墙角上，称为墙上水准点，如图 2-14（b）。

在建筑工程的施工中，往往需要布设永久性水准点和一些临时性的水准点，临时水准点一般可以用大木桩打入地面，然后在桩顶顶部钉入半球形的铁钉。

埋设水准点后，应绘制水准点与附近建筑物或固定地物的关系图，并注明水准点的编号和高程，称为点之记，以便日后寻找水准点位置所用。

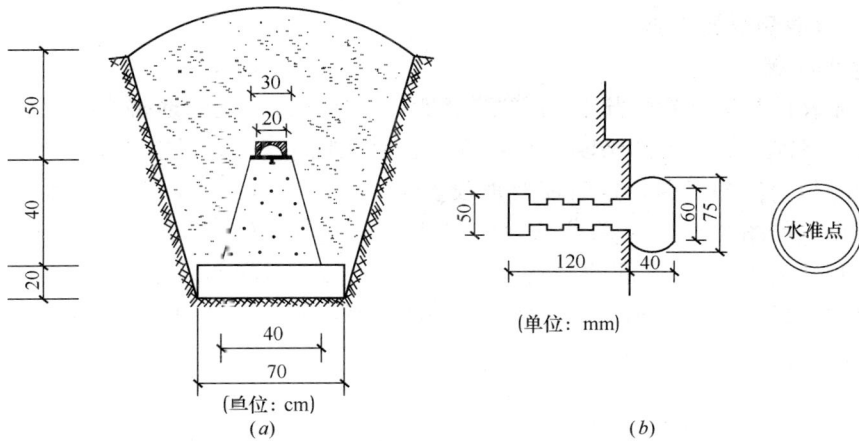

图 2-14　永久性水准点与墙上水准点

2.3.2　水准线路

水准路线依据工程的性质和测区的情况，可布设闭合水准线路、附合水准线路和支水准线路下几种形式，如图 2-15。

1. 闭合水准线路

是从一已知水准点 BMA 出发，经过测量各测段的高差，求得沿线其他各点高程，最后又闭合到 BMA 的环形路线。其特点是所测得的各相邻点间高差的总和理论上应等于零，即 $\Sigma h_理 = 0$。

2. 附合水准线路

是从一已知水准点 BMA 出发，经过测量各测段的高差，求得沿线其他各点高程，最后附合到另一已知水准点 BMB 的路线。其特点是所测得的各相邻点间高差的总和理论上应等于两端已知点之间的高差，即 $\Sigma h_理 = H_B - H_A$。

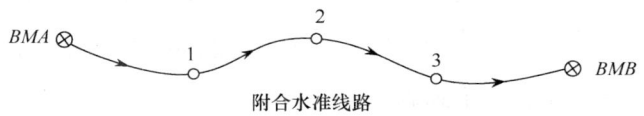

图 2-15　水准线路

3. 支水准线路

是从一已知水准点 BMA 出发，沿线往测其他各点高程到终点 2，又从 2 点返测到 BMA，其路线既不闭合又不附合，但必须是往返施测的路线。其特点是往测高差之和在理论上应与返测高差之和大小相等，符号相反。即 $\Sigma h_往 = -\Sigma h_返$ 或 $\Sigma h_理 = \Sigma h_往 + \Sigma h_返 = 0$

在水准测量工作中，如果实际测量的结果与理论上存在着差距，即 $\Sigma h_测 \neq \Sigma h_理$，则说明测量存在着误差，测量工作中，将 $f_h = \Sigma h_测 - \Sigma h_理$ 称为高差闭合差。闭合差只有在规定的限度内，测量结果才被认为是合格的，然后通过一定的测量数据处理方法，才能获得最终测量成果。

2.3.3 水准测量的实施

1. 普通水准测量

图 2-1 所示的水准测量是当 A、B 两点相距不远的情况，这时通过水准仪可直接在水准尺上读数，且能保证一定的精度。如果两点之间的距离较远或高差较大时，仅安置一次仪器则不能测得它们的高差，这时需要加设若干个临时的立尺点，作为传递高程的过渡点，称为转点。如图 2-16 中，欲求 A 点到 B 点之间的高差 h_{AB}，选择一条施测路线，用水准仪依次测出 A 到 TP_1 之间的高差 h_{A1}、TP_1 到 TP_2 之间的高差 h_{12} 等，直到最后测出 TP_{n-1} 到 B 点之间的高差 $h_{(n-1)B}$。每安置一次仪器，称为一个测站，而 TP_1、TP_2……TP_{n-1} 即为转点。

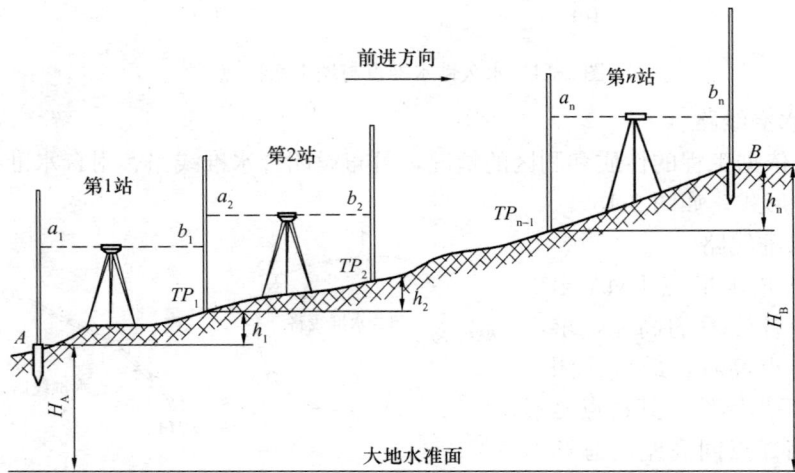

图 2-16 转点与测站

高差 h_{AB} 由下式算得：

$$h_{AB} = h_{A1} + h_{12} + \cdots + h_{(n-1)B}$$

式中各测站的高差均为后视读数减去前视读数之值，即

$$h_{A1} = a_1 - b_1$$
$$h_{12} = a_2 - b_2$$
$$\cdots$$
$$h_{(n-1)B} = a_n - b_n$$

式中等号右边用下标 1，2，$\cdots n$ 表示第一站、第二站、$\cdots$第 n 站的后视读数和前视读数。因此

$$h_{AB} = (a_1 - b_1) + (a_2 - b_2) + \cdots + (a_n - b_n) = \Sigma a - \Sigma b$$

在实际作业中可先算出各测站的高差，然后取它们的总和而得 h_{AB}。再用上式右侧来计算高差 h_{AB}，以检核计算是否正确，此为计算检核（见表 2-2）。

国家三、四等以下的水准测量称为普通水准测量，一般情况下，从一已知高程的水准点出发，要用连续水准测量的方法才能算出另一待定水准点的高程。普通水准测量通常用经检校后的 $DS3$ 型水准仪施测。水准尺采用塔尺或双面尺，测量时水准仪应置于两水准尺中间，使前、后视的距离尽可能相等。具体施测方法如下：

日期：_____ 仪器：_____ 观测：_____

天气：_____ 地点：_____ 记录：_____

测站	测点	水准尺读数		高差（m）		高程（m）	备注
		后视 (a)	前视 (b)	＋	－		
I	BMA TP1	146	1124	0.343		27.354	
II	TP1 TP2	1385	1674		0.289		
III	TP2 TP3	1869	0943	0.926			
IV	TP3 TP4	1425	1212	0.213			
V	TP4 B	1367	1732		0.365	28.182	
计算检核		$\Sigma a=7.513$ -6.685 $+0.828$	$\Sigma b=6.685$	$\Sigma=+1.482$ -0.654 $\Sigma h=+0.828$	$\Sigma=-0.654$	28.182 -27.354 $+0.828$	

将水准尺立于已知高程的水准点上作为后视，水准仪置于施测路线附近合适位置，在施测路线的前进方向上取仪器至后视大致相等的距离放置尺垫，在尺垫上竖立水准尺作为前视。观测员将仪器用圆水准器粗平后瞄准后视标尺，用微倾螺旋将水准管气泡居中，用中丝读后视读数至毫米。调转望远镜瞄准前视标尺，再次将水准管气泡居中，用中丝读前视读数至毫米。记录员根据观测员的读数在手簿中记录相应数字，并立即计算高差。此为第一测站的全部工作。

第一测站结束后，记录员逐知第一测站后视标尺员向前转移，并将仪器迁至第二站。此时，第一测站的前视点不动，成为第二测站的后视点，第一测站的后视标尺员根据第二测站后视点距仪器的距离向前移动到合适位置后立尺，新的立尺点即作为第二测站的前视点。依第一测站相同的工作程序进行第二测站的工作。依次沿水准路线方向施测至全部路线观测完毕为止。

在进行水准测量时，若其中任何一个后视读数或前视读数有错误，都会影响高差的正确性。因此在每一测站的水准测量中，为了能及时发现观测中的错误，通常采用双面尺法或变动仪器高法进行观测，以检查高差观测过程中可能出现的错误。此为测站检核。

双面尺法：是仪器的高度不变，而立在前视点和后视点上的水准尺分别用黑面和红面各进行一次读数，读数的顺序为：后（黑）——前（黑）——前（红）——后（红），这样测得的两次高差可以进行相互检核，因为按理两次测得的高差应相等。若同一水准尺黑面和红面（加常数后）读数之差，不超过 3mm；且两次高差之差又未超过 5mm，即 $|h_黑-h_红| \leqslant 5\text{mm}$，则取其平均值作为该测站观测高差。否则，需要检查原因，重新观测。

变动仪器高法：是在同一个测站上用两次不同的仪器高度，测得两次高差以相互比较进行检核。即测得一次高差后，改变仪器的高度（应大于 10cm）重新安置，再测一次高差。两次测得的高差之差不超过容许值（例如普通水准测量为 6mm），取其平均值作为最后结果，否则必须重测。

测站检核只能检核一个测站上是否存在错误或误差超限。对于一条水准路线来说，还不足以说明所求水准点的高程精度符合要求。由于温度、风力、大气折光、尺垫下沉和仪器下沉等外界条件引起的误差，尺子倾斜和估读的误差，以及水准仪本身的误差等，虽然在一个测站上反映不很明显，但随着测站数的增多使误差积累，有时也会超过规定的限差。因此，还必须进行整个水准路线的成果检核，以保证测量资料满足使用要求。成果检核的思路是计算整个水准线路的高差闭合差，看其是否在容许的限差之内，高差闭合差 f_h 的计算方法有如下几种：

闭合水准路线：$f_h = \Sigma h - 0 \leqslant f_{h容}$

附合水准路线：$f_h = \Sigma h - (H_终 - H_始) \leqslant f_{h容}$

支水准路线：$f_h = (\Sigma h_往 + \Sigma h_返) - 0 \leqslant f_{h容}$

一般普通水准测量的高差容许闭合差为：

平原微丘区 $\qquad\qquad f_{h容} = \pm 12\sqrt{n}\,\text{mm}$

山岭重丘区 $\qquad\qquad f_{h容} = \pm 40\sqrt{L}\,\text{mm}$

式中 L——水准路线长度，以 km 为单位；

$\qquad n$——线路上的所有测站数。

在水准测量外业实施过程中，除了按照规定设站、观测、记录以外，还要注意水准测量的计算检核、测站检核和成果检核，此即测量工作中"步步有检核"原则在水准测量中的体现。

2. 国家三、四等水准测量

国家三、四等水准测量的精度较普通水准测量的精度高，其技术指标见表 2-3。三、四等水准测量的水准尺通常采用木质的两面都有分划的黑红双面标尺，表 2-3 中的黑、红面读数差，即指一根标尺的黑面读数加上尺常数后与红面读数之差的容许差数。

三四等水准测量作业限差　　　　　　　表 2-3

等级	仪器类型	标准视线长度	后前视距差（m）	后前视距差累计（m）	黑红面读数差（mm）	黑红面所测高差之差（mm）	检测间歇点高差之差（mm）
三等	DS3	65	3.0	6.0	2.0	3.0	3.0
四等	DS3	80	5.0	10.0	3.0	5.0	5.0

三四等水准测量水准仪在一测站上照准双面水准尺的顺序为：

（1）照准后视标尺黑面，进行上下丝（视距丝）、中丝读数；

（2）照准前视标尺黑面，进行上下丝（视距丝）、中丝读数；

（3）照准前视标尺红面，进行上下丝（视距丝）、中丝读数；

（4）照准后视标尺红面，进行上下丝（视距丝）、中丝读数；

这样的顺序简称为"后前前后"（黑、黑、红、红）。

无论何种顺序，视距丝及中丝读数均应在水准管气泡居中时读取。

四等水准测量的观测记录及计算示例见表 2-4。表中带括号的号码为观测读数和计算的顺序。（1）～（8）为观测数据，其余为计算数据。

测站上的计算与校核：

高差部分：

$$(9) = (4) + K - (7)$$
$$(10) = (3) + K - (8)$$
$$(11) = (10) - (9)$$

（10）及（9）分别为后、前视标尺的黑红面读数之差，（11）为黑红面所测高差之差。

K 为后、前视标尺的黑红面零点的差数。表 2-4 的示例中，5 号尺的 $K = 4787$，6 号尺的 $K = 4687$。

$$(16) = (3) - (4)$$
$$(17) = (8) - (7)$$

三 （四） 等 水 准 测 量 手 簿

表 2-4

测自　　　　至
时刻始　8 时 10 分
末　　时　　分

2006 年 7 月 12 日
天气：晴
成像：清晰

测站编号	后尺	上丝	前尺	上丝	方向及尺号	标尺读数		K＋黑减红	高差中数	备考
		下丝		下丝		黑面	红面			
	后距		前距							
	视距差 d		Σd							
	(1)	(5)			后	(3)	(8)	(10)		
	(2)	(6)			前	(4)	(7)	(9)		
	(12)	(13)			后一前	(16)	(17)	(11)		
	(14)	(15)								
BMA—TP1	1571	1197	0739	0363	后 5	1384	6171	0		
					前 6	0551	5239	−1		
	37.4		37.6		后一前	+0.833	+0.932	+1	+0.8325	
	−0.2		−0.2							
TP1—TP2	2121	1747	2196	1821	后 6	1934	6621	0		
					前 5	2008	6796	−1		
	37.4		37.5		后一前	−0.074	−0.175	+1	−0.0745	
	−0.1		−0.3							
TP2—TP3	1914	1539	2055	1678	后 5	1726	6513	0		
					前 6	1866	6554	−1		
	37.5		37.7		后一前	−0.140	−0.041	+1	−0.1745	
	−0.2		−0.5							

注：高差中数 $= \frac{1}{2} [h_黑 + (h_红 \pm 0.1)]$。

（16）为黑面算得的高差，（17）为红面算得的高差。由于两根尺子红黑面零点差不同，所以（16）≠（17），二者相差 100mm，借此（11）尚可作一次检核计算，即

$$(11) = (16) \pm 100 - (17)$$

视距部分：

23

$$(12)=(1)-(2)$$
$$(13)=(5)-(6)$$
$$(14)=(12)-(13)$$
$$(15)=本站的(14)+前站的(15)$$

（12）为后视距离，（13）为前视距离，（14）为前后视距离差，（15）为前后视距累计差。

若测站上有关观测限差超限，在本站检查发现后可立即重测。若迁站后才检查发现，则应从水准点或间歇点起，重新观测。

2.4 水准测量内业计算

水准测量两外业工作结束后，要检查外业手簿，计算各点之间的高差。经检核无误后，可以计算高差闭合差，若高差闭合差不超限，再对高差闭合差进行调整和分配，最后计算出各个待定高程点的高程，这一过程称为水准测量内业计算。

1. 附合水准线路内业计算

图 2-17 为一附合水准线路，A、B 点的高程已知，分别为 $H_A = 50.331\text{m}$，$H_B = 51.291\text{m}$，各测段高差及测站数标注于图上，计算待定点 1、2、3 的高程。

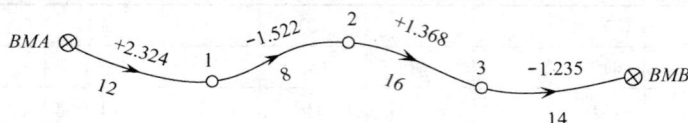

图 2-17 附合水准路线略图

计算步骤：

（1）将点号、测站数、实测高差、已知高程填入表 2-5 相应的行、列中；

（2）计算高差闭合差：$f_h = \Sigma h - (H_B - H_A) = -25\text{mm}$；

（3）计算容许高差闭合差：$f_{h容} = \pm 12\sqrt{n} = \pm 84.9\text{mm}$ 或（$f_{h容} = \pm 40\sqrt{L}\text{mm}$），并与上步计算出的高差闭合差进行比较，如本例中，$|f_h| < |f_{h容}|$，说明精度符合要求；

（4）计算高差改正数：$v_i = -\dfrac{f_h}{\Sigma n} \times n_i$；

如 A——1 测段的高差改正数：$v_1 = \dfrac{0.025}{50} \times 12 = 0.006\text{m}$，…，所有改正数之和应与上步计算出的闭合差大小相等、符号相反，否则说明计算高差改正数有误；

（5）计算改正后的高差：改正后高差＝实测高差＋改正数

如 A——1 测段的改正后的高差为：$2.324 + 0.006 = 2.330$（m），…，所有改正后的高差之和，其值应与 A、B 两点的高差（$H_B - H_A$）相等，否则说明改正后的高差计算有误；

（6）计算高程：由起点 A 开始，逐点推算各点的高程，填入相应的栏中。最后算得的 B 点高程应与已知高程 H_B 相等，否则说明高程计算错误。

点号	测站数	实测高差 （m）	改正数 （m）	改正后高差 （m）	高程 （m）
A	12	+2.324	0.006	+2.330	50.331
1					52.661
	8	−1.522	0.004	−1.518	
2					51.143
3	16	+1.368	0.008	+1.376	52.519
B	14	−1.235	0.007	−1.228	51.291
Σ	50	0.935	0.025	0.960	
辅助计算	$f_h = \Sigma h - (H_B - H_A) = -0.025\text{m} = -25\text{mm}$　$n = 50 - f_h/n = 0.5\text{mm}$ $f_{h容} = \pm 12\sqrt{n} = \pm 84.9\text{mm}$				

注：如果表格中第二列的测站数改为距离 L（km），则 $f_{h容} = \pm 40\sqrt{L}$mm，高差改正数的计算公式变为：$v_i = -\dfrac{f_h}{\Sigma L}$

$\times L_i$，其他不变。

2. 闭合水准线路内业计算

闭合水准线路各段高差的代数和应为零，所以其高差闭合差的计算：

$$f_h = \Sigma h$$

闭合水准线路高差闭合差容许值的计算、高差闭合差的调整方法等均与附合水准线路相同。

3. 支水准线路内业计算

支水准线路高差闭合差的计算：

$$f_h = \Sigma h_{往} + \Sigma h_{返}$$

支水准线路高差闭合差容许值的计算、高差闭合差的调整方法等均与附合水准线路相同。

2.5　微倾式水准仪的检验和校正

根据水准测量的原理，要求水准仪提供一条水平视线，此要求是水准仪构造上一个极为重要的问题。此外还要创造一些条件使仪器便于操作。例如增设了一个圆水准器，利用它使水准仪初步安平。在正式作业之前必须对水准仪进行检验，看其是否满足所设想的要求。对某些达不到要求的条件，应对仪器加以校正，使其符合要求。

2.5.1　水准仪应满足的条件

如图 2-18 所示，水准仪的主要轴线有：望远镜视准轴 CC，水准管轴 LL，仪器竖轴 VV，圆水准器轴 $L'L'$。

1. 水准仪应满足的主要条件

望远镜视准轴应平行于水准管轴，即 $CC /\!/ LL$。如果此条件不满足，则水准测量时水准管气泡居中后，水准管轴已经水平而视准轴却未水平，显然不符合水准测量原理的要求。

2. 水准仪应满足的次要条件

（1）仪器的竖轴平行于圆水准器轴，即 $VV /\!/ L'L'$；

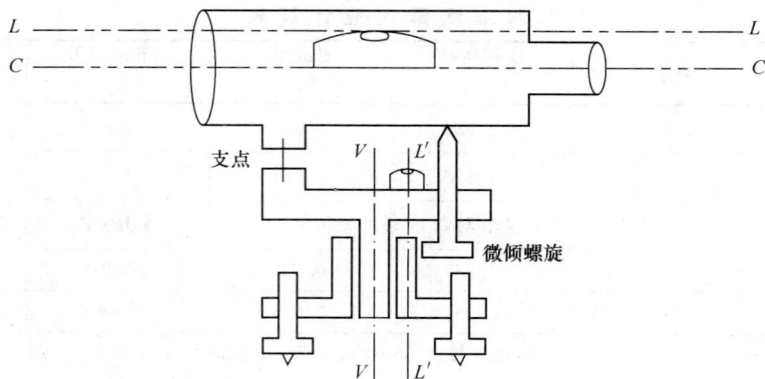

图 2-18　水准仪轴线图

（2）十字丝的横丝应垂直于仪器的竖轴 VV。

第一个次要条件的目的在于能迅速地整置好仪器。因为当圆水准器气泡居中时，圆水准器轴和仪器的竖轴都处于铅垂位置，致使水准仪转动到任何方向，视准轴与水准管轴都不会倾斜太大，便于用微倾螺旋使水准管气泡居中，使视准轴处于水平位置。

第二个次要条件是当仪器的竖轴都处于铅垂位置时，横丝能处于水平位置，在水准尺上的读数可以不必严格用十字丝的交点而用交点附近的横丝。

2.5.2　水准仪的检验与校正

1. 仪器的竖轴平行于圆水准器轴的检验与校正

如图 2-19 中的 VV 为仪器竖轴（旋转轴），$L'L'$ 为圆水准器轴，假设它们互不平行而有一个交角 δ，则当气泡居中时，圆水准器轴 $L'L'$ 是竖直的，旋转轴 VV 与竖直位置偏差 δ 角，见图 2-19（a）。将仪器旋转 180°后，由于仪器旋转时是以 VV 为旋转轴，而其空间位置是不变的。仪器旋转之后，圆水准器中的液体受重力作用，气泡将偏离中心位置移动

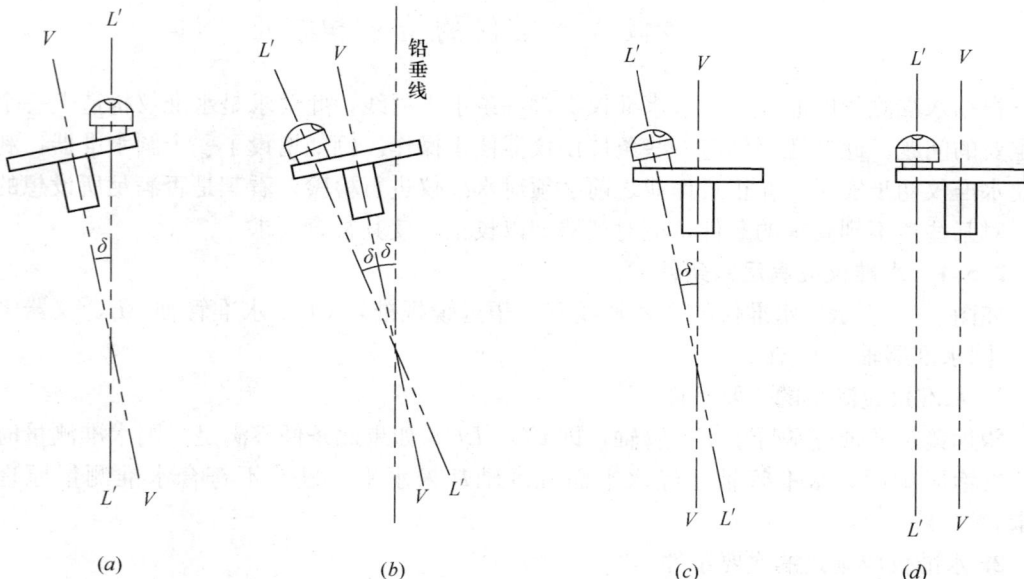

| (a) | (b) | (c) | (d) |

图 2-19　圆水准器的校正原理

到最高处，由于圆水准器轴是过零点的球面法线，它必将在 $L'L'$ 处，见图 2-19（b），此时 $L'L'$ 与竖直位置的偏差变为 2δ 角，即气泡偏移的弧长所对的中心角为 2δ。

检验方法：先用脚螺旋将圆水准器气泡居中，然后将仪器旋转 180°，若气泡仍在居中位置，则表明此项条件满足；若气泡有偏离，说明此条件不满足，仪器需要校正。

校正方法：用圆水准器底部的校正螺钉（图 2-20）校正气泡偏差的一半，见图 2-19（c），然后用脚螺旋将仪器整平，见图 2-19（d）。如此反复进行，直到仪器旋转到任何位置气泡都居中为止。需要说明的是，每次校正工作都必须首先整平圆水准器，然后旋转 180°，观察气泡的位置，确定是否需要再次校正。

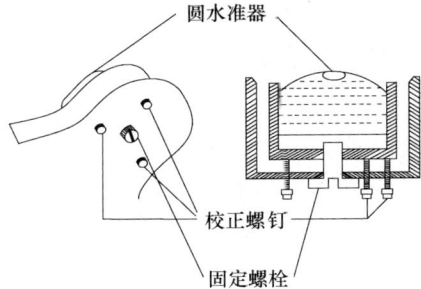

图 2-20　圆水准器的校正

2. 十字丝横丝垂直于竖轴的检验校正

检验方法：安置好仪器后，先用十字丝的横丝对准一明显的点状目标 P，如图 2-21（a），然后固定制动螺旋，转动微动螺旋，若 P 点始终在横丝上移动，如图 2-21（b），则说明横丝垂直于竖轴；否则如图 2-21（d）所示，则说明仪器的竖轴竖直时，横丝不垂直于竖轴。

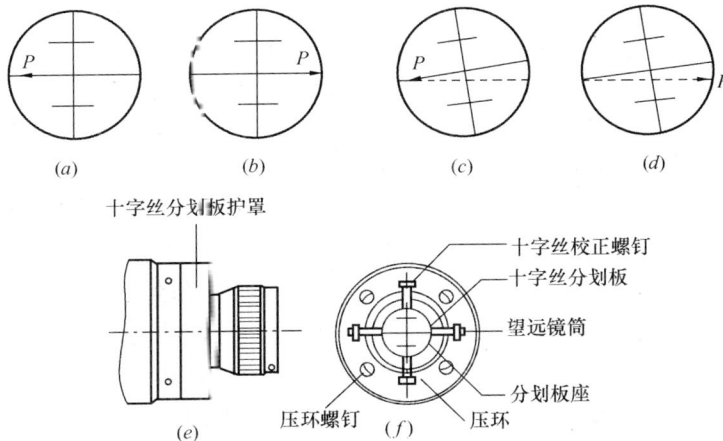

（a）　　　　　（b）　　　　　（c）　　　　　（d）

图 2-21　十字丝的检验与校正

校正方法：如果十字丝横丝不垂直于竖轴，则打开十字丝分划板护罩，图 2-21（e），松开十字丝校正螺钉，拨正分划板座即可。

3. 视准轴平行于水准管轴的检验校正

如图 2-22 所示，若视准轴与水准管轴不平行，则两轴向竖直面上投影后会产生一个夹角 i，若仪器到两端水准尺的距离 $s_1 = s_2$，则由于 i 的影响，在两端水准尺上产生读数误差 x，且 $x = i \times \dfrac{s_1}{\rho''} = i \times \dfrac{s_2}{\rho''}$。

故高差 $h_{AB} = (a_1 - x) - (b_1 - x) = a_1 - b_1$，说明仪器置中时，$i$ 角的影响得以消除。经此式计算出的 h_{AB} 即认为是 A、B 两点之间的正确高差。

若将仪器移动到 B 尺右侧较近的距离（3m 左右），则 B 点 i 角误差忽略，A 点受 i 角

27

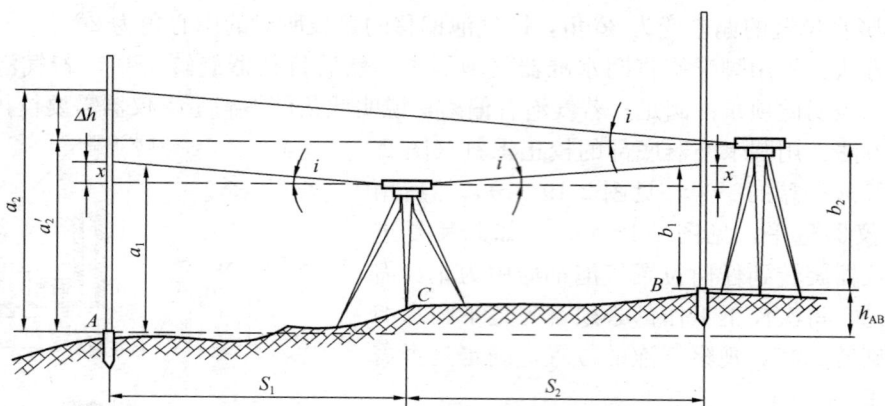

图 2-22　视准轴的检验

误差影响读数产生偏差为 Δh 。

　　显然，$a'_2 = h_{AB} + b_2$，$\Delta h = a_2 - a'_2$

　　所以：$i \approx \dfrac{\Delta h}{(s_1 + s_2)} \times \rho''$

　　检验方法：如图 2-22，选取距离为 80m 的 A、B 两点竖立水准尺，在 A、B 两点中间安置水准仪，用变仪器高法测出 A、B 两点之间的高差 h_{AB}（两次高差之差小于 3mm 时取平均值）。将仪器移动到 B 尺右侧较近的距离（3m 左右），读取水准尺读数 a_2 和 b_2，计算出 i 角，若 $i \leqslant 20''$，仪器无需校正，若若 $i > 20''$，仪器需要校正。

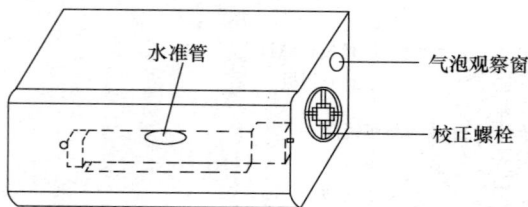

图 2-23　水准管的校正

　　校正方法：调微倾螺旋，使水准仪横丝对准 A 点标尺上的正确读数 $a'_2 = h_{AB} + b_2$，此时视准轴处于水平位置，但水准管气泡必然偏离中心。为了使水准管轴也处于水平位置，达到视准轴平行于水准管轴的目的，如图 2-23 所示，先稍微松开水准管一端的两个左右校正螺栓，再用拨针拨动水准管一端的两个上下校正螺栓，使气泡的两个半像符合，然后拧紧左右校正螺栓。

　　这项校正需要反复进行，直到 $i \leqslant 20''$ 为止。

2.6　水准测量的误差及注意事项

水准测量误差包括仪器误差、观测误差和外界条件的影响三个方面。

1. 仪器误差

（1）仪器校正后的残余误差：如 i 角误差检校后的残余值，其误差影响与距离成正比，观测时注意使前、后视距相等，可消除或减弱其影响。

（2）水准尺误差：如水准尺分划不准确、尺长变化、尺弯曲等，测量前应检验水准尺的真长与名义长度，计算对加尺长改正数予以消除；再如水准尺的零点差，可在一测段中采用偶数站到达方式予以消除。

2. 观测误差

（1）水准管气泡居中误差：设水准管分划值为 τ''，居中误差一般为 $\pm 0.15\tau''$，若采用符合水准器，气泡居中的精度可提高一倍，故居中误差为：

$$m_\tau = \pm \frac{0.15\tau''}{2\rho''} \cdot D$$

式中 D 为水准仪到水准尺的距离。

（2）读数误差：在水准尺上估读毫米数的误差，与人眼的分辨能力、望远镜的放大倍数以及视线长度有关，读数误差可用下式计算：

$$m_V = \frac{60''}{V} \cdot \frac{D}{\rho''}$$

式中 V 为望远镜的放大倍数，$60''$ 为人眼的极限分辨能力。

（3）视差影响：会产生读数误差，因此读数之前应尽量消除视差的影响。

（4）水准尺倾斜影响：水准尺倾斜时，会导致在水准尺上的读数偏大，它与水准尺倾斜的程度有关，倾斜越大，误差越大，因此，测量时应采用带有圆气泡的水准尺，立直水准尺。

3. 外界条件的影响

（1）仪器下沉：仪器下沉，会使视线降低，从而引起高差误差，采用"后－前－前－后"，的观测顺序，可以削弱其影响。

（2）尺垫下沉：尺垫下沉，会使视线相对升高，从而引起高差误差，采用往返观测取观测高差的中数可以削弱其影响。

（3）地球曲率及大气折光的影响：用水平视线代替大地水准面在水准尺上读数会产生误差，但可以通过前后视距相等来消除；此外，由于大气折光，视线会发生弯曲。越靠近地面，光线折射的影响也就越大。因此要求视线要高于地面 0.3m 以上，前后视距相等也可消减该影响。

（4）温度影响：温度变化会引起大气折光变化，也会使水准管气泡向温度高的方向移动而影响仪器的水平，故观测时应注意撑伞遮阳。

复 习 思 考 题

1. 水准测量的原理是什么？高程可以采用什么方法计算？
2. 简述水准仪的主要构造，各部分的作用是什么？
3. 什么是视准轴？什么是视线？什么是水准管轴？三者有何关系？
4. 视差是如何产生的？视差给测量带来什么影响？如何消除视差？
5. 水准仪操作的主要步骤是什么？各个步骤应注意哪些问题？
6. 水准测量内业计算的目的是什么？水准测量内业计算的步骤有哪些？闭合水准测量内业计算与附合水准测量内业计算有什么异同？
7. 列表并完成图 2-24 所示普通水准测量内业计算，求出 1、2、3、4 点的高程。

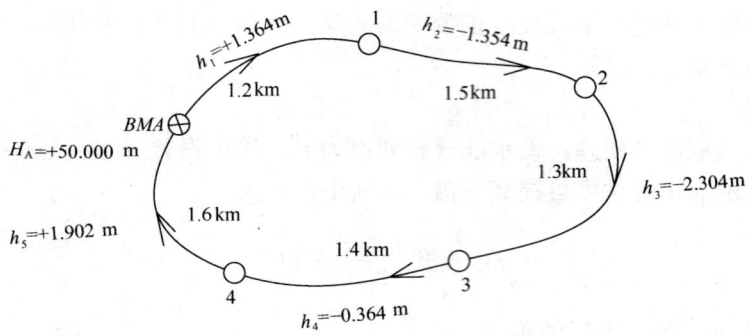

图 2-24 复习思考题 7 图

第3章 角度测量

角度测量是确定地面点位的基本工作之一，它包括水平角测量和竖直角测量。角度测量所使用的仪器是经纬仪和全站仪。水平角测量用于求算点的平面位置（坐标），竖直角测量用于求算高差或将倾斜距离换算成水平距离。

3.1 角度测量原理

3.1.1 水平角测量原理

水平角是指地面一点到两个目标点连线在水平面上投影的夹角，它也是过两条方向线的竖直面所夹的二面角。如图 3-1 所示，A、B、O 为地面上的任意点，通 OA 和 OB 直线各作一垂直面，并把 OA 和 OB 分别投影到水平投影面上，其投影线 OA_1 和 OB_1 的夹角 $\angle A_1OB$，就是 $\angle A_1OB$ 的水平角 β。

为了测量水平角，应在过 O 点的上方水平地安置一个有刻度的圆盘，称为水平度盘，其度盘中心 O' 应位于过测站 O 点的铅垂线上；另外，经纬仪还应有一个能瞄准远方目标的望远镜，望远镜应可以在水平面和竖直面内旋转，通过望远镜分别瞄准高低不同的目标 A 和 B，设 OA 和 OB 两条方向线在水平刻度盘上的投影读数为 a 和 b，则水平角 β 为：

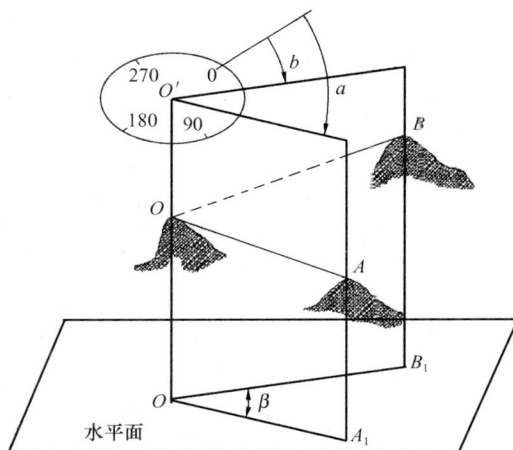

图 3-1 水平角测量原理

$$\beta = a - b \tag{3-1}$$

3.1.2 竖直角测量原理

竖直角是指在同一竖直面内，目标视线与水平线的夹角。其范围在 $0° \sim \pm 90°$ 之间。

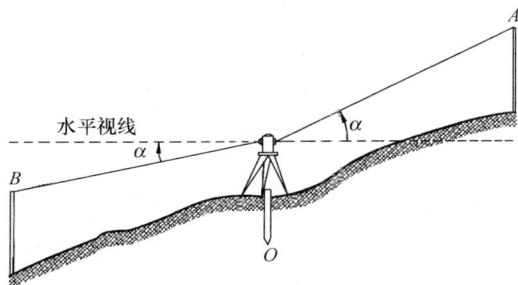

图 3-2 竖直角测量原理

如图 3-2 所示，当视线位于水平线之上，竖直角为正，称为仰角；反之当视线位于水平线之下，竖直角为负，称为俯角。

为了测量竖直角，经纬仪应在铅垂面内安置一个圆盘，称为竖直度盘或竖盘。竖直角也是两个方向在竖盘上的读数之差，与水平角不同的是，其中一个是水平方向。水平方向的读数可以通过竖盘指标水准管或竖盘指标自动补偿装置来确定。

31

经纬仪设计时，一般使视线水平时的竖盘读数为 0°或 90°的倍数，这样，测量竖直角时，只要瞄准目标，读取竖盘读数，就可以计算出竖直角。

常用的光学经纬仪就是根据上述测角原理及其要求制成的一种测角仪器。

3.2　角度测量的仪器

经纬仪是角度测量的重要仪器，早期的经纬仪为使用金属度盘的游标经纬仪，目前使用最为广泛的是采用光学度盘和光学测微装置的光学经纬仪。采用光电数码技术代替光学度盘的电子经纬仪正在迅速发展、普及。规范给出的国产光学经纬仪按其精度等级划分有 DJ_{07}、DJ_1、DJ_2、DJ_6 及 DJ_{15} 等几种，DJ 分别为"大地测量"和"经纬仪"的汉语拼音第一个字母，其下标数字 07、1、2、6、15 分别为该仪器一测回方向观测中误差的秒数。DJ_{07}、DJ_1 及 DJ_2 型光学经纬仪属于精密光学经纬仪，DJ_6、DJ_{15} 型光学经纬仪属于普通光学经纬仪。尽管经纬仪的精度等级或生产厂家不同，但它们的基本结构是大致相同的。本节介绍工程上最常用的 DJ_6、DJ_2 级光学经纬仪。

3.2.1　DJ_6 级光学经纬仪的基本构造

图 3-3 为西安光学仪器厂生产的 DJ_6 级光学经纬仪，基本构造主要由基座、水平度盘、照准部三部分组成，如图 3-4 所示。

1. 基座

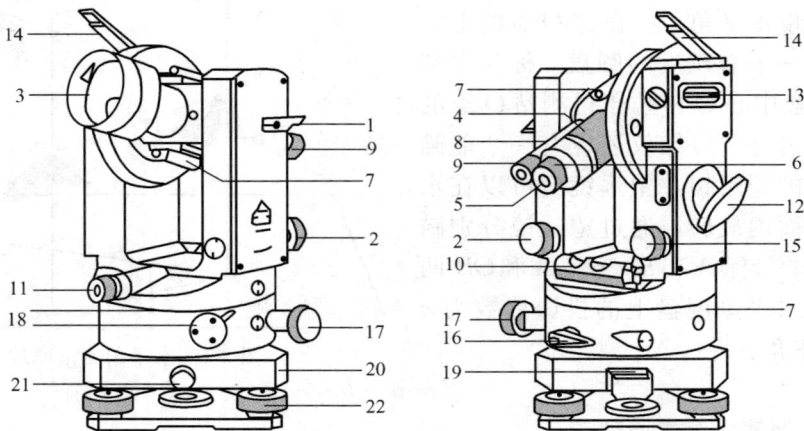

图 3-3　DJ_6 级光学经纬仪

1—望远镜制动螺旋；2—望远镜微动螺旋；3—物镜；4—物镜对光螺旋；5—目镜；
6—目镜对光螺旋；7—水平度盘外罩；8—读数显微镜；9—读数显微镜对光螺旋；
10—照准部水准管；11—光学对中器；12—反光镜；13—竖盘指标水准管；14—竖盘
指标水准管反光镜；15—竖盘指标水准管微动螺旋；16—水平制动螺旋；17—水平微
动螺旋；18—水平度盘变换手轮；19—圆水准器；20—基座；21—轴套固定螺钉；
22—脚螺旋

基座用于支承整个仪器，借助中心螺旋将仪器与三脚架固连在一起。基座上有三个脚螺旋，用来整平仪器。基座上固连一个竖轴轴套及固定螺旋，该螺旋用来控制照准部和基座之间的衔接。使用仪器时，切勿松开轴座固定螺旋，以免照准部与基座分离而摔坏仪器。

2. 水平度盘

水平度盘用光学玻璃制成，度盘边缘通常按顺时针方向刻有 $0°\sim360°$ 的等间隔分划线。

照准部转动时，水平度盘一般是不动的，水平度盘的转动可由度盘变换手轮来控制。在观测水平角时，若需要改变度盘的读数位置，可转动设置在照准部底座上的度盘变换手轮，使度盘转到所需读数的位置上。还有的仪器采用复测装置。当复测扳手扳下时，照准部与度盘结合在一起，照准部转动，度盘随之转动，度盘读数不变；当复测扳手扳上时，两者相互脱离，照准部转动时就不再带动度盘，度盘读数就会改变。

3. 照准部

照准部是指水平度盘之上，能绕其旋转轴旋转部分的总称，它包括望远镜、竖直度盘、照准部水准器、读数设备等。

望远镜由物镜、目镜、十字丝分划板及调焦透镜组成，用于瞄准目标。望远镜的旋转轴称为横轴，望远镜通过横轴安装在支架上，通过调节望远镜制动螺旋和微动螺旋使它绕横轴在竖直面内上下转动。

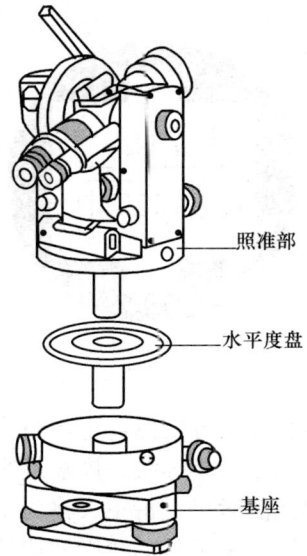

图 3-4　DJ₆ 级光学经纬仪的结构

竖直度盘固定在横轴的一端，随望远镜一起转动，与竖盘配套的有竖盘水准管和竖盘水准管微动螺旋。

照准部水准管用来精确整平仪器，使水平度盘处于水平位置，圆水准器用于粗略整平仪器。

照准部的旋转轴称为仪器竖轴，竖轴插入基座内的竖轴轴套中旋转；照准部在水平方向的转动，由水平制动、水平微动螺旋控制。

3.2.2　读数设备及方法

光学经纬仪的读数设备包括：度盘、光路系统及测微器。当光线通过一组棱镜和透镜作用后，将光学玻璃度盘上的分划成像放大，反映到望远镜旁的读数显微镜内，利用光学测微器进行读数。各种光学经纬仪因读数设备不同，读数方法也不一样，DJ₆ 级光学经纬仪的读数装置可分为测微尺读数和单平板玻璃读数两种。

1. 测微尺读数装置及其读数方法

测微尺读数装置是显微镜读数窗与物镜上设置一个带有测微尺的分划板，度盘上的分划线经读数显微镜物镜放大后成像于测微尺上。测微尺 $1°$ 的分划间隔长度正好等于度盘的一格，即 $1°$ 的宽度。如图 3-5 所示是读数显微镜内看到的度盘和测微尺的影像，上面注有"水平"（或 H）的窗口为水平度盘读数窗，下面注有"竖直"（或 V）的窗口为竖直度盘读数窗，其中长线和大号数字为度盘上分划线及其注记，短线和小号数字为测微尺分划及其注记，每个读数窗内的测微尺分成 60 小格，每小格代表 $1'$，可以估读至 $0.1'$。

读数方法：以测微尺上的"c"分划线为读数指标，"度"数由落在测微尺上的度盘分划线的注记读出，测微尺的"0"分划线与度盘上的"度"分划线之间的小于 $1°$ 的角度在测微尺上读出，最小读数可以估读到测微尺上 1 格的十分之一，即为 $0.1'$ 或 $6''$。图 3-5 的水平度盘读数为 $214°54.7'$，竖盘读数为 $79°05.5'$。

测微尺读数装置的读数误差为测微尺上一格的十分之一，即 $0.1'$ 或 $6''$。

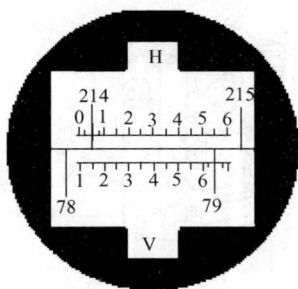

图 3-5　测微尺读数

2. 单平板玻璃测微器读数装置及其读数方法

单平板玻璃测微器装置主要由平板玻璃、测微尺、测微轮及传动装置组成。单平板玻璃与测微尺用金属机构连在一起，当转动测微轮时，单平板玻璃与测微尺一起绕同一轴转动。从读书显微镜中看到，当平板玻璃转动时，度盘分划线的影像也随之移动，当读数窗上的双指标线准确地夹准度盘某分划线时，其分划线移动的角值可在测微尺上根据单指标读出。

如图 3-6 所示的读数窗，上部窗为测微尺像，中部窗为竖直度盘分划像，下部窗为水平度盘分划像。读数窗中单指标线为测微器指标线，双指标线为度盘指标线。度盘最小分划值为 $30'$，对应测微尺为 30 大格，1 大格又分为 3 小格。因此测微尺上每 1 大格为 $1'$，每 1 小格为 $20''$，按估读到测微尺 1 格的 $1/10$，即为 $2''$。这就是单平板玻璃测微器读数装置的读数误差，它比测微尺读数装置的读数误差要小。

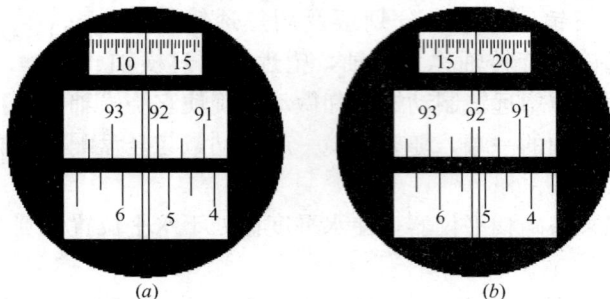

图 3-6　单平板玻璃测微尺读数

读数时转到测微轮，使度盘某一分划线精确地夹在双指标线中央，先读出度数和 $30'$ 的整分数，再在测微尺上依指标线读出 $30'$ 以下的余数，两者相加即为读数结果。如图 3-6(a) 中，水平度盘读数为 $5°30'+(11'+2.5\text{ 格}\times 20'')=5°41'50''$；图 3-6(b) 中，竖直度盘读数为 $92°+(17'+1.7\text{ 格}\times 20'')=92°17'34''$。

3.2.3　DJ₂ 级光学经纬仪

图 3-7 为苏州第一光学仪器厂生产的 DJ_2 级光学经纬仪，各部件名称见图中注记。

DJ_2 级光学经纬仪的构造与 DJ_6 级光学经纬仪基本相同，只是度盘读数采用双平板玻璃（或双光楔）测微器同时读取度盘对径 $180°$ 两端分划线处读数的平均值，以消除度盘偏心误差的影响，提高读数精度。

DJ_2 级光学经纬仪一般都采用对径分划影像符合读数装置。它是将度盘上对径 $180°$ 的分划线，经过一系列的棱镜和透镜的折射与反射，使其同时呈现于读书显微镜内，并分别位于一条横线的上、下方。如图 3-8 所示，右下方为度盘对径分划影像重合窗；右上方为读数窗上的数字，凸框中所注的数字为整 $10'$ 数；左下方为测微尺的读数窗，测微尺读数窗中的长横线为读数指标线。整个测微尺分为 600 个小格，每小格为 $1''$，可估读至 $0.1''$。测微尺读数窗左边注记数字为分，右边注记数字为整 $10''$ 数。

DJ_2 级光学经纬仪读数窗中，只能看到水平度盘或竖直度盘中的一种影像，如果需要

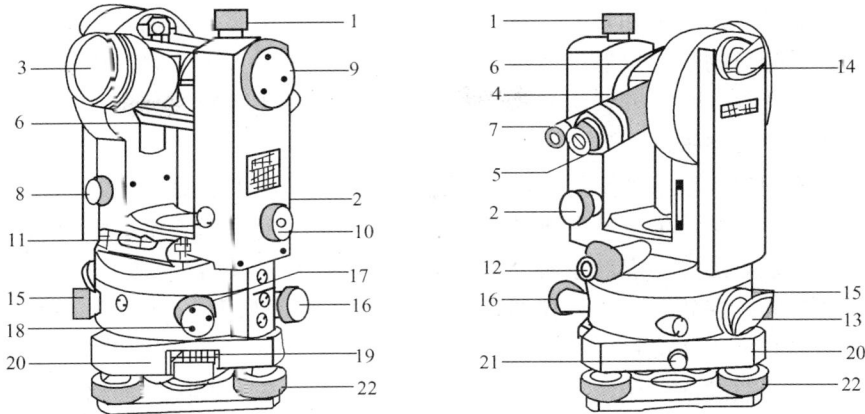

图 3-7 DJ₂ 级光学经纬仪

1—望远镜制动螺旋；2—望远镜微动螺旋；3—物镜；4—物镜对光螺旋；5—目镜对光螺旋；6—光学粗瞄器；
7—读数显微镜对光螺旋；8—竖盘指标自动归零补偿器锁止开关；9—测微轮；10—换像手轮；11—照准部
水准管；12—光学对中器；13—水平度盘照明反光镜；14—竖盘照明反光镜；15—水平制动螺旋；16—水
平微动螺旋；17—水平度盘变换手轮开关；18—水平度盘变换手轮；19—圆水准器；20—基座；21—轴
套固定螺丝；22—脚螺旋

读另一种度盘影像时，必须转变换像手轮。当换像手轮中的指示线转至水平时，读数窗呈现出水平度盘分划影像。转动换像手轮，使其指示线处于竖直位置时，读数窗呈现出竖盘分划影像。下面以读取水平度盘读数为例，说明读数方法。

转动换像手轮，使指示线位于水平位置；度盘读数前，先转动测微轮，使分划线重合窗中上、下分划线精确符合；在读数窗中由小到大读出度数和小框中的 10′ 数，如图 3-8 (b) 中为：123°40′，再根据测微尺上的指标线读取分、秒读数，图 3-8 (b) 中为：8′12.4″，二者之和即为应读数：123°40′＋8′12.4″＝123°48′12.4″。

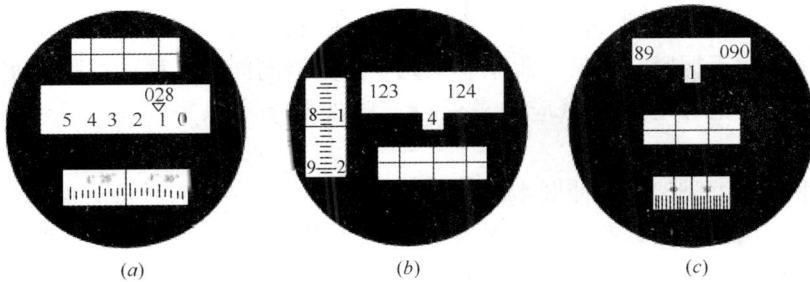

图 3-8 DJ₂ 级经纬仪读数

3.3　水 平 角 观 测

3.3.1　经纬仪的使用

经纬仪使用包括仪器安置、瞄准目标和读数。

1. 经纬仪的安置

经纬仪的安置包括对中和整平，对中的目的是使仪器中心（竖轴）与测站点位于同一铅垂线上。整平的目的是使仪器的竖轴竖直，水平度盘处于水平位置。仪器安置方法根据对中的设备不同有垂球对中安置法和光学对中器对中安置法两种。

（1）垂球对中及整平

对中：张开脚架，调节架腿使高度适中，并目估使架头中心对准测站标志，同时使架头大致水平。在连接螺旋下方挂上垂球，调整垂球线长度使垂球尖略高于测站点，平移三脚架使垂球尖大致对准测站点的中心，将三脚架踩实，装上仪器，此时应把连接螺旋稍微松开，双手扶基座，在架头上移动仪器，使垂球尖准确对准测站点后，再旋紧连接螺旋。垂球对中的误差应小于3mm。

整平：先转到照准部，使水准管平行于任意两个脚螺旋，再按气泡移动方向与左手拇指转动方向一致的规律，两手同时向内或向外转动这两个脚螺旋1和2（图3-9a），使水准管气泡居中；然后将照准部旋转90°，如图3-9（b）所示，使水准管垂直于1、2两脚螺旋的连线，转动第3个脚螺旋使气泡居中。然后将照准部旋回至图3-9（a）的位置，检查气泡是否仍然居中。若不居中，则按以上步骤反复操作，直至照准部旋至任何位置气泡均居中为止。整平误差，即整平后气泡的偏离量，最大不应超过一格。

（2）光学对中器对中及整平

垂球对中法受风力的影响较大，操作不方便且精度较低，要求精确对中时，应使用光学对中器。光学对中的误差应小于1mm。

利用光学对中器安置经纬仪时，首先旋转光学对中器的目镜使分划板的刻划圈清晰，再推进或拉出对中器的目镜管，使地面点标志成像清晰，然后依次进行如下操作：

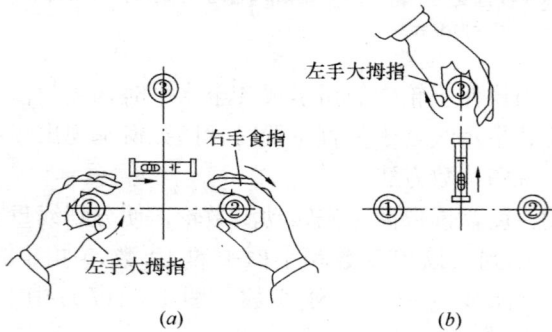

图3-9 经纬仪的整平

初步对中：双手握紧三脚架，眼睛观察光学对中器的同时，移动三脚架使对中器的分划中心与测站点标志中心重合（应注意保持三脚架头基本水平），将三脚架的脚尖踩入土中。

初步整平：伸缩脚架腿，使圆水准气泡居中。

精确对中：旋松连接螺旋，眼睛观察对中器的同时，在架头上平移仪器基座，使地面标志中心与对中器的分划中心重合，拧紧连接螺旋。

精确整平：转动照准部，用脚螺旋整平的方法使水准管在任何位置气泡均居中。

精确对中和精确整平两项工作应反复进行，直至对中误差小于1mm，整平误差小于一个格为止即安置好仪器，这样使仪器既对中又达到整平的目的。

2. 瞄准目标

测角时的照准标志，一般是竖立于测点的标杆、测钎、垂球线或觇牌，如图3-10所示。测量水平角时，以望远镜的十字丝竖丝瞄准照准标志，并尽量瞄准标志底部；而测量竖直角时一般以望远镜的十字丝横丝横切标志的顶部。望远镜瞄准目标的操作步骤如下：

（1）目镜对光：松开望远镜制动螺旋和水平制动螺旋，将望远镜对向明亮的背景（如天空、白墙等）调节目镜调焦螺旋使十字丝清晰。

（2）瞄准目标：通过望远镜上的瞄准器瞄准目标，使目标成像在望远镜视场中近于中央部位。旋紧望远镜制动螺旋和水平制动螺旋。转动物镜调焦螺旋使目标清晰并注意消除视差。旋转水平微动螺旋和望远镜微动螺旋，精确瞄准目标，可用十字丝纵丝的单线平分目标也可用双线夹住目标，如图 3-11 所示。

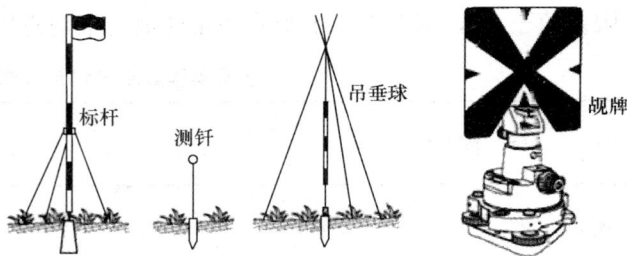

图 3-10　照准标志

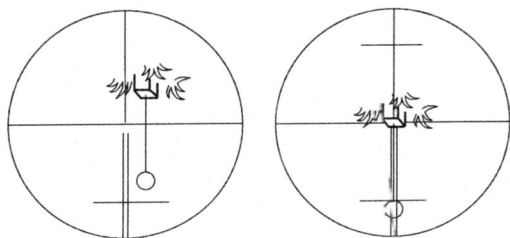

图 3-11　瞄准目标

3. 读数

读数前，应先打开并调整反光镜的位置，使读数窗亮度适中，然后转动读数显微镜的目镜，使读数窗内的分微尺分划和度盘分划影像同时清晰，然后读数。

3.3.2　水平角测量方法

水平角的测量方法，根据测角的精度要求、所使用的仪器以及观测目标的多少而定，常用的水平角观测方法有测回法和方向观测法。

1. 测回法

测回法用于观测两个方向之间的单角。如图 3-12 所示，要测量 BA、BC 两方向间的水平角 β，先在测站点 B 上安置仪器，在 A、C 点上设置观测标志，具体观测步骤如下：

（1）盘左（竖盘在望远镜左边，也称正镜）精确瞄准左方目标点 A，读取水平度盘读数 $0°04'22''$，记入测回法观测手簿（表 3-1）的相应栏内。

（2）松开水平制动螺旋，转动照准部，同法瞄准右方目标点 C，读取水平度盘读数如 $111°44'16''$，记入表 3-1 的相应栏内。计算正镜观测的角度值为 $111°44'16''-0°04'22''=111°39'54''$，称为上半测回角值。

图 3-12　测回法观测水平角

（3）松开望远镜制动螺旋，纵转望远镜成盘右位置（竖盘在望远镜右边，也称倒镜），旋转照准部，先瞄准右方目标点 C，读取水平度盘读数如 $291°44'34''$，记入表 3-1 的相应栏内。

（4）旋转照准部瞄准左方目标点 A，读取水平度盘读数如 $180°04'46''$，记入表 3-1 的相应栏内。计算倒镜观测的角度值为 $291°44'34''-180°04'46''=111°39'48''$，称为下半测回角值。

（5）计算检核。计算出上、下半测回角度值之差为 $111°39'54''-111°39'48''=6''$，小于限差值±40″，则取上、下半测回角度值的平均值作为一测回角值。

水平角读数观测记录（测回法） 表 3-1

测站	目标	竖盘位置	水平度盘读数 (° ′ ″)	半测回角值 (° ′ ″)	一测回平均角值 (° ′ ″)	各测回平均值 (° ′ ″)
一测回 B	A	左	0 04 22	111 39 54	111 39 51	111 39 52
	C		111 44 16			
	A	右	180 04 46	111 39 48		
	C		291 44 34			
二测回 B	A	左	90 04 16	111 39 48	111 39 54	
	C		201 44 04			
	A	右	270 04 28	111 40 00		
	C		21 44 28			

《城市测量规范》没有给出测回法半测回角差的容许值，根据图根控制测量的测角中误差为±20″，一般取中误差的两倍作为限差，则为±40″。

当测角精度要求较高时，往往需要观测几个测回。为了减小水平度盘分划误差的影响，各测回间应根据测回数 n，以 $180°/n$ 为增量配置水平度盘读数。

表 3-1 为观测两测回，第二测回观测时，A 方向的水平度盘应配置为 $90°$ 左右。如果第二测回的半测回角差符合要求，则取两测回角值的平均值作为最后结果。

2. 方向观测法

方向观测法适用于观测两个以上的方向。如图 3-13 所示，O 点为测站点，A、B、C、D 为四个观测目标。采用方向观测法观测各方向间的水平角，其操作步骤如下：

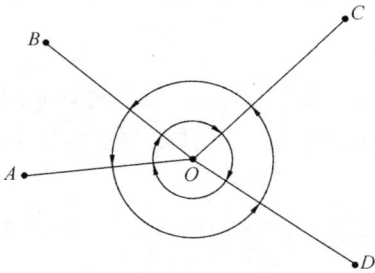

图 3-13　方向观测法观测水平角

（1）将经纬仪安置于测站点 O，对中、整平，在 A、B、C、D 等观测目标处竖立标志。

（2）盘左位置：瞄准照准标志 A，将水平度盘读数配置在 $0°$ 左右（称 A 点方向为零方向），读取水平度盘读数并记录。松开水平制动螺旋，顺时针转到照准部，依次瞄准 B、C、D 点的照准标志进行观测，其观测顺序是 $A→B→C→D→A$，最后返回到零方向 A 的操作称为上半测回归零，读数、记录。以上称为上半测回。两次观测零方向 A 的读数之差称为归零差。规范规定，对于 DJ_6 经纬仪，归零差不应大于 $18″$。

（3）盘右位置：先瞄准零方向 A，读数并记录，松开水平制动螺旋，逆时针转动照准部，依次瞄准 D、C、B、A 点的照准标志进行观测，其观测顺序是 $A→D→C→B→A$，最后返回到零方向 A 的操作称为下半测回归零，读数、记录。此为下半测回。上、下半测回合称一测回。为了提高精度，有时需观测几个测回，各测回零方向应以 $180°/n$ 为增量配置水平度盘读数。

（4）计算步骤

1）计算两倍照准差 $2C$ 值

$$2C＝盘左读数－（盘右读数±180°）\tag{3-2}$$

上式中，盘右读数大于 $180°$ 时，取"－"号，盘右读数小于 $180°$ 时，取"＋"号，计算结果填入表 3-2 的第 6 栏。

2）计算各方向的平均读数

$$平均读数＝[盘左读数＋（盘右读数±180°）]/2 \quad (3-3)$$

计算时，以盘左读数为准，将盘右读数通过加或减 180°后和盘左读数取平均值，计算结果填入第 7 栏。

3）计算各方向归零后的方向值

先计算零方向两个方向值的平均值（表 3-2 中括号内的数值），再将各方向的平均读数均减去括号内的零方向值的平均值，计算结果填入第 8 栏。

4）计算各测回归零后方向值的平均值

取各测回同一方向归零后的方向值的平均值，计算结果填入第 9 栏。

5）计算各目标间的水平角

根据第 9 栏的各测回归零后方向值的平均值，可以计算出任意两个方向之间的水平角。

方向观测法观测手簿　　　　　　　　　　表 3-2

| 测站 | 测回 | 目标 | 读　数 | | 2C＝左－
（右±180°）
″ | 方向平均值
° ′ ″ | 归零后
方向值
° ′ ″ | 各测回归零方
向平均值
° ′ ″ |
			盘左 ° ′ ″	盘右 ° ′ ″				
O	1	A	0 00 04	180 00 08	－6	(0 00 08) 0 00 06	0 00 00	0 00 00
		B	30 20 16	210 20 18	＋2	30 20 17	30 20 09	30 20 10
		C	65 34 43	245 34 41	＋2	65 34 42	65 34 34	65 34 33
		D	89 46 20	279 46 24	－4	89 46 22	89 46 14	89 46 13
		A	0 00 08	180 00 12	－2	0 00 10		
	2	A	90 00 10	270 00 12	－2	(0 00 11) 0 00 11	0 00 00	
		B	120 20 20	300 20 22	－2	30 20 21	30 20 10	
		C	155 34 44	335 34 42	＋2	65 34 43	65 34 32	
		D	179 46 21	359 46 25	－4	89 46 23	89 46 12	
		A	90 00 11	270 00 11	0	0 00 11		

3. 方向观测法的限差

《城市测量规范》规定，方向观测法的各项限差应符合表 3-3 的规定。

方向观测法的各项限差　　　　　　　　　　表 3-3

仪器型号	半测回归零差	一测回内 2C 互差	同一方向值各测回较差
DJ$_2$	12″	18″	9″
DJ$_6$	18″	—	24″

当照准点的垂直角超过±3°时，该方向的 2C 较差可按同一观测时间段内的相邻测回进行比较，其差值仍按表 3-3 的规定。按此方法比较应在手簿中注明。

在表 3-2 中的计算中，两个测回的归零差分别为 4″和 1″，小于限差要求的 18″；B、C、D 三个方向值两测回较差分别为 1″、2″、2″，小于限差要求的 24″。观测结果满足规范的要求。

3.4 竖直角观测

3.4.1 竖盘构造

光学经纬仪竖直度盘部分包括竖直度盘、竖盘指标水准管和竖盘指标水准管微动螺旋。如图 3-14 所示，竖盘固定在望远镜横轴的一端，随望远镜一起在竖直面内转动。竖盘读数指标为分微尺的零分划线，它与竖盘指标水准管固连在一起，不随望远镜转动而转动，只有通过调节竖盘水准管微动螺旋，才能使竖盘指标与竖盘水准管一起作微小移动。在正常情况下，当竖盘水准管气泡居中时，竖盘指标即处于正确位置。

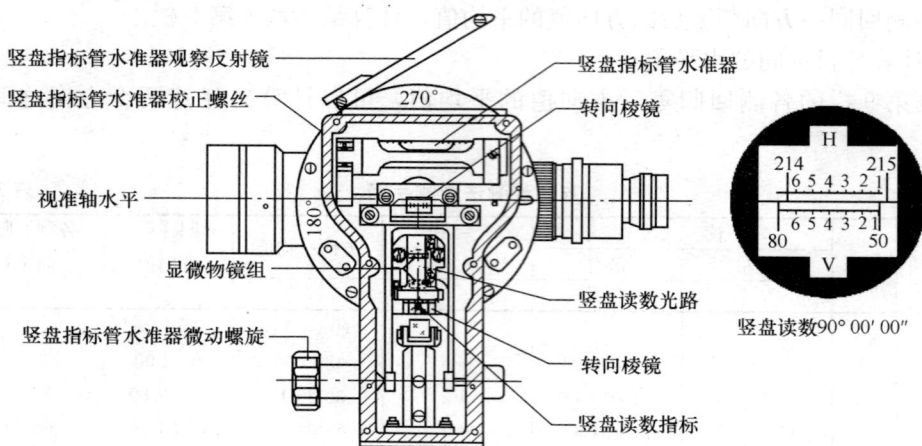

图 3-14 竖盘的构造

竖盘的注记形式有顺时针与逆时针两种，当望远镜视线水平，竖盘指标水准管气泡居中时，盘左竖盘读数应为 90°，盘右竖盘读数则为 270°。

3.4.2 竖直角的计算

由于竖盘注记形式不同，则根据竖盘读数计算竖直角的公式也不同。为此，在观测之前，将望远镜大致放平，此时与竖盘读数最接近的 90°的整倍数即为始读数。然后将望远镜上仰：若读数增大，则竖直角等于目标读数减去始读数；若读数减小，则竖直角等于始读数减去目标读数。本书仅以顺时针注记的竖盘形式为例，加以说明。

设瞄准目标的盘左竖盘读数为 L，盘右读数为 R。如图 3-15（a）所示，盘左视线水平时，指标所指的始读数值为 90°，望远镜上仰时读数 L 减小，则盘左时竖直角计算公式为：

$$\alpha_{L} = 90° - L \tag{3-4}$$

如图 3-15（b）为盘右，视线水平时指标所指的始读数为 270°，视线上仰时读数增大，则盘右时竖直角计算公式为：

$$\alpha_{R} = R - 270° \tag{3-5}$$

3.4.3 竖盘指标差

上述竖直角计算公式的推导条件，是当视线水平、竖盘指标水准管气泡居中时，读数指标处于正确位置，即竖盘读数为 90°（盘左）或 270°（盘右）。事实上，此条件常不满

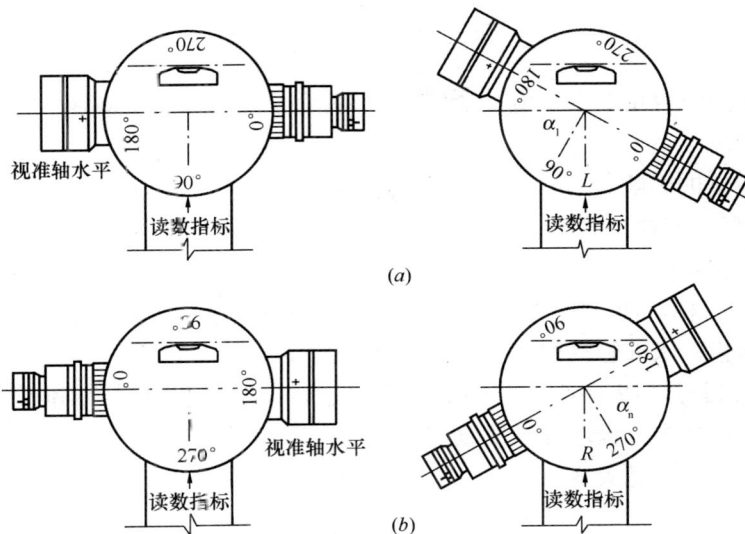

图 3-15 竖直角计算

(a) 盘左；(b) 盘右

足。当竖盘指标水准管与竖盘读数指标关系不正确时，则望远镜视准轴水平时的竖盘读数相对于正确值就有一个小的角度偏差，称为竖盘指标差 x，如图 3-16 所示。设所测竖直角的正确值为 a，则考虑指标差 x 时的竖直角计算公式应为：

$$\alpha = 90° + x - L = \alpha_L + x \tag{3-6}$$

$$\alpha = R - (270° + x) = \alpha_R - x \tag{3-7}$$

将式（3-6）减去式（3-7）可以求出指标差 x 为：

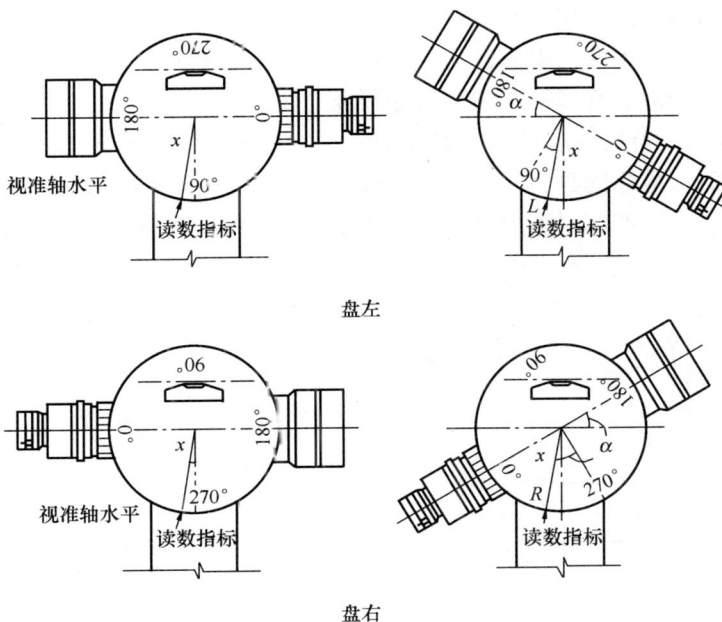

盘左

盘右

图 3-16 竖盘指标差

41

$$x = \frac{\alpha_R - \alpha_L}{2} = \frac{R + L - 360°}{2} \qquad (3-8)$$

取盘左、盘右所测竖直角的平均值

$$\alpha = (\alpha_L + \alpha_R)/2 \qquad (3-9)$$

可以消除指标差 x 的影响。

3.4.4 竖直角观测

将仪器安置在测站点上，按下列步骤进行观测：

1. 盘左瞄准目标，使十字丝横丝精确切于目标顶端某一位置，转动竖盘指标水准管微动螺旋使竖盘指标水准管气泡居中，读取竖盘读数 L。

2. 盘右瞄准目标，使十字丝横丝切于同一位置，转动竖盘指标水准管微动螺旋使竖盘指标水准管气泡居中，读取竖盘读数 R。

竖直角的记录计算见表 3-4。

竖直角观测手簿 表 3-4

测站	目标	竖盘位置	竖盘读数 (° ′ ″)	半测回竖直角 (° ′ ″)	指标差 (″)	一测回竖直角 (° ′ ″)
A	B	左	86°47′36″	+3°12′24″	−30″	+3°11′54″
		右	273°11′24″	+3°11′24″		
	C	左	97°25′42″	−7°25′42″	−12″	−7°25′54″
		右	262°33′54″	−7°26′06″		

3.4.5 竖盘指标自动归零补偿装置

观测竖直角时，为使指标处于正确位置，每次读数都要将竖盘指标水准管的气泡调节居中，这很不方便。所以有些经纬仪在竖盘光路中安装补偿器，用以取代水准管，使仪器在一定的倾斜范围内能读取相应于指标水准管气泡居中时的读数，称竖盘指标自动归零。这种补偿装置的原理与水准仪中的自动安平补偿原理基本相同。

竖盘补偿装置的构造有多种，它在指标和竖盘间悬吊一块可小幅自由摆动的平行玻璃板，如图 3-17 所示。当视线水平、仪器竖轴铅垂时，指标处于铅垂位置，光线通过平板玻璃，不产生折射，指标读数为 90°。当仪器稍有倾斜，因无水准管指示，指标处不正确位置处。但悬吊的平板玻璃因重力作用随之转动一 β 角度，光线通过转动后的平板玻璃产

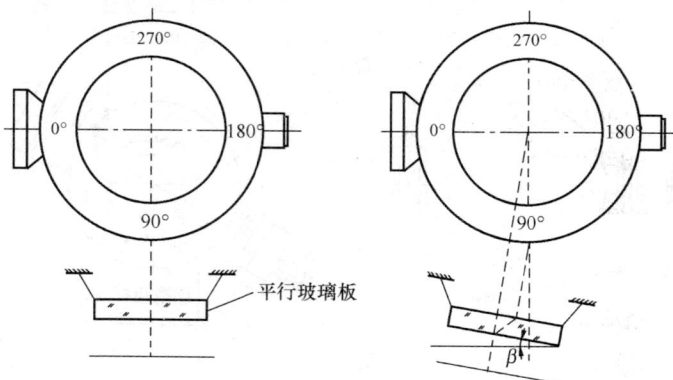

图 3-17 自动补偿器构造原理

生了一段平移，从而使指标读数仍然能读出 90°的读数，从而达到竖盘指标自动归零的目的。竖盘指标自动归零的补偿范围一般为 $2'$。

<h2 style="text-align:center">3.5 经纬仪的检验与校正</h2>

3.5.1 经纬仪的轴线及其应满足的几何条件

如图 3-18 所示，经纬仪的主要轴线有：视准轴 CC、横轴 HH、照准部水准管 LL 和竖轴 VV。

根据角度测量原理和保证角度观测的精度，其轴线应满足下列条件：

(1) 照准部水准管轴应垂直于竖轴（$LL \perp VV$）；

(2) 十字丝竖丝应垂直于横轴（竖丝$\perp HH$）；

(3) 视准轴应垂直于横轴（$CC \perp HH$）；

(4) 横轴应垂直于竖轴（$HH \perp VV$）；

(5) 竖盘指标差应为零。

仪器在出厂时，以上条件一般都能满足，但由于在搬运或长期使用过程中的振动、碰撞等原因，各项条件往往会发生变化。因此，在使用仪器作业前，必须对仪器进行检验与校正。

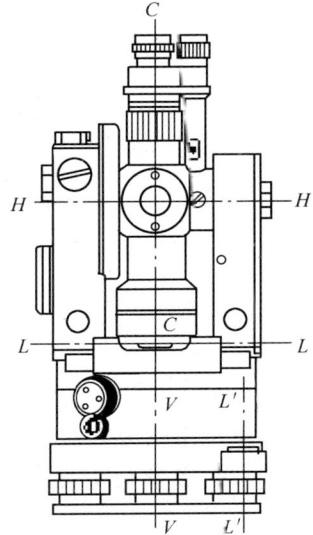

图 3-18　经纬仪的轴线

3.5.2 检验与校正

1. $LL \perp VV$ 的检验与校正

(1) 检验

先粗略整平仪器，然后转动照准部使水准管轴平行于任意一对脚螺旋，调节这两个脚螺旋使水准管气泡居中，再将照准部旋转 180°，如果气泡仍然居中，说明 $LL \perp VV$，否则需要校正。

(2) 校正

如图 3-19（a）所示，竖轴与水准管轴不垂直，倾斜了 α 角。当照准部绕竖轴旋转 180°后，竖轴不垂直于水准管轴的偏角为 2α，如图 3-19（b）。角 2α 的大小由气泡偏离的格数来度量。

校正时，转动脚螺旋，使气泡退回偏离中心位置的一半，即图 3-19（c）的位置，再用校正针拨动水准管一端的校正螺丝（注意先松一个，再旋紧另一个），使气泡居中，如图 3-19（d）。

该项检校需反复进行，直至仪器旋转到任意方向，气泡仍然居中，或偏离在一格以内为止。

2. 十字丝竖丝$\perp HH$ 的检验与校正

(1) 检验

仪器整平后，用十字丝交点精确瞄准远处一点状目标，固定照准部和望远，旋转望远镜微动螺旋，如果目标点始终沿着竖丝移动，说明十字丝竖丝$\perp HH$。否则需要校正，如图 3-20 所示。

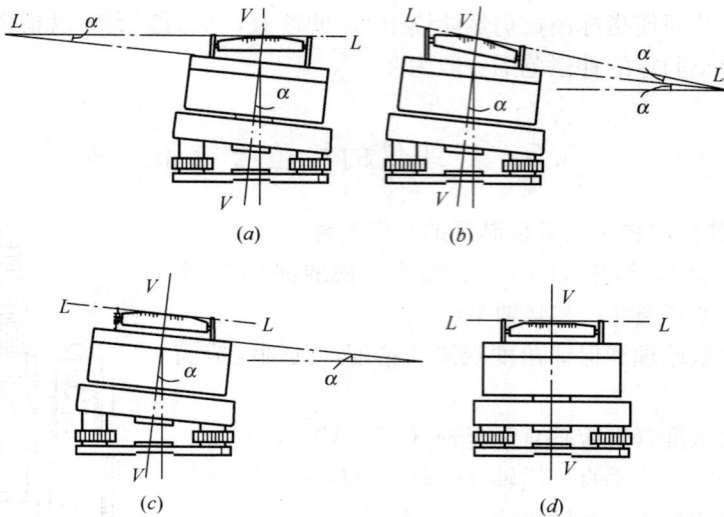

图 3-19 照准部水准管的检校

（2）校正

卸下十字丝分划板护罩，松开十字丝环的四个压环螺丝，转动十字丝环，直至望远镜上下俯仰时竖丝与 P 始终重合为止。最后拧紧四个压环螺丝，并旋上护盖。如图 3-20 所示。

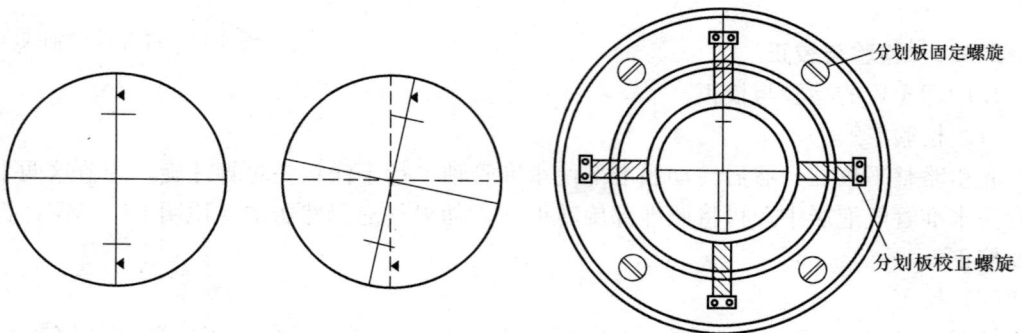

图 3-20 十字丝竖丝检校

3. $CC \perp HH$ 的检验与校正

此项检校的目的是使仪器水平时，望远镜绕横轴旋转所扫出的面为一竖直平面，而不是圆锥面。

（1）检验

检验时，选择一平坦场地，将经纬仪安置在 A、B 中间的 O 点处，并在 A 点设置已瞄准标志，在 B 点垂直于 AB 横置一支有毫米分划的尺子，如图 3-21 所示。整平仪器后，先以盘左位置瞄准远处目标 A，固定照准部，纵转望远镜瞄准 B 点的横尺，用竖丝在横尺上读数，设为 B_1；盘右瞄准 A 点，固定照准部，倒转望远镜，在 B 点的横尺上读得 B_3。若 B_1、B_3 两点重合，说明条件满足，否则，需要校正。

（2）校正

由图 3-21 可以看出，若仪器至横尺的距离为 D，则 C 可写成：

44

$$C = \frac{|B_3 - B_1|}{4D}\rho'' \quad (3\text{-}10)$$

校正时，在横尺上定出 B_2 点的位置，使 $\overline{B_2 B_3} = \frac{1}{4}\overline{B_1 B_3}$，此时 $\angle B_3 O B_2 = C$。

与盘左盘右瞄点法的校正方法一样，先取下十字丝环的保护罩，再通过调节十字丝交点对准 B_2 点。反复检校，直至 C 值不超过 $\pm 1'$。

4. $HH \perp VV$ 的检验和校正

横轴不垂直于竖轴时，其偏离正确位置的角值 i 称为横轴误差。$i > 20''$ 时，需要校正。

（1）检验

在距墙壁 15～30m 处安置经纬仪，在墙面上设置一明显的目标点 P，如图 3-22 所示。盘左瞄准 P 点，固定照准部，使望远镜视准轴水平，在墙面上标出一点 P_1。盘右位置同样瞄准 P 点，放平望远镜后在墙面上定出另一点 P_2。若 P_1、P_2 两点重合，说明 $HH \perp VV$，否则需要校正。

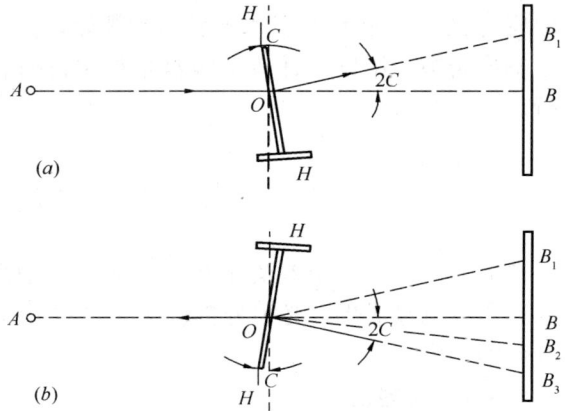

图 3-21 视准轴的检校

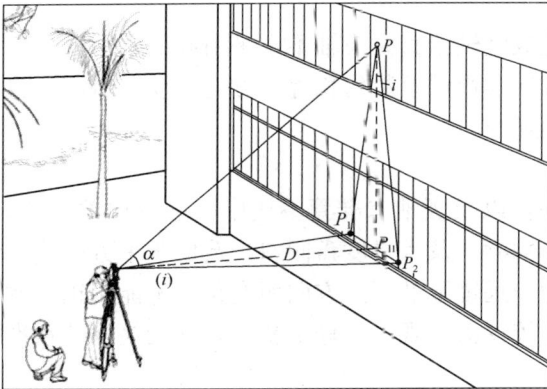

图 3-22 横轴的检校

（2）校正

横轴误差 i 可通过下式计算：

$$i = \frac{\Delta \cot \alpha}{2D}\rho'' \quad (3\text{-}11)$$

式中 α——瞄准 P 点的竖直角，通过瞄准 P 点时所得的 L 和 R 算出；

D——测站到 P 点的水平距离。计算出的 $i > 20''$ 时，必须校正。

取 P_1、P_2 的中点 P_{11}。调节水平微动螺旋使望远镜瞄准 P_{11} 点，抬高望远镜，此时，十字丝交点必定偏离 P 点。打开仪器的支架护罩，调整偏心轴承环，抬高或降低横轴的一端，直至十字丝交点对准 P 点为止。

由于近代光学经纬仪的制造工艺能确保横轴与竖轴垂直，并将横轴密封，如发现经检验此项要求不满足，应交专业维修人员校正。

5. 竖盘指标差的检验与校正

（1）检验

安置好仪器，用盘左、盘右分别瞄准同一目标点，正确读取竖盘读数 L、R，并计算出指标差 x。当 $x > 1'$ 时，应加以校正。

（2）校正

如图 3-16 所示，盘右位置照准目标，获得消除了竖盘指标差 x 的盘右位置竖盘正确

读数应为 $R-x$，转动竖盘水准管微动螺旋，使竖盘读数为 $R-x$，此时，竖盘水准管气泡肯定不再居中，用校正针拨动竖盘指标水准管校正螺丝，使气泡居中。该项检校需反复进行。

3.6 水平角测量的误差及注意事项

仪器误差、观测误差及外界影响都会对角度测量的精度带来影响，为了得到符合规定要求的角度测量成果，必须分析这些误差的影响，采取相应的措施，将其消除或控制在容许的范围以内。

3.6.1 仪器误差

仪器误差的来源有两方面：一是由于仪器检校不完善而引起的误差，如视准轴不垂直于横轴的误差（视准轴误差）、横轴不垂直于竖轴的误差（横轴误差）等；二是由于仪器制造与加工不完善所引起的误差，如度盘偏心差、度盘刻划误差等。这些误差影响可以通过适当的观测方法和相应的措施加以消除或减弱。

1. 视准轴误差

视准轴误差是由于视准轴不垂直横轴引起的水平方向读数误差 C。由于盘左、盘右观测时该误差的符号相反，因此，可采用盘左、盘右观测取平均值的方法加以消除。

2. 横轴误差

横轴误差是由于横轴与竖轴不垂直，造成竖轴铅直时横轴不水平引起的水平方向读数误差。盘左、盘右观测同一目标时的水平方向读数误差数值相等、方向相反。所以，也可采取盘左、盘右观测取平均值的方法加以消除。

3. 竖轴误差

竖轴误差是由于水准管轴不垂直于竖轴，以及竖轴水准管不居中引起的误差。这时，竖轴偏离竖直方向一个小角度，从而引起横轴倾斜及水平度盘倾斜，造成水平方向读数误差。这种误差与正、倒镜观测无关，并且随望远镜瞄准不同方向而变化，不能用正、倒镜取平均的方法消除。因此，测量前应严格检校仪器，观测时仔细整平，并始终保持水准管气泡居中，气泡偏离不可超过一格。

4. 照准部偏心差

照准部旋转中心与水平度盘刻划中心不重合。如图 3-23 所示，设 O 为水平度盘刻划中心，O' 为照准部旋转中心，两个中心不重合，称为照准部偏心差。在图中，当盘左瞄准某目标时，经纬仪一侧的水平度盘读数 M' 比无偏心时的读数 M 大一个 x，x 为因照准部偏心差引起的偏心读数误差。在盘右位置，仍瞄准该目标时，读数 N' 比无偏心时的读数 N 小一个同样大小的 x。因此，若盘左盘右观测同一目标时，读数相差不是 $180°$，就可能存在照准部偏心误差。

采用对径分划符合读数可以消除照准部偏心差的影响。但对于单指标读数的仪器，可通过盘左、盘右取平均值的方法来消除此项误差的影响。

5. 度盘刻划不均匀误差

水平度盘刻划不均匀误差是指度盘最小分划间隔不相等而产生的测角误差。此项误差属仪器制造误差，一般影响较小。在观测水平角时，各测回零方向根据测回数 n，按照

$180°/n$ 变化水平度盘位置，可以有效地消弱此项误差的影响。

3.6.2 观测误差

1. 对中误差

仪器对中误差对水平角观测的影响如图 3-24 所示。设 O 为测站点，由于仪器存在对中误差，仪器中心偏至 O'，偏心距为 e，θ 为偏心角，即后视方向 A 与 e 的水平夹角。B 点的正确水平角为 β，实际观测的水平角为 β'，则对中误差对水平角的影响为：

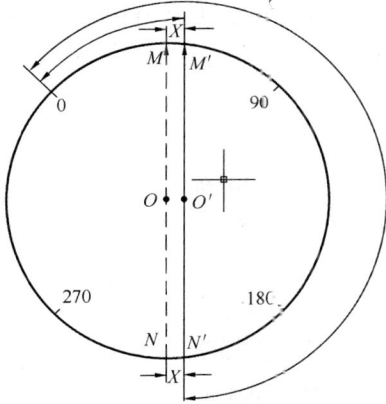

图 3-23　照准部偏心差　　　　　　　图 3-24　对中误差

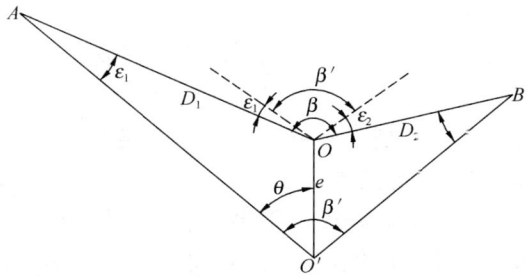

$$\Delta\beta = \beta - \beta' = \varepsilon_1 + \varepsilon_2 \tag{3-12}$$

考虑到 ε_1、ε_2 很小，则有

$$\varepsilon_1'' = \varepsilon \frac{\rho''}{D_1} e\sin\theta \tag{3-13}$$

$$\varepsilon_2'' = \frac{\rho''}{D_1} e\sin\theta(\beta' - \theta) \tag{3-14}$$

$$\varepsilon = \varepsilon_1' + \varepsilon_2'' = \rho'' e \left(\frac{\sin\theta}{D_1} + \frac{\sin(\beta' - \theta)}{D_2} \right) \tag{3-15}$$

$$\varepsilon_{\max} = \rho'' \left(\frac{1}{D_1} + \frac{1}{D_2} \right) \tag{3-16}$$

由上式可知：

(1) 当 β' 和 θ 一定时，ε_1、ε_2 与偏心距 e 成正比，即 e 愈大，$\Delta\beta$ 愈大；

(2) 当 e 和 θ 一定时，$\Delta\beta$ 与所测角度的边长成反比，即边长愈短，误差愈大。

2. 目标偏心误差

目标偏心误差是指目标照准点上所竖立的标志（如测钎、花杆）与地面点的标志中心不在同一铅垂线上所引起的水平方向的观测误差。如图 3-25 所示，O 为测站点，A、B 为照准点的标志中心，A' 为实际瞄准的目标中心，D 为两点间的距离，e 为目标的偏心距，θ 为观测方向与 e 的夹角，则目标偏心误差对水平方向观测的影响为：

$$\gamma'' = \frac{e\sin\theta_1}{D}\rho'' \tag{3-17}$$

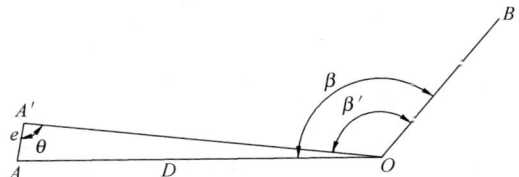

图 3-25　目标偏心差

由式（3-17）可知，$\Delta\beta$ 与偏心距 e 成正比，与距离 D 成反比。当 $\theta = 90°$ 时，$\Delta\beta$ 最大，也即与瞄准方向垂直的目标偏心对水平方向观测的影响最大。观测时，为了减少目标偏心对水平方向观测的影响，作为照准标志的标杆应竖直，并尽量瞄准标杆的底部。

3. 照准误差

人眼所能够分辨的两个点的最小视角约为 $60''$，当使用放大倍数为 V 的望远镜观测时，最小分辨视角可以减小 V 倍，即为 $m_V = \pm 60''/V$。

照准误差除取决于望远镜的放大倍率以外，还与人眼的分辨能力，目标和照准标志的形状及大小、目标影像的亮度和清晰度等有关，因此观测水平角时，应尽量选择适宜的测量标志和有利的气候条件，以减弱照准误差的影响。

4. 读数误差

读数误差主要取决于仪器的读数设备。对于使用测微尺的 DJ$_6$ 级光学经纬仪，读数误差为测微尺上最小分划 $1'$ 的 $1/10$，即为 $\pm 6''$。但如果照明情况不佳，显微镜的目镜未调好焦距或观测者技术不够熟练，估读误差可能超过 $\pm 6''$。

3.6.3　外界条件的影响

外界条件的影响因素很多，也比较复杂。外界条件对测角的影响主要有：松软的土壤和风力影响仪器的稳定；日晒和温度变化会影响仪器的整平和视准轴位置变化；大气折光会导致视线改变方向；大气透明度会影响瞄准精度；视线靠近建、构筑物会引起旁折光等等，这些因素都会给角度测量带来误差。因此，应选择有利的观测时间和观测条件，尽量避免不利因素对角度测量的影响。

复 习 思 考 题

1. 什么是水平角？什么是竖直角？经纬仪为什么既能测出水平角又能测出竖直角？
2. 经纬仪由哪几个部分组成？
3. 观测水平角时，为什么要进行对中和整平？试述具有光学对中器的经纬仪进行对中、整平工作的方法和步骤。
4. 观测水平角时，要使起始方向的水平度盘读数为 $0°00'00''$ 或大于 $0°$，应怎样操作？
5. 试述用测回法测量水平角的操作步骤。
6. 整理表 3-5 用测回法观测水平角的记录。

测回法观测手簿 表 3-5

测站	目标	竖盘位置	水平度盘读数 (° ′ ″)	半测回角值 (° ′ ″)	一测回平均角值 (° ′ ″)	各测回平均值 (° ′ ″)
一测回 B	1	左	0° 01′ 12″			
	2		200° 08′ 54″			
	1	右	180° 02′ 00″			
	2		20° 09′ 30″			
二测回 B	1	左	90° 00′ 36″			
	2		290° 08′ 00″			
	1	右	270° 01′ 06″			
	2		110° 08′ 48″			

7. 观测水平角和竖直角有哪些相同和不同之处？应如何判断竖直角的计算公式？

8. 何谓竖盘指标差？如何消除竖盘指标差？

9. 整理表 3-6 中竖直角观测记录。

竖直角观测手簿

表 3-6

测站	目标	竖盘位置	竖盘读数 (° ′ ″)	半测回竖直角 (° ′ ″)	指标差 (″)	一测回竖直角 (° ′ ″)
A	B	左	83° 20′ 36″			
		右	276° 39′ 54″			
	C	左	93° 05′ 24″			
		右	266° 54′ 48″			

10. 经纬仪有哪些主要轴线？各轴线之间应满足什么几何条件？为什么？

11. 水平角测量的误差来源有哪些？在观测中应如何消除或减弱这些误差的影响？

12. 采用盘左、盘右观测水平角，能消除哪些仪器误差？

第 4 章　距离测量与直线定向

确定地面点位，除了测定水平角外，还要测定地面上两点间的水平距离。地面上两点间的水平距离是指两点沿铅垂线方向在大地水准面上投影点的弧长，在小范围内可看作两点在水平面上投影的距离。距离测量的方法有很多种，常用的有：钢尺量距、视距测量以及光电测距。

4.1　钢尺量距的一般方法

钢尺又称钢卷尺，如图 4-1 所示。常用的钢尺有 20m、30m、50m 三种。卷尺装在圆形金属盒内或安置于金属架上，最小刻划为厘米的，适用于一般量距；最小刻划为毫米的，适用于精密量距。钢尺根据零刻度的位置又可分为端点尺与刻线尺，端点尺以尺的最外端作为尺的零点，而刻线尺的零点在钢尺的前端，如图 4-2 所示。

图 4-1　钢尺

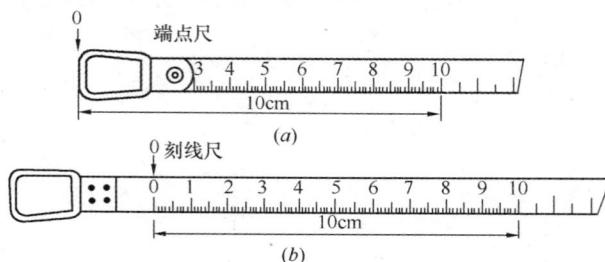

图 4-2　端点尺与刻线尺

钢尺量距除了用到钢尺外，还会用到测钎、标杆和垂球等。如图 4-3 所示。

4.1.1　直线定线

当测量的距离超过一个整尺的长度或者地形起伏较大时，一次不能量完，需要在直线上标定一些点，这项工作叫做直线定线，一般方法量距可用目估法定线。

如图 4-4 所示，A、B 为待测距离两端点，假设两点间通视，在 A、B 两点竖立标杆，甲站在 A 点标杆后大约 1m 处，从 A 瞄向 B，指挥乙左右移动，当 A、1、B 三点在同一条直线上时，乙在 1 点竖立标杆，两点间定线，一般由远及近，定完一点后，再定 2 点。

图4-3　测钎、标杆

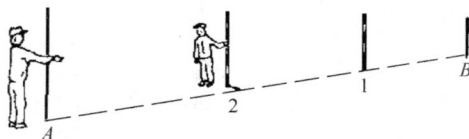

图4-4　目估法定线

4.1.2 量距方法

1. 平坦地区距离测量

测量前，在 A、B 两点设立标志，后尺手持钢尺在零点一端，前尺手持钢尺末端沿定线方向测量。后尺手把尺的零点对准 A 点，指挥前尺手将钢尺拉在直线方向上，当钢尺拉平、拉紧时，前尺手在钢尺末端竖直插入一测钎，得到 1 点，这就量完了一个尺段。后尺手与前尺手一起举尺前进，后尺手到达 1 点，钢尺零点处对准 1 点，同法测量得到 2 点。后尺手拔出 1 点测钎与前尺手一起举尺前进，进行下一尺段的测量，直至不足一整尺，这样后尺手手中的测钎数就是量距地整尺段数 n，不足一整尺长的距离叫余长，用 q 表示，设整尺长为 l，则距离总长为：

$$D = n \cdot l + q \tag{4-1}$$

为防止测量误差过大并提高测量精度，通常需要往返测量。返测时，需要重新定线，结果取往返测量的平均值。

2. 倾斜地面的距离测量

倾斜地面进行水平距离的测量有两种方法：平量法、斜量法。

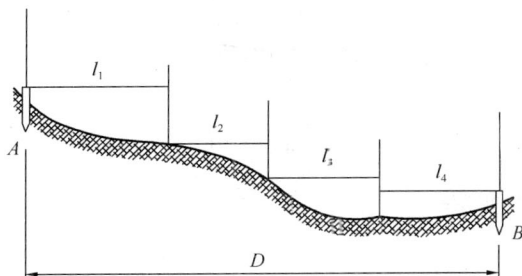

（1）平量法

如图 4-5 所示，A 为待测距离起点，B 为待测距离终点，甲立于 A 点，钢尺零点对准 A 点，并指挥乙使钢尺末端位于 AB 直线上；钢尺拉平，乙用垂球将钢尺末端投于地面上，竖直插入测钎，为 1 点，则量完一个尺段长度。若地面起伏很大，一次量完一个尺段有困难时，一个尺段可分几次量完。

图 4-5 平量法

（2）斜量法

如果倾斜地面坡度均匀，可以采用斜量法量出 AB 的斜距 L，然后测出地面的倾角 α，则 AB 两点间的水平距离：$D = L \cdot \cos\alpha$

4.1.3 钢尺量距的精度表达

衡量钢尺量距的精度，一般采用相对误差 K 来表示：

$$K = \frac{|D_{往} - D_{返}|}{\dfrac{D_{往} + D_{返}}{2}} = \frac{\Delta D}{D_{平均}} \tag{4-2}$$

式中 $D_{往}$——往测距离；

      $D_{返}$——返测距离；

      ΔD——往返测距离差；

      $D_{平均}$——往返测距离平均值。

相对误差一般化为分子为 1 的形式，例如一段距离 $D_{往} = 202.30 \text{m}$，$D_{返} = 202.38 \text{m}$，则其相对误差为 $k = \dfrac{|D_{往} - D_{返}|}{\dfrac{D_{往} + D_{返}}{2}} = \dfrac{|202.30 - 202.38|}{\dfrac{202.30 + 202.38}{2}} = \dfrac{0.08}{202.34} \approx \dfrac{1}{2500}$

在平坦地区，钢尺量距地相对误差一般不高于 1/3000；在地形起伏较大地区，一般不高于 1/1000。在相对误差不超限的情况下，取往返测距离的平均值作为测绘成果。

4.2 钢尺量距的精密方法

当量距精度要求较高时，采用精密方法。

4.2.1 钢尺量距地精密方法

1. 定线

精密方法量距采用经纬仪定线。欲测量 A、B 两点间的距离，A 点架设经纬仪，瞄准 B 点，旋紧水平制动螺旋，在视线上选取 1、2、3、4 等点，用钢尺概量，相邻两点间的距离略小于一个尺段长度，在各点打入小木桩，桩顶高出地面 2～5cm，利用经纬仪竖丝在各桩顶确定 a、b，使 a、b 位于 A、B 直线上，连起 a、b，并在桩顶画一条垂直于 a、b 的短横线，形成十字，则十字交叉位置就是钢尺量具的标志，如图 4-6 所示。

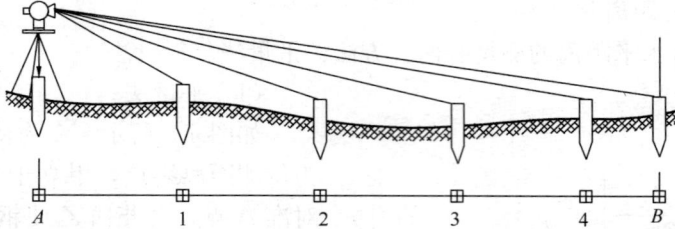

图 4-6　经纬仪定线

2. 量距

量距前需对钢尺进行检定，用检定过的钢尺测量桩顶间的斜距需要 5 个人，2 人拉尺，2 人读数，一人记录并测定温度。测量时，后尺手把弹簧称挂于钢尺零点端，两人拉钢尺至标准拉力，并使钢尺有刻度一侧紧贴桩顶十字交点，当前尺手端读数在整数位时，喊"读数"，两端读数员同时读数，精确至 0.5mm，精密量距需移动钢尺到不同位置测三次，并测定一次温度，精确值 0.5℃。记录员分别把钢尺读数与温度记录于手簿。三次测距的较差要小于 2～3mm，否则需要重测，若较差在限差范围内，取三次测距结果平均值作为测量成果。往测结束后，还要立即进行返测，步骤与往测同。

3. 测量桩顶高差

上述测得距离为相邻桩顶间的斜距，为了进行倾斜改正，得到桩顶间的平距，需要测得相邻桩顶间的高差。测定相邻桩顶之间的高差，采用水准测量方法，在量距前或测距后，往返测量或者采用两面尺法测量相邻桩顶之间的高差，往返测或两面尺法测得高差较差要求在 10mm 之内，若满足条件，则取其平均值作为测量结果。

4. 尺段长度的计算

用经过检定的钢尺进行精密测距时，由于钢尺长度会受到拉力、温度以及自身误差等影响，测量结果需要进行尺长改正、温度改正、倾斜改正才能得到实际的距离。

（1）尺长改正

假设钢尺名义长度为 l_0，在标准拉力、标准温度下检定长度为 l'，则整尺段的尺长改正数为 $\Delta l = l' - l_0$，每 1m 的尺长改正数为：$\Delta l_{d1} = \dfrac{l' - l_0}{l_0}$，任一段距离 l 的尺长改正

数为 $\Delta l_{\mathrm{d}} = \dfrac{l' - l_0}{l_0} \times l$。

（2）温度改正

钢尺的长度会随着温度的变化而发生微小的变化，温度高，则钢尺膨胀，温度低，则钢尺收缩。钢尺长度变化的大小由钢尺的膨胀系数 α（一般为 $1.15 \times 10^{-5} \sim 1.25 \times 10^{-5}/1°C$）决定，假设检定时温度为 $t_0°C$，量距时，温度为 $t°C$，则某尺段 l 的温度改正为 $\Delta l_{\mathrm{t}} = \alpha \cdot (t - t_0) \cdot l$。

（3）倾斜改正

若沿桩顶量出相邻桩顶之间斜距为 l'，用水准仪测得相邻桩顶高差为 h，则此距离倾斜改正数为 $\Delta l_{\mathrm{h}} = l - l' = (l'^2 - h^2)^{1/2} - l' = l' \cdot \left[\left(1 - \dfrac{h^2}{l'^2}\right)^{1/2} - 1 \right]$，按级数展开：

$$\Delta l_{\mathrm{h}} = l' \cdot \left[\left(1 - \dfrac{h^2}{2l'^2} - \dfrac{1}{8} \cdot \dfrac{h^4}{l'^4} \cdots \right) - 1 \right] = -\dfrac{h^2}{2l'^2} - \dfrac{1}{8} \cdot \dfrac{h^4}{l'^4} \cdots$$

若高差不大，可只取第一项：$\Delta l_{\mathrm{h}} = -\dfrac{h^2}{2l'}$，倾斜改正永远为负值。

经过上述三次改正，若某尺段量距为 l，则改正后的水平距离为：

$$l = l + \Delta l_{\mathrm{d}} + \Delta l_{\mathrm{t}} + \Delta l_{\mathrm{h}} \tag{4-3}$$

5. 计算全长

把经过改正后的各个尺段长度和余长相加，则得到距离的全长，同理算出返测全长，精密量距要求相对误差小于 $1/13000$，若在限差范围内，则取平均值作为观测结果。

4.2.2 钢尺检定

由于钢尺因材料、刻划误差、拉力及温度的影响，钢尺的尺面注记长度与实际长度往往不相等，所以用这样的钢尺测量得到的结果，往往会包含一定的误差，为了消除这些误差，就需要对钢尺进行检定，以便能计算出钢尺在标准拉力及标准温度下的实际长度，并给出钢尺的尺长方程式，这样便可以对钢尺的测量结果进行改正，计算出测量结果的实际长度。

1. 尺长方程式

通常将钢尺在标准拉力下（30m 钢尺 100n，50m 钢尺 150n）的实际长度随温度而变化函数式，称为钢尺的尺长方程式。一般形式为：

$$l_{\mathrm{t}} = l_0 + \Delta l + \alpha(t - t_0) \tag{4-4}$$

式中　l_{t}——钢尺在温度 t 时的实际长度；

l_0——钢尺的名义长度；

Δl——整尺段的尺长改正数；

α——钢尺的膨胀系数；

t——测量距离时钢尺的温度；

t_0——标准温度 20℃。

2. 钢尺的检定方法

钢尺的检定一般有两种方法。一种方法是在有两固定标志的检定场地进行检定，检定时要用弹簧秤施加标准力，同时测定钢尺的温度。一般要在两标志间测量三个测回（往、返一次为一个测回），求其平均值作为名义长度，最后通过计算给出钢尺的尺长方程式，建筑施工单位一般可委托专业测绘部门或测量仪器销售商代为检定，得到所需要的钢尺的尺长方程式。

第二种方法是用已经检定过的钢尺作为标准尺来进行检定。选择一平坦、避荫的地面，被检定钢尺和标准尺并排放在一起，加上标准力，并把钢尺的末端刻划对齐，在零点端读出两尺的差 Δ，如果检定尺长于标准尺，则 Δ 取正，否则取负。然后根据标准尺的尺长方程式推出检定尺的尺长方程式。

例：标准尺的尺长方程式为：

$$l_{标} = 30\text{m} + 0.006\text{m} + 1.2 \times 10^{-5} \times 30 \times (t - 20℃)\text{m}$$

被检定钢尺名义长度为 30m，Δ 为 -0.003m，则

$$l_{检} = l_{标} - 0.003\text{m}$$

将标准尺尺长方程式代入得：

$$l_{标} = 30\text{m} + 0.006\text{m} + 1.2 \times 10^{-5} \times 30 \times (t - 20℃) - 0.003\text{m}$$

则被检定钢尺的尺长方程式为：

$$l_{标} = 30\text{m} + 0.003\text{m} + 1.2 \times 10^{-5} \times 30 \times (t - 20℃)\text{m}$$

4.3 视 距 测 量

视距测量是利用测量仪器望远镜内的视距装置（水准仪、经纬仪是十字丝分划板上的上、下短线）配合视距尺，根据几何光学及三角学原理，同时测定两点间水平距离及高差的一种方法。此种方法操作简单，速度快捷，不受地形起伏的限制，但测距精度偏低，一般为 $1/300 \sim 1/200$，故常用于地形测图，视距尺一般可选用水准尺。

4.3.1 视线水平时的视距和高差公式

图 4-7 是外调焦望远镜视距原理图，L 为望远镜物镜，焦距为 f，V 是仪器竖轴位置，与物镜距离为 δ；P 是上、下视距丝间距，当望远镜视线水平并瞄准视距尺 G 时，视距尺成像在十字丝分划板平面上。通过上下视距丝 a、b，可以读取视距尺读数 A、B，该读数差 n 称为视距间隔。

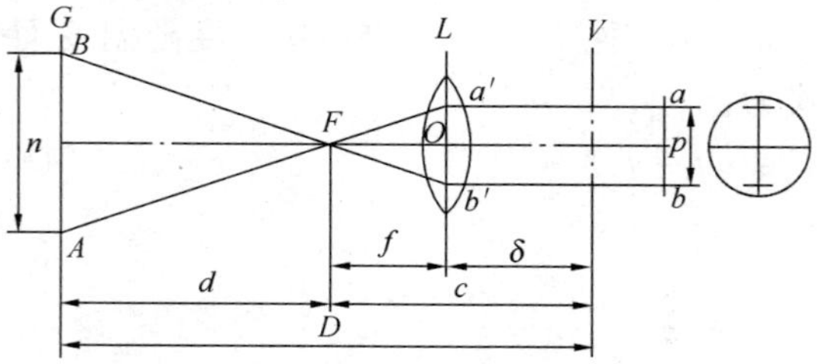

图 4-7 外调焦望远镜视距原理

由几何学可知：$\Delta a'Fb'$ 与 ΔAFB 相似，则

$$\frac{n}{p} = \frac{d}{f}，d = \frac{f}{p} \cdot n$$

$$D = d + f + \delta = \frac{f}{p} \cdot n + f + \delta$$

令 $C = f + \delta$，视距加常数，设计时使之接近为 0。

令 $K = \dfrac{f}{p}$，视距乘常数，设计时使之为 100。

则 $D = K \cdot n + C$，可以简化为：

$$D = K \cdot n \tag{4-5}$$

由图 4-8 可知，若仪器高为 i，中丝读数为 v，则 A、B 两点间高差为：

$$h = i - v \tag{4-6}$$

4.3.2 视线倾斜时的视距和高差公式

在地面起伏较大时，视线水平时看不到视距尺，必须将望远镜倾斜才能照准视距尺，这时可用视线倾斜时的尺间隔换算成视线垂直时的尺间隔，再由此算出斜距，从而求得平距及高差。

如图4-9所示，由于上、下丝之间的夹角 φ 很小，约为 $34'$，所以可以把 $\angle MM'E$ 与 $\angle NN'E$ 近似看作直角，则：

图4-8 视线水平时的距离和高差测量

$$M'E = ME \cdot \cos\alpha , \; N'E = NE \cdot \cos\alpha$$
$$l' = M'N' = M'E + N'E = MN \cdot \cos\alpha = l \cdot \cos\alpha$$

则倾斜距离：

$$L = K \cdot l' = K \cdot l \cdot \cos\alpha \tag{4-7}$$

水平距离：

$$D = L \cdot \cos\alpha = K \cdot l \cdot \cos^2\alpha \tag{4-8}$$

由图中几何关系可推出 A、B 两点高差：

$$h = h' + i - v = L \cdot \sin\alpha + i - v = K \cdot l \cdot \cos\alpha \cdot \sin\alpha + i - v$$
$$= \frac{1}{2} K \cdot l \cdot \cos 2\alpha + i - v \tag{4-9}$$

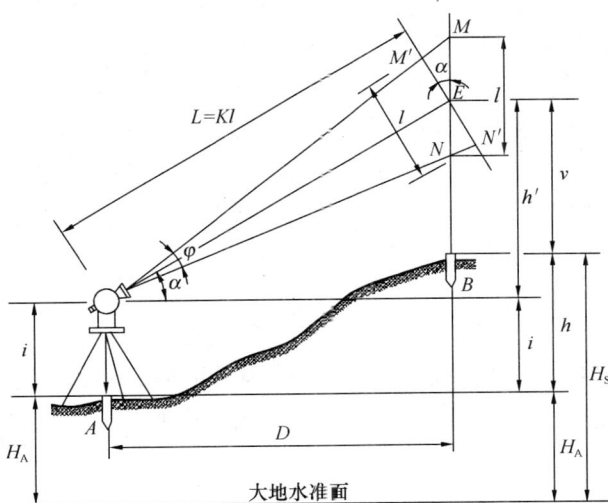

图4-9 视线倾斜时距离和高差测量

式中 h' 称为初算高差。

当中丝读数 v 与仪器高 i 相等时，高差为：

$$h = \frac{1}{2} K \cdot l \cdot \cos^2\alpha 。$$

$$\tag{4-10}$$

4.3.3 视距测量的观测与计算

视距测量的观测和计算可按以下步骤进行：

（1）在测站 A 安置经纬仪，量距仪器高 i，在目标 B 竖立视距尺；

（2）以盘左转动望远镜照准视距尺，使中丝截视距尺上与仪器高 i 相等的读数或某一整数 v，分别读取上、下、中三丝的读数 M、v、N，并求得视距间隔 $l = M - N$；

（3）旋转指标水准管微动螺旋，使指标水准管气泡居中，读取竖盘读数，并计算竖直角 α；

（4）将观测值记入手簿（表4-1），再按式（4-7）计算水平距离、式（4-8）计算高差，

并根据测站点 A 的高程计算出测点 B 的地面高程。

（5）按照以上步骤测量 C 点，并计算出水平距离及高差填入表 4-1 中。

测站 <u>A</u> 测站高程25.17m 仪器高 i 1.45m 仪器DJ$_6$ 表 4-1

点号	上丝读数 下丝读数 （m）	视距间隔 l (m)	中丝读数 v (m)	竖盘读数 ° ′ ″	竖直角 ° ′ ″	水平距离 D (m)	初算高差 h' (m)	高差 h (m)	高程 H (m)
B	2.237 0.663	1.574	1.450	87°41′12″	+2° 18′ 48″	157.14	+6.35	+6.35	31.52
C	2.445 1.555	0.890	2.000	95°17′36″	−5° 17′ 36″	88.24	−8.18	−8.73	16.44

4.4 光 电 测 距

4.4.1 概述

长距离测量时钢尺量距劳动强度大，工作效率低，复杂地形甚至无法工作；视距测量迅速、简便，但测程较短，精度低。随着光电技术的发展，人们创造出一种新的测距方法——电磁波测距。

光电测距仪的种类比较多。按其测程大小，可分为短程（3km 以内）、中程（3-15km）和远程（大于 15km）三种；如按载波来分，采用可见光或红外光作为载波的称为光电测距，采用微波段的无线电波作为载波的称为微波测距。光电测距仪按其所用光源分，一般有红外测距仪和激光测距仪两种。利用氦氖（He-Ne）气体激光器，波长为 $0.6328\mu m$ 的红色可见光的就是激光测距仪，它的测程长，精度也高。使用的载波在电磁波红外线波段，波长为 $0.86 \sim 0.94mm$ 的称红外测距仪。红外测距仪是以砷化镓（GaAS）发光二极管作为载波源，其发出红外线的强度随注入的电信号的强度变化而变化，因此这种发光管兼有载波源和调制器的双重功能。借助于电子线路的集成化，光电测距仪可以做得很小，与测角设备和计算机相结合，自动化程度较高。

4.4.2 测距原理

如图 4-10 所示，欲测定 A、B 两点间的距离 D，可在 A 点安置能发射和接收光波的光电测距仪，在 B 点设置反射棱镜，光电测距仪发出的光束经棱镜反射后，又返回到测距仪。通过测定光波在 AB 之间传播的时间 t，根据光波在大气中的传播速度 c，按下式计算距离 D：

$$D = \frac{1}{2}ct \qquad (4\text{-}11)$$

光电测距仪根据测定时间 t 的方式，分为直接测定时间的脉冲测距法和间接测定时间的相位测距法。高精度的测距仪一般采用相位式。

1. 脉冲式光电测距仪

脉冲式光电测距是通过直接测定光脉冲在两测点间往返传播的时间 t，并按式（4-10）求得距离。

测距时，光脉冲发射器发射出一束光脉冲，同一瞬间，主波脉冲把"电子门"打开，

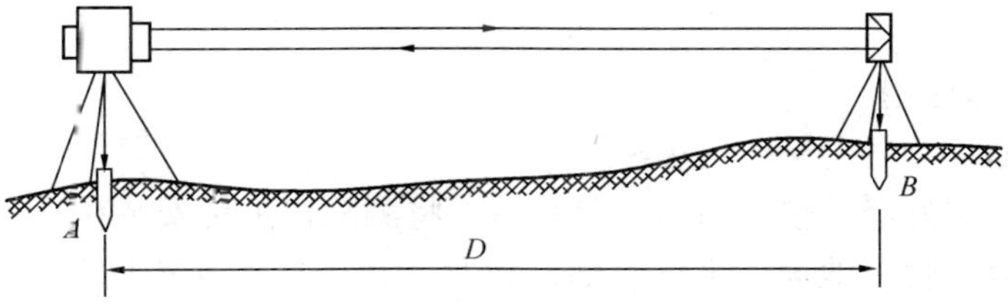

图 4-10　光电测距原理

时标脉冲一个一个的通过"电子门"进入计数系统，当从目标反射回来的光脉冲到达测距仪时，回波脉冲立即把"电子门"关闭，时标脉冲就停止进入计数系统。由于每进入计数系统一个时标脉冲需要经过时间 T，因此，如果"电子门"在"开门"和"关门"之间有 n 个时标脉冲进入计数系统，则主波脉冲和回波脉冲之间的时间间隔为 $t = nT$。由此可得待测距离为 $D = \frac{1}{2} c \cdot nT$。

由于受到脉冲宽度和电子计数器时间分辨率的限制，最高测距精度为 0.5m，精度较低。

2. 相位式光电测距仪

相位式光电测距仪的测距原理是：由光源发出的光通过调制器后，成为光强随高频信号变化的调制光。通过测量调制光在待测距离上往返传播的相位差 ϕ 来解算距离。

相位法测距相当于用"光尺"代替钢尺量距，而 $\lambda/2$ 为光尺长度。相位式测距仪中，相位计只能测出相位差的尾数 ΔN，测不出整周期数 N，因此对大于光尺的距离无法测定。为了扩大测程，应选择较长的光尺。为了解决扩大测程与保证精度的矛盾，短程测距仪上一般采用两个调制频率，即两种光尺。例如：长光尺（称为粗尺）$f_1 = 150\text{kHz}$，$\lambda_1/2 = 1000\text{m}$，用于扩大测程，测定百米、十米和米；短光尺（称为精尺）$f_2 = 15\text{MHz}$，$\lambda_2/2 = 10\text{m}$，用于保证精度，测定米、分米、厘米和毫米。

4.4.3　光电测距仪及其使用方法

1. 仪器结构

主机通过连接器安置在经纬仪上部，经纬仪可以是普通光学经纬仪，也可以是电子经纬仪。利用光轴调节螺旋，可使主机的发射-接受器光轴与经纬仪视准轴位于同一竖直面内。另外，测距仪横轴到经纬仪横轴的高度与觇牌中心到反射棱镜高度一致，从而使经纬仪瞄准觇牌中心的视线与测距仪瞄准反射棱镜中心的视线保持平行。配合主机测距的反射棱镜，根据距离远近，可选用单棱镜（1500m 内）或三棱镜（2500m 内），棱镜安置在三脚架上，根据光学对中器和长水准管进行对中整平。

2. 仪器主要技术指标及功能

短程红外光电测距仪的最大测程为 2500m，测距精度可达 $\pm$（$3\text{mm} + 2 \times 10^{-6} \times D$）（其中 D 为所测距离）；最小读数为 1mm；仪器设有自动光强调节装置，在复杂环境下测量时也可人工调节光强；可输入温度、气压和棱镜常数自动对结果进行改正；可输入垂直角自动计算出水平距离和高差；可通过距离预置进行定线放样；若输入测站坐标和高程，可自动计算观测点的坐标和高程。测距方式有正常测量和跟踪测量，其中正常测量所需时间为 3s，还能显示数次测量的平均值；跟踪测量所需时间为 0.8s，每隔一定时间间隔自动重复测距。

3. 仪器操作与使用

（1）安置仪器

先在测站上安置好经纬仪，对中、整平后，将测距仪主机安装在经纬仪支架上，用连接器固定螺丝锁紧，将电池插入主机底部、扣紧。在目标点安置反射棱镜，对中、整平，并使镜面朝向主机。

（2）观测垂直角、气温和气压

用经纬仪十字横丝照准觇板中心，测出垂直角 α。同时，观测和记录温度和气压计上的读数。观测垂直角、气温和气压，目的是对测距仪测量出的斜距进行倾斜改正、温度改正和气压改正，以得到正确的水平距离。

（3）测距准备

按电源开关键"PWR"开机，主机自检并显示原设定的温度、气压和棱镜常数值，自检通过后将显示"good"。

若修正原设定值，可按"TPC"键后输入温度、气压值或棱镜常数（一般通过"ENT"键和数字键逐个输入）。一般情况下，只要使用同一类的反光镜，棱镜常数不变，而温度、气压每次观测均可能不同，需要重新设定。

（4）距离测量

调节主机照准轴水平调整手轮（或经纬仪水平微动螺旋）和主机俯仰微动螺旋，使测距仪望远镜精确瞄准棱镜中心。在显示"good"状态下，精确瞄准也可根据蜂鸣器声音来判断，信号越强声音越大，上下左右微动测距仪，使蜂鸣器的声音最大，便完成了精确瞄准，出现"＊"。

精确瞄准后，按"MSR"键，主机将测定并显示经温度、气压和棱镜常数改正后的斜距。在测量中，若光速受挡或大气抖动等，测量将暂被中断，此时"＊"消失，待光强正常后继续自动测量；若光束中断30s，须光强恢复后，再按"MSR"键重测。

斜距到平距的改算，一般在现场用测距仪进行，方法是：按"V/H"键后输入垂直角值，再按"SHV"键显示水平距离。连续按"SHV"键可依次显示斜距、平距和高差。

4. 光电测距的注意事项

（1）气象条件对光电测距影响较大，微风的阴天是观测的良好时机。

（2）测线应尽量离开地面障碍物1.3m以上，避免通过发热体和较宽水面的上空。

（3）测线应避开强电磁场干扰的地方，例如测线不宜接近变压器、高压线等。

（4）镜站的后面不应有反光镜和其他强光源等背景的干扰。

（5）要严防阳光及其他强光直射接收物镜，避免光线经镜头聚焦进入机内，将部分元件烧坏，阳光下作业应撑伞保护仪器。

4.5　电子全站仪简介

电子全站仪由电子经纬仪、光电测距仪、存储器以及微处理器组成。通过电子全站仪，可以在同一个测站上同时测量角度与距离，并能计算出被测点坐标。可以把电子全站仪测得数据输入计算机中进行处理，能大大加快测图、绘图速度。

图 4-11 为某型号全站仪，全站仪盘左、盘右都设置有液晶显示器和键盘，测距仪和电子经纬仪共用一个望远镜，同时进行测角和测距。该全站仪有多种测量模式，可以单独测量角度、距离，也可以直接测量坐标、数据采集以及放样等。

4.5.1 角度测量模式

（1）安置仪器，精确整平和对中，以保证测量成果的精度。NTS360R 采用的是光学对中方法；

（2）瞄准第一个目标处的反射棱镜，按［F2］（置零）键和［F4］（是）键，将目标 A 的水平角设置为 $0°00'00''$；

（3）瞄准第二个目标，则液晶显示器上显示出目标 B 的水平角读数与竖直角读数。

4.5.2 距离测量模式

（1）瞄准目标，按［DIST］键，进入测距界面；

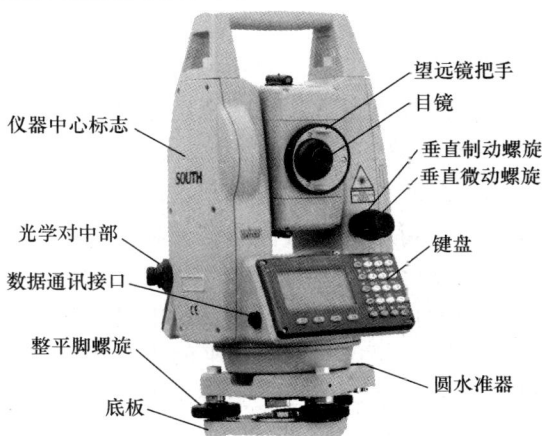

图 4-11 全站仪

（2）按［F1］（测存）键启动测量，并记录测得的数据，测量完毕，按［F4］（是）键，屏幕返回到距离测量模式；

（3）一个点的测量工作结束后，程序会将点名自动+1，重复刚才的步骤即可重新开始测量。

距离测量模式的注意事项：

（1）避免在红外测距模式及激光测距条件下，对准强反射目标（如交通灯）进行距离测量；

（2）无反射器测量模式及配合反射片测量模式下，测量时要避免光束被遮挡干扰；

（3）不要用两台仪器对准同一个目标同时测量。

4.5.3 坐标测量模式

（1）安置仪器于已知控制点 A，设置 A 点（测站点）坐标值。在坐标测量模式下，按［F4］（P1↓）键，转到第二页功能；按［F3］（测站）键，输入 N 坐标，并按［F4］确认键；按同样方法输入 E 和 Z 坐标，输入完毕，屏幕返回到坐标测量模式。

（2）设置仪器高和目标高。在坐标测量模式下，按［F4］（P1↓）键，转到第 2 页功能，按［F1］（设置）键，显示当前的仪器高和目标高，输入仪器高和目标高，并按［F4］（确认）键。

（3）后视另一已知控制点 B，输入 B 点坐标或后视方位角。

（4）瞄准未知坐标目标，启动坐标测量，并记录测得数据。一个点的测量工作结束后，程序会将点号自动+1. 重复刚才的步骤，即可重新开始测量。

4.6 直 线 定 向

确定地面上两点之间的相对位置，除了需要测定两点之间的水平距离外，还需确定两点所连直线的方向。一条直线的方向，是根据某一标准方向来确定的。确定直线与标准方向之间的关系，称为直线定向。

4.6.1 标准方向的种类

1. 真子午线方向

通过某点真子午线的切线方向称为真子午线方向。真子午线方向指出真北和真南方向，通过天文测量方法或陀螺经纬仪测定。

2. 磁子午线方向

自由悬浮的磁针静止时，磁针北极所指的方向称为磁子午线方向，又称磁北方向。磁子午线方向可通过罗盘仪测定。

3. 坐标纵轴方向

对于不同经度的各点，真子午线、磁子午线方向都不平行，作为标准方向使用起来会很复杂。我国采用高斯投影平面直角坐标，每 3°或 6°分为一带，每一带都建立了高斯平面直角坐标系，以中央子午线作为坐标纵轴，同一带内的直线定向，都以坐标纵轴为标准方向，称为坐标纵轴方向，又称坐标北方向。

4.6.2 表示直线方向的方法

在测量工作中，常采用方位角来表示直线的方向。

从直线起点的标准方向北端起，顺时针方向量至该直线的水平夹角，称为该直线的方位角。方位角取值范围是 0°～360°。因标准方向有真子午线方向、磁子午线方向和坐标纵轴方向之分，对应的方位角分别称为真方位角（用 A 表示）、磁方位角（用 Am 表示）和坐标方位角（用 α 表示）。

4.6.3 几种方位角之间的关系

1. 真方位角与磁方位角之间的关系

真子午线收敛于地球南北极，磁子午线收敛于地磁场南北极。由于地球南北极与地磁场南北极不重合，导致真子午线与磁子午线也不重合。地球上某点真子午线方向与磁子午线方向的夹角叫做磁偏角，用 δ 表示，如图 4-12 所示。磁子午线北端在真子午线东边称为东偏，磁偏角为正值；在真子午线西边称为西偏，磁偏角为负值。则真方位角与磁方位角之间的关系可由下式表示：

$$A = A_m + \delta \tag{4-12}$$

我国磁偏角 δ 的变化在 $-10°$（东北地区）到 $+6°$（西北地区）之间。

图 4-12　磁偏角

2. 真方位角与坐标方位角之间的关系

对于高斯平面直角坐标系，某点的坐标纵轴方向是此点所在带的中央子午线北方向，它与此点的真子午线方向之间的夹角称为子午线收敛角，用 γ 表示，如图 4-13。在中央子午线以东，各点坐标纵轴位于真子午线东边，子午线收敛角为正值；在中央子午线以西，各点坐标纵轴位于真子午线西边，取负值。则真方位角与坐标方位角之间的关系可由下式表示：

$$A = \alpha + \gamma \tag{4-13}$$

3. 磁方位角与坐标方位角之间的关系

由式（4-12）与式（4-13）可知，磁方位角 与坐标方位角之间的关系可由下式表示：

$$A_m = \alpha + \gamma - \delta \qquad (4\text{-}14)$$

4.6.4　正、反坐标方位角

一条直线有两个端点，如图 4-14 所示，经过 A 的坐标纵轴顺时针量到 AB 的夹角为 AB 方向的坐标方位角，用 α_{AB} 表示，经过 B 的坐标纵轴顺时针量到 BA 的夹角为 BA 方向的坐标方位角，用 α_{BA} 表示，α_{AB} 与 α_{BA} 互为正反坐标方位角，α_{AB} 为 BA 方向的反坐标方位角，α_{BA} 为 AB 方向的反坐标方位角。正、反坐标方位角相差 $180°$。

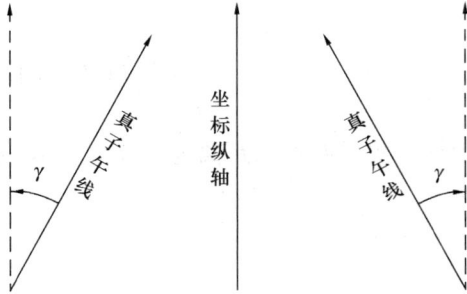

图 4-13　子午线收敛角　　　　　　图 4-14　正、反方位角

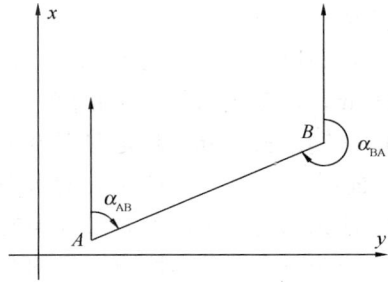

由于真子午线与磁子午线收敛于两极，不互相平行，用真子午线方向或磁子午线方向作为标准方向时，正、反方位角相差不是 $180°$，给测量工作带来不便，所以，测量工作中一般以坐标纵轴方向作为标准方向，本节以后所述及方位角均为坐标方位角。

4.6.5　坐标方位角的传递

在测量工作中，一般不是直接测定每条边的方位角，而是通过与已知方向的连测，推算出各边的方位角。如图 4-15 所示，B、A 为已知坐标的点，通过两个点的坐标，可以推算出 AB 的方位角，再测量出连接角 β 以及各点处的左角或右角，便可以依次推算出 $A1$、12、23、$3A$ 的方位角。所谓左角或右角是指位于方位角推算方向左边或右边的角度，图中 β_1、β_2、β_3、β_A 均为右角。方位角的推算过程如下：

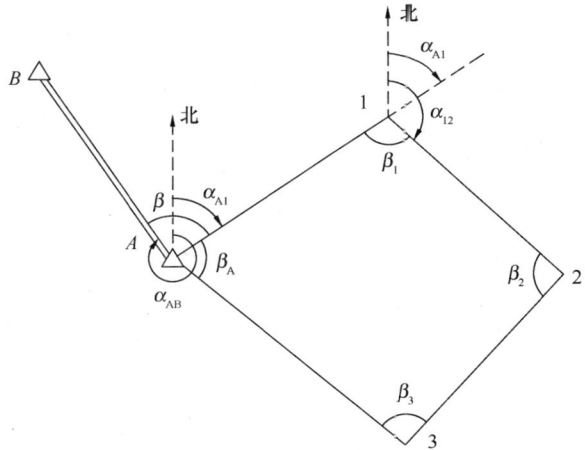

由图 4-15 可以看出　$\alpha_{A1} = \alpha_{AB} + \beta$，则

图 4-15　坐标方位角的推算

$$\alpha_{12} = \alpha_{1A} - \beta_1 = \alpha_{A1} + 180° - \beta_1$$
$$\alpha_{23} = \alpha_{12} + 180° - \beta_2$$
$$\alpha_{3A} = \alpha_{23} + 180° - \beta_3$$
$$\alpha_{A1} = \alpha_{3A} + 180° - \beta_A$$

上述公式中，β_1、β_2、β_3、β_A 均为右角，所以可以简化为：

$$\alpha_前 = \alpha_后 + 180° - \beta_右 \qquad (4\text{-}15)$$

若用左角推算方位角，则同理可得：

$$\alpha_前 = \alpha_后 + 180° + \beta_左 \qquad (4\text{-}16)$$

用式（4-14）、式（4-15）推算方位角时，当计算结果出现负值，则加上 360°；当计算结果大于 360°，则减去 360°。

复 习 思 考 题

1. 丈量 AB、CD 两段距离，AB 段往测为 136.780m，返测为 136.792m，CD 段往测为 235.432m，返测为 235.420m，问两段距离丈量精度是否相同？为什么？两段丈量结果各为多少？

2. 一钢尺名义长度为 30m，经检定实际长度为 30.006m，用此钢尺量两点间距离为 186.434m，求改正后的水平距离？

3. 一钢尺长 20m，检定时温度为 20℃，用钢尺丈量两点间距离为 126.354m，丈量时钢尺表面温度 12℃，求改正后的水平距离（$\alpha = 1.25 \times 10^{-5}/1℃$）？

4. 什么叫直线定向？直线定向的方法有哪几种？

5. 说明下列现象对距离丈量的结果是长了还是短了？

（1）所用钢尺比标准尺短；

（2）直线定线不准；

（3）钢尺未拉水平；

（4）读数不准。

6. 如图 4-16 所示，已知 AB 边的坐标方位角 $\alpha_{AB} = 137°48'$，各观测角标在图中，推算 CD、DE 边的方位角。

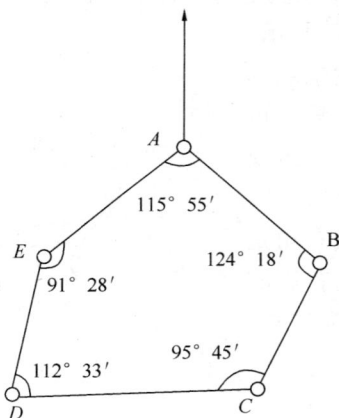

图 4-16　复习思考题 6 图

第5章 控 制 测 量

5.1 控 制 测 量 概 述

为了限制测量误差的积累，确保区域测量成果的精度分布均匀，并加快测量进度，测量工作应按照"从整体到局部，先控制后碎部"的步骤开展。一般的做法是，先在测区内选取若干点作为控制点，用精密的仪器、先进的测量手段测定出控制点的精确坐标，然后根据这些点的坐标再进行下一步工作。控制测量有两种，测定控制点平面坐标的工作叫平面控制测量，测定控制点高程的工作叫做高程控制测量。

在全国范围内建立的控制网，叫做国家控制网。国家控制网按一、二、三、四等四个等级、由高级到低级逐级建立。它是全国各种比例尺测图的基本控制依据，也为研究地球的形状和大小、了解地壳水平形变和垂直形变的大小及趋势、提供地震预测所需形变信息等服务。

国家平面控制网（如图 5-1 所示）采用逐级控制、分级布设的原则，分一、二、三、四等方法建立起来。一等三角锁边长为 20～30km，锁长 200～250km，构成许多锁环，组成了国家平面控制网的骨干；二等三角网布设于一等三角之内，二等网的平均边长为 13km，是国家平面控制网的全面基础；三、四等三角网是二等三角网的进一步加密。

国家水准网（如图 5-2 所示）按逐级控制、分级布设的原则分为一、二、三、四等，其中一、二等水准测量称为精密水准测量。一等水准路线是国家高程控制的骨干，沿地质构造稳定和坡度平缓的交通线布满全国，构成网状。二等路线水准布设在一等水准环内，是国家高程控制网的全面基础，一般沿铁路、公路和河流布设。三、四等水准路线直接为测绘地形图和各项工程建设用。

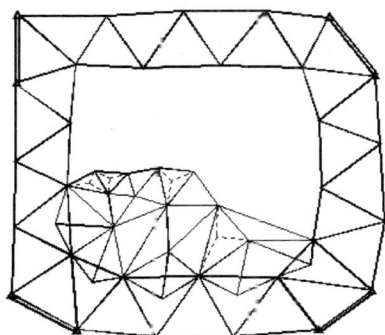

一等三角锁
二等三角网
三等三角网
三、四等插点

图 5-1　国家平面控制网

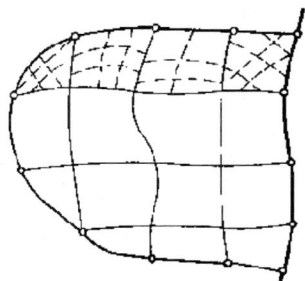

一等水准路线
二等水准路线
三等水准路线
四等水准路线

图 5-2　国家高程控制网

在城市规划建设、施工放样等测量工作中，需要在国家控制网的基础上布设不同等级的城市控制网。城市控制网建立方法与国家控制网相同，但是精度比国家控制网低。为了满足不同的目的和任务，城市控制网也需要分级布设。

直接供测图使用的控制点称为图根控制点，简称图根点。测定图根点位置的工作，称为图根控制测量。图根控制测量尽量与城市控制网连接，若连接有困难，可建立独立图根控制网。由于图根控制网为测图而布设，则图根点的密度和精度要满足测图要求，平坦开阔地区图根点的密度规定见表5-1。对于山区或测图困难地区，图根点的密度可适当增大。

图根点密度规定   表 5-1

测图比例尺	1：500	1：1000	1：2000	1：5000
图根点个数/km²	150	50	15	5
50cm×50cm 图幅图根点个数	9～10	12	15	20

5.2 导 线 测 量

5.2.1 概述

导线测量是小地区平面控制测量主要的方法之一，适用于城镇、平坦地区、狭长地区等。由于量距手段的发展，导线测量得到了广泛的应用。

导线是测区内相邻控制点连成的折线，而这些控制点就是导线点，相邻控制点之间的连线叫做导线边。导线测量就是测定相邻导线边的夹角、导线边的长度，利用已知数据及观测数据，推算各导线点平面坐标的工作。

利用经纬仪测定相邻导线边夹角、钢尺测定导线边长度的导线称为经纬仪导线，利用光电测距仪测定导线边长度的导线叫做光电测距导线。

5.2.2 导线布设形式

导线的基本布设形式有三种：闭合导线、附合导线以及支导线，可根据测区形状以及已知高级控制点分布来决定采用哪种形式。

1. 闭合导线

如图 5-3 所示，起止于同一已知高级控制点，经过各导线点后，形成一闭合多边形的导线称为闭合导线，当测区附近或测区内只有两个已知高级控制点，并且测区形状较为方正时，常采用这种布设形式，闭合导线由于自身的几何约束，具有检核条件。

2. 附合导线

如图 5-4 所示起始于一已知高级控制点，经过各导线点后，终止于另一已知高级控制

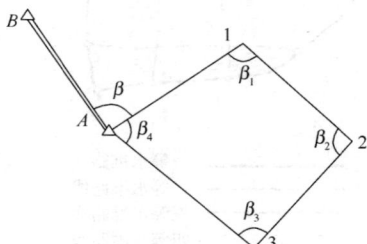

图 5-3 闭合导线   图 5-4 附合导线

点的导线，称为附合导线。当测区形状较为狭长时，常采用此种布设形式。由于附合导线附合于两个已知点以及两个已知方向上，也具有检核条件。

3. 支导线

导线从一已知控制点出发，既不附合到另一已知点，也不回到起始点的，称为支导线。由于支导线不存在检核条件，故只有在条件困难地区，不能布设附合导线、闭合导线的时候才能采用，并且采用时，边数不宜超过 4 条。

5.2.3 导线测量的外业工作

导线测量的外业工作主要为确定导线点位置及获得导线的各项数据。

1. 确定导线点位置

若测区内已有地形图，则在地形图上展绘已知高级控制点，再在地形图上选择点位，拟定导线的布设方案。若无地形图资料，可在实地边踏勘边选点。无论是在地形图上选点还是在实地选点，都要遵循一定的原则：

(1) 导线点之间通视良好，便于测角与量边；

(2) 导线点位置视野开阔，有利于进行碎部测量；

(3) 导线点位置选在土质坚实处，便于点位保存与安置仪器；

(4) 导线边长大致相等，相邻边长差距不能过大，导线点要有足够的密度，分布于整个测区。

点位确定以后，要建立标志。可以在导线点处打入木桩，桩顶钉一钉子作为临时性点位标志。若导线点需要长期保存，可埋设混凝土桩，桩顶刻一"十"字作为永久性标志。建立好标志以后，为导线编号并做点之记，量出导线点与周围固定地物的位置关系图，作为今后找点的依据。

2. 量边

导线边长用光电测距仪或全站仪测量时，省时、省力，也可以用检定过的钢尺往返测量。若尺长改正数不大于尺长的 1/10000，量距时平均尺温与检定时温度相差小于 ±10℃，量边时尺面倾斜小于 1.5%，可以不进行上述三项改正。在相对误差小于 1/3000 的情况下，可取往返测平均值作为测量成果。

3. 测角

测角就是测量相邻导线边之间的夹角，即转折角。转折角分左角与右角，在点位序号前进方向左侧的为左角，右侧的为右角。对于附合导线，测左、右角均可，但必须统一，对闭合导线，则测内角。

导线角度测量的技术要求可参考表 5-2，对于图根导线，可用 DJ₆ 级光学经纬仪测一个测回，若上、下半测回较差小于 40″，取平均值作为最终角值，否则重测。测角时，观测标志可用测钎或觇牌。

各级导线测量的技术要求 表 5-2

等级	测图比例尺	附合导线长度(m)	平均边长(m)	测距相对中误差	测角中误差(″)	导线全长相对中误差	测回数		角度闭合差(″)
							DJ₂	DJ₆	
一级		2500	250	1/20000	±5	1/10000	2	4	$\pm10\sqrt{n}$
二级		1800	180	1/15000	±8	1/7000	1	3	$\pm16\sqrt{n}$

等级	测图比例尺	附合导线长度(m)	平均边长(m)	测距相对中误差	测角中误差(″)	导线全长相对中误差	测回数 DJ$_2$	测回数 DJ$_6$	角度闭合差(″)
三级		1200	120	1/10000	±12	1/5000	1	2	±24$\sqrt{n}$
图根	1∶500	500	75	1/3000	±20	1/2000		1	±60$\sqrt{n}$
	1∶1000	1000	110						
	1∶2000	2000	180						

4. 连测

为了把方位角与坐标从已知点传递到导线上来,必须进行连测。连测的内容可由导线点与已知高级控制点的连接形式决定,如图 5-3 所示,只需测得连接角 β,而图 5-5,不仅需要测得 β_A、β,还需要测得 A1 之间的距离 D_{A1}。若周围无已知高级控制点,则假定某一导线点坐标和某一导线边的方位角,采用独立坐标系。

5.2.4 导线测量的内业计算

导线测量的内业计算就是用科学的方法处理测量数据,合理的分配测量误差,求得各导线点的坐标。

内业计算之前,检查外业测量数据是否有记错、算错的情况,精度是否满足要求;检查已知起算数据是否正确;检查测量数据取位是否满足要求,对于小区域或图根导线测量,角度值取位至秒,距离值取位至厘米。

1. 闭合导线坐标计算

如图 5-6 为实测图根闭合导线,图中数据为实测外业数据,已知 1 点坐标为 $x_1 = 1000.00$m,$y_1 = 1000.00$m,12 边的坐标方位角为 $58°02'18''$,现结合本例说明闭合导线内业计算的过程。

(1)填表

将起算数据与外业测量数据填入"闭合导线坐标计算表"(表 5-3)中,各内角数据填入第 2 列,各距离数据填入第 6 列,起算数据下加下横线。

(2)角度闭合差的计算与调整

对于任一 n 边形,内角和理论值为 $\Sigma\beta_{理} = (n-2) \times 180$,此例中,理论内角和为 $540°$,而观测值不可避免的存在误差,导致实测内角和与理论内角和不相等,它们的差值就是角度闭合差 f_β。若实测内角和为 $\Sigma\beta_{测}$,

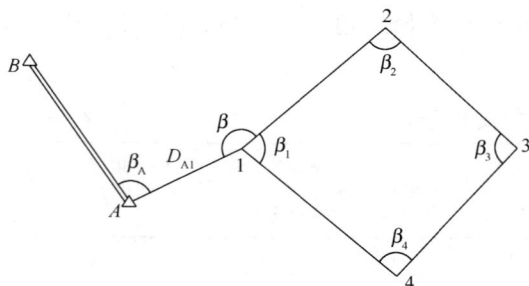

图 5-5 闭合导线

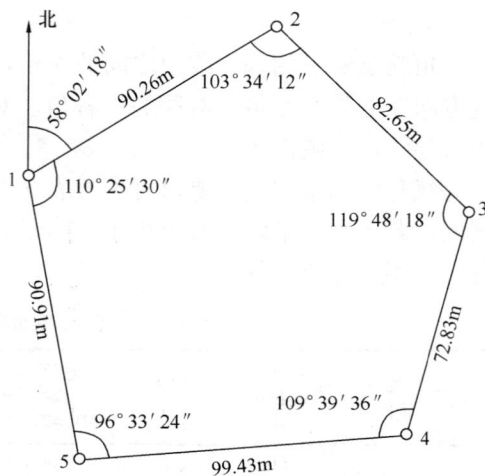

图 5-6 闭合导线内业计算简图

66

则 $f_\beta = \Sigma\beta_测 - \Sigma\beta_理$。对于图根导线测量，角度闭合差的容许值 $f_{\beta容} = \pm60\sqrt{n}$（$n$ 为观测角个数），单位为秒。若 $f_\beta > f_{\beta容}$，说明导线的角度测量是不符合要求的，需要对角度计算进行检查，若计算无错误，则需重测。若 $f_\beta < f_{\beta容}$，说明角度测量合格，则进行角度闭合差的调整。在角度闭合差的调整中，通常认为所有角度的观测误差是相等的，那么调整的方法就是将闭合差反符号分配到各观测角中，每个角改正 $-\dfrac{f_\beta}{n}$。

此例中，角度闭合差 $f_\beta = \Sigma\beta_测 - \Sigma\beta_理 = 540°01'00'' - 540° = 60''$，每个角改正 $-\dfrac{60}{5} = -12''$，把每个角的改正数填入第三列，再将角度观测值加上改正数求得改正后的观测角值，填入第四列。改正后内角和应与理论内角和相等，以此作为计算检核。

（3）推算导线各边坐标方位角

根据已知边的坐标方位角和改正后观测角值，按照下列公式推算导线各边的坐标方位角：

$$\alpha_前 = \alpha_后 + 180° + \beta_左$$
$$\alpha_前 = \alpha_后 + 180° - \beta_右$$

式中，$\alpha_前$、$\alpha_后$ 表示导线前进方向上的前一条边的坐标方位角和与之相连的后一条边的坐标方位角，$\beta_左$、$\beta_右$ 为前后两条边所夹得左角或右角，此例中：

$$\alpha_{23} = \alpha_{12} + 180° - \beta_2 = 58°02'18'' + 180° - 103°34'00'' = 134°28'18''$$
$$\alpha_{34} = \alpha_{23} + 180° - \beta_3 = 194°40'12''$$
$$\alpha_{45} = \alpha_{34} + 180° - \beta_4 = 265°00'48''$$
$$\alpha_{51} = \alpha_{45} + 180° - \beta_5 = 348°27'36''$$

算出上述方位角后还要检核一下已知边的方位角，推算出来的方位角必须与已知方位角相等，作为计算检核。

$$c_{12} = \alpha_{51} + 180° - \beta_1 = 58°02'18''（核！）$$

在方位角推算中，如果推算出的方位角大于 $360°$，则应减去 $360°$；如果小于 $0°$，则应加上 $360°$。

（4）坐标增量的计算及其闭合差的调整

如图 5-7 所示，设 D_{12}、α_{12} 已知，则根据图中几何关系，12 边的坐标增量为：

$$\Delta x_{12} = D_{12}\cos\alpha_{12}$$
$$\Delta y_{12} = D_{12}\sin\alpha_{12}$$

根据坐标增量，可以得到 2 点的坐标：

$$x_2 = x_1 + \Delta x_{12}$$
$$y_2 = y_1 + \Delta y_{12}$$

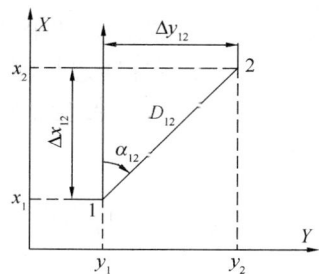

图 5-7　坐标增量

本例中，

$$\Delta x_{12} = D_{12}\cos\alpha_{12} = 90.26 \times \cos(58°02'18'') = 47.78\text{m}$$
$$\Delta y_{12} = D_{12}\sin\alpha_{12} = 90.26 \times \sin(58°02'18'') = 76.58\text{m}$$
$$\Delta x_{23} = D_{23}\cos\alpha_{23} = -57.90\text{m}$$
$$\Delta y_{23} = D_{23}\sin\alpha_{23} = 58.98\text{m}$$
$$\Delta x_{34} = D_{34}\cos\alpha_{34} = -70.46\text{m}$$

$$\Delta y_{34} = D_{34}\sin\alpha_{34} = -18.44\text{m}$$
$$\Delta x_{45} = D_{45}\cos\alpha_{45} = -8.64\text{m}$$
$$\Delta y_{45} = D_{45}\sin\alpha_{45} = -99.05\text{m}$$
$$\Delta x_{51} = D_{51}\cos\alpha_{51} = 89.07\text{m}$$
$$\Delta y_{51} = D_{51}\sin\alpha_{51} = -18.19\text{m}$$

将上述坐标增量填入第 7、8 列中。

对于闭合导线，导线从起点出发，又终止于起点，所以，闭合导线的坐标增量和理论上为 0，即：

$$\Sigma\Delta x_{理} = 0, \ \Sigma\Delta y_{理} = 0$$

实际上，由于测量边长的误差以及角度闭合差调整后的残差，导致了实际的坐标增量和不等于 0，如果用 $\Sigma\Delta x_{测}$、$\Sigma\Delta y_{测}$ 表示实际的坐标增量和，那么，实际的坐标增量和与理论值之差称为坐标增量闭合差，分别用 f_x，f_y 表示，则：

$$f_x = \Sigma\Delta x_{测} - \Sigma\Delta x_{理} = \Sigma\Delta x_{测}$$
$$f_y = \Sigma\Delta y_{测} - \Sigma\Delta y_{理} = \Sigma\Delta y_{测}$$

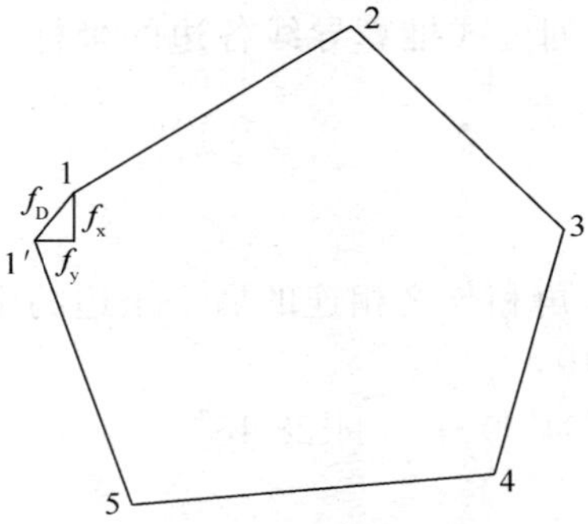

图 5-8 闭合导线全长闭合差

由图 5-8 可以看出，由于 f_x、f_y 的存在，从 1 点出发的导线，不能闭合回 1 点，1 到 1' 的距离，称为导线全长闭合差 f_D，根据图上几何关系可以看出：

$$f_D = \sqrt{f_x^2 + f_y^2} \tag{5-1}$$

用导线全长闭合差不能合理的表达导线测量的精度，若用 ΣD 表示导线总长，则导线全长相对闭合差为：

$$K = \frac{f_D}{\Sigma D} \tag{5-2}$$

对于图根导线测量，导线全长相对闭合差的容许值 $K_{容}$ 为 1/2000，若 $K > K_{容}$，首先检查计算是否有错误，如果计算没有错误，说明导线边长测量不符合要求，需要重测；若 $K \leqslant K_{容}$，则说明导线边长测量符合要求，可以对坐标增量闭合差进行调整。在本例中，$f_x = -0.15$，$f_y = -0.12$，则

$$f_D = \sqrt{f_x^2 + f_y^2} = 0.19\text{m}$$

导线全长相对闭合差 $K = \dfrac{f_D}{\Sigma D} = \dfrac{0.19}{438.58} \approx \dfrac{1}{2300} < \dfrac{1}{2000}$，可以对坐标增量闭合差进行调整。

在距离测量中，通常认为误差大小与距离的成正比，所以，依据此原则，将 f_x、f_y 反符号按边长成正比分配到各边的纵、横坐标增量中去。

令 v_{xi}、v_{yi} 表示第 i 条边的坐标增量改正数，则：

$$v_{xi} = -f_x\frac{D_i}{\Sigma D}$$

$$v_{yi} = -f_y\frac{D_i}{\Sigma D}$$

式中，D_i 表示第 i 条边的边长。

将此项计算结果填在第 7、8 列中的坐标增量的上面，并以 $\Sigma \, v_{xi} = f_x$，$\Sigma \, v_{yi} = f_y$ 作为检核。将第 7、8 列中的坐标增量与对应的坐标增量改正数相加分别得到改正后的坐标增量，填入第 9，10 列。改正后的坐标增量和都为 0，作为计算检核。

（5）导线点坐标计算

由图 5-7 可知：

$$x_2 = x_1 + \Delta x_{12}$$
$$y_2 = y_1 + \Delta y_{12}$$

同理类推，可求得 3、4、5 点的坐标。求出 5 点坐标后，再根据 5-1 边的改正后坐标增量，求得 1 点坐标，作为计算检核。

至此，闭合导线内业计算全部结束。

闭合导线坐标计算表　　　　　　　　　　　　　　　　　　　　　　表 5-3

点号	观测角（右角）°′″	改正数 ″	改正后观测角 °′″	坐标方位角 α °′″	距离 D (m)	增量计算值 Δx (m)	增量计算值 Δy (m)	改正后增量 Δx (m)	改正后增量 Δy (m)	坐标值 x (m)	坐标值 y (m)	点号
1	2	3	4=2+3	5	6	7	8	9	10	11	12	13
1										1000.00	1000.00	1
				58°02′18″	90.26	+3 47.78	+2 76.58	47.81	76.60			
2	103°34′12″	−12	103°34′00″							1047.81	1076.60	2
				134°28′18″	82.65	+3 −57.90	+2 58.98	−57.87	59.00			
3	119°48′18″	−12	119°48′06″							989.94	1135.6	3
				194°40′12″	72.83	+3 −70.46	+2 −18.44	−70.43	−18.42			
4	109°39′36″	−12	109°39′24″							919.51	1117.18	4
				265°00′48″	99.43	+3 −8.64	+3 −99.05	−8.61	−99.02			
5	96°33′24″	−12	96°33′12″							910.90	1018.16	5
				348°27′36″	90.91	+3 89.07	+3 −18.19	89.10	−18.16			
1	110°25′30″		110°25′18″							1000.00	1000.00	1
2				58°02′18″								
总和	540°01′00″	−60	540°00′00″		438.58	−0.15	−0.12	0	0			

辅助计算	$f_\beta = \Sigma \beta_测 - \Sigma \beta_理 = 540°01′00″ - 540°00′00″ = 60″$　　$f_{\beta容} = \pm 60″\sqrt{5} = \pm 134″$ $f_x = \Sigma \Delta x_测 = -0.15$　　$f_y = \Sigma \Delta y_测 = -0.12$　　导线全长闭合差 $f_D = \sqrt{f_x^2 + f_y^2}$ $= 0.19\text{m}$ 导线全长相对闭合差 $K = \dfrac{f_D}{D} = \dfrac{0.19}{438.58} \approx \dfrac{1}{2300}$　　容许的相对闭合差 $K_容 = \dfrac{1}{2000}$

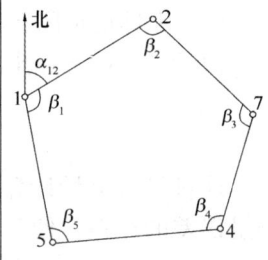

2. 附合导线内业计算

附合导线内业计算和闭合导线内业计算的步骤相同，但是由于已知条件的不同，在角度闭合差的计算与调整、坐标增量闭合差的计算两处稍有不同，这里仅介绍两种布设方式的不同点。

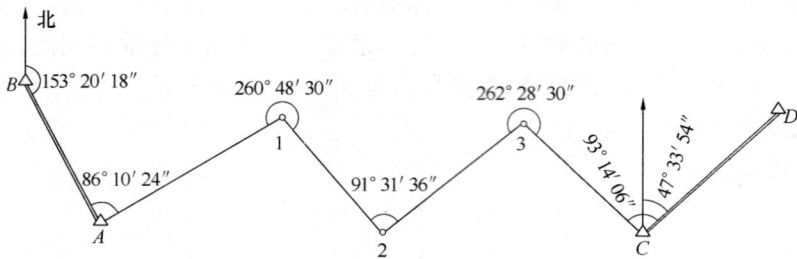

图 5-9 附合导线内业计算简图

图 5-9 中，已知 BA 方位角 $\alpha_{BA} = 153°20'18''$，$A$ 点坐标 $x_A = 326.54\text{m}$，$y_A = 574.38\text{m}$；CD 方位角 $\alpha_{CD} = 47°33'54''$，C 点坐标 $x_C = 316.80\text{m}$，$y_C = 879.56\text{m}$。外业测量数据为各转折角角度及导线边长。

（1）角度闭合差的计算与调整

CD 方位角 α_{CD} 已知，而我们也可以根据 BA 方位角 α_{BA} 以及各转折角求出 CD 的方位角，用 α'_{CD} 来表示。

$$\alpha_{A1} = \alpha_{BA} + 180° + \beta_A$$
$$\alpha_{12} = \alpha_{A1} + 180° + \beta_1$$
$$\alpha_{23} = \alpha_{12} + 180° + \beta_2$$
$$\alpha_{3C} = \alpha_{23} + 180° + \beta_3$$
$$\alpha'_{CD} = \alpha_{3C} + 180° + \beta_C$$

各式相加，可得：

$$\alpha'_{CD} = \alpha_{BA} + 5 \times 180 + \Sigma\beta_{测}$$

写成通式：

$$\alpha'_{终} = \alpha_{始} + n \times 180 + \Sigma\beta_{左}$$
$$\alpha'_{终} = \alpha_{始} + n \times 180 - \Sigma\beta_{右}$$

由于存在测角误差，则 $\alpha'_{CD} \neq \alpha_{CD}$，二者之差称为附合导线角度闭合差，用 f_β 表示，则 $f_\beta = \alpha'_{CD} - \alpha_{CD}$，在本例中：

$$f_\beta = \alpha_{BA} + 5 \times 180° + \Sigma\beta_{左} = 153°20'18'' + 5 \times 180 + 794°13'06'' = -30''$$

若 $f_\beta < f_{β容}$，说明角度测量符合精度要求。当观测角为左角时，角度闭合差反符号平均分配，当观测角为右角时，角度闭合差同符号平均分配。

（2）坐标增量闭合差的计算

由于 A、C 两点坐标已知，则各边的坐标增量和也就已知，为

$$\Sigma\,\Delta x_{理} = x_C - x_A$$
$$\Sigma\,\Delta y_{理} = y_C - y_A$$

通过导线测量计算也可以计算出各边的坐标增量和，用 $\Sigma\,\Delta x_{测}$、$\Sigma\,\Delta y_{测}$ 来表示。由于测量误差的存在，使

$$\Sigma\,\Delta x_{理} \neq \Sigma\,\Delta x_{测}$$
$$\Sigma\,\Delta y_{理} \neq \Sigma\,\Delta y_{测}$$

它们之间的差值称为附合导线坐标增量闭合差：

$$f_x = \Sigma\,\Delta x_{测} - \Sigma\,\Delta x_{理}$$
$$f_y = \Sigma\,\Delta y_{测} - \Sigma\,\Delta y_{理}$$

附合导线全长闭合差、全长相对闭合差的计算以及坐标增量闭合差的调整和闭合导线相同。附合导线计算的全过程见表 5-4。

附合导线坐标计算表 表 5-4

点号	观测角（右角）° ′ ″	改正数 ″	改正后观测角 ° ′ ″	坐标方位角 α ° ′ ″	距离 D (m)	增量计算值		改正后增量		坐标值		点号
						Δx (m)	Δy (m)	Δx (m)	Δy (m)	x (m)	y (m)	
1	2	3	4=2+3	5	6	7	8	9	10	11	12	13
B				153°20′18″								B
A	86°10′24″	+6	86°10′30″							326.54	574.38	A
				59°30′48″	118.88	−3 60.31	+2 102.44	60.28	102.46			
1	260°48′30″	+6	260°48′36″							386.82	676.84	1
				140°19′24″	88.06	−2 −67.78	+1 56.22	−67.80	56.23			
2	91°31′36″	+6	91°31′42″							319.02	733.07	2
				51°51′06″	101.68	−3 62.81	+1 79.96	62.78	79.97			
3	262°28′30″	+6	262°28′36′							381.80	813.04	3
				134°19′42″	92.98	−3 −64.97	+1 66.51	−65.00	66.52			
C	93°14′06″	+6	93°14′12″							316.80	879.56	C
D				47°33′54″								D
总和	794°13′06″		794°13′36″		401.60	−9.63	305.13	−9.74	305.18			

| 辅助计算 | $f_\beta = \alpha_{BA} + \Sigma\beta_测 - 5\times180° - \alpha_{CD} = -30''$ $f_{容} = \pm60''\sqrt{5} = \pm134''$ $f_x = \Sigma\Delta x_测 - (x_C - x_A) = 0.11$ $f_y = \Sigma\Delta y_测 - (y_C - y_A) = -0.05$ 导线全长闭合差 $f_D = \sqrt{f_x^2 + f_y^2} = 0.12m$ 导线全长相对闭合差 $K = \dfrac{f_导}{D} = \dfrac{0.12}{401.60} \approx \dfrac{1}{3300}$ 容许的相对闭合差 $K_容 = \dfrac{1}{2000}$ | 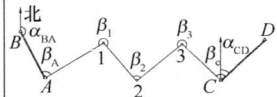 |

5.3 交 会 测 量

控制测量中不免疏漏，所以有时需要增设一个或很少的几个加密控制点，这时，可根据已知控制点，采用交会法确定加密控制点的平面坐标。

5.3.1 前方交会

在两个已知点上观测角度，根据已知点坐标及所测角度值，可求得待定点的坐标值。图 5-10 中，已知 A、B 两点坐标，测角 α、β，通过计算求 P 点坐标。

由图中几何关系可知：

$$x_P = x_A + D_{AP} \cdot \cos\alpha_{AP}$$

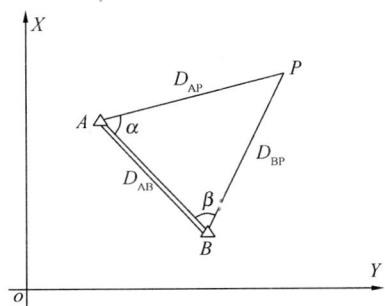

图 5-10 前方交会

71

$$\alpha_{AP} = \alpha_{AB} - \alpha, D_{AP} = D_{AB} \cdot \frac{\sin\beta}{\sin(\alpha+\beta)}$$

则，$x_P = x_A + D_{AB} \cdot \frac{\sin\beta}{\sin(\alpha+\beta)} \cdot \cos(\alpha_{AB}-\alpha)$

$$= x_A + D_{AB} \cdot \frac{\sin\beta}{\sin(\alpha+\beta)} \cdot (\cos\alpha_{AB} \cdot \cos\alpha + \sin\alpha_{AB} \cdot \sin\alpha)$$

式中

$$D_{AB} \cdot \cos\alpha_{AB} = x_B - x_A$$
$$D_{AB} \cdot \sin\alpha_{AB} = y_B - y_A$$

带入上式中，可得：

$$x_P = x_A + \frac{(x_B - x_A) \cdot \sin\beta \cdot \cos\alpha + (y_B - y_A) \cdot \sin\alpha \cdot \sin\beta}{\sin\alpha \cdot \cos\beta + \cos\alpha \cdot \sin\beta}$$

化简可得：

$$x_P = \frac{x_A \cot\beta + x_B \cot\alpha - y_A + y_B}{\cot\alpha + \cot\beta} \tag{5-3}$$

同理可得：

$$y_P = \frac{y_A \cot\beta + y_B \cot\alpha + x_A - x_B}{\cot\alpha + \cot\beta} \tag{5-4}$$

利用上式计算时，注意△ABP 是逆时针编号，若顺时针编号，则：

$$x_P = \frac{x_A \cot\beta + x_B \cot\alpha + y_A - y_B}{\cot\alpha + \cot\beta} \tag{5-5}$$

$$y_P = \frac{y_A \cot\beta + y_B \cot\alpha - x_A + x_B}{\cot\alpha + \cot\beta} \tag{5-6}$$

一般情况下，为了检核，需要从三个已知点测角，分两组进行前方交会，如图 5-11。

先由已知点 A、B 坐标及观测角 α_1、β_1，计算交会点 P 的坐标 (x'_P, y'_P)，再由已知点 B、C 坐标及观测角 α_2、β_2，通过计算得到 P 点坐标 (x''_P, y''_P)，对于图根测量来说，若求出的两个坐标之间距离不大于两倍的测图比例尺精度，则取平均值作为待定点坐标。

5.3.2 后方交会

在待定点设站，对三个已知控制点进行角度观测，测得两个水平夹角 α、β，从而求得待定点坐标。

如图 5-12 所示，A、B、C 为已知坐标控制点，P 为待定点。在 P 点设站，测量 PA、PB 的夹角为 α，PB、PC 的夹角为 β。

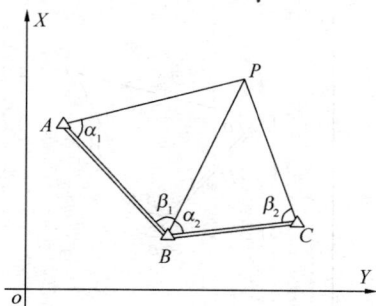

图 5-11 双前方交会

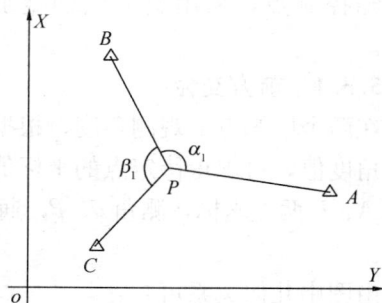

图 5-12 后方交会

72

由图中几何关系可知:

$$（y_P - y_B）=（x_P - x_B）\cdot \tan\alpha_{BP}$$
$$（y_P - y_A）=（x_P - x_A）\cdot \tan\alpha_{AP}$$
$$（y_P - y_C）=（x_P - x_C）\cdot \tan\alpha_{CP}$$

由坐标方位角的传递可知:

$$\alpha_{PA}=\alpha_{BP}+180°+\alpha,$$
$$\alpha_{PC}=\alpha_{BP}+180°-\beta,则:$$
$$\alpha_{AF}=\alpha_{PA}+180°=\alpha_{BP}+360°+\alpha=\alpha_{BP}+\alpha$$
$$\alpha_{CF}=\alpha_{PC}+180°=\alpha_{BP}+360°-\beta=\alpha_{BP}-\beta$$

代入上述三式得:

$$（y_P - y_B）=（x_P - x_B）\cdot \tan\alpha_{BP}$$
$$（y_P - y_A）=（x_P - x_A）\cdot \tan(\alpha_{BP}+\alpha)$$
$$（y_P - y_C）=（x_P - x_C）\cdot \tan(\alpha_{BP}-\beta)$$

以上三式中, x_P、y_P、α_{BP} 为未知数, 三个方程解三个未知数, 可求得 P 点坐标, 由三式可得:

$$\tan\alpha_{BP}=\frac{（y_B - y_A）\cdot \cot\alpha+（y_B - y_C）\cdot \cot\beta+（x_A - x_C）}{（x_B - x_A）\cdot \cot\alpha+（x_B - x_C）\cdot \cot\beta-（y_A - y_C）}$$

$$\Delta x_{BP}=x_P - x_B$$
$$=\frac{（y_B - y_A）\cdot（\cot\alpha-\tan\alpha_{BP}）-（x_B - x_A）\cdot（x_B - x_A）\cdot（1+\cot\alpha\cdot\tan\alpha_{BP}）}{1+\tan^2\alpha_{BP}}$$

$$\Delta y_{BP}=\Delta x_{BP}\cdot\tan\alpha_{BP}$$

则:

$$x_P=x_B+\Delta x_{BP} \tag{5-7}$$
$$y_P=y_B+\Delta y_{BP} \tag{5-8}$$

按上式计算时, A、B、C 和 P 的排列顺序不做规定, 但 A、B 间的夹角必须为 α, B、C 间的夹角必须为 β。在实际测量中, 一般观测四个已知控制点, 测得三个夹角, 组成两组, 分别计算 P 点坐标。对于图根测量, 两个坐标的距离不大于两倍的比例尺精度时, 取其平均值作为 P 点坐标。

由 A、B、C 三点决定的外接圆叫危险圆, 若 P 点在危险圆上, 则无法唯一确定 P 点, 所以必须注意不能使待定点位于危险圆附近。

5.3.3 距离交会法

测定两已知控制点到待定点的距离, 也可以求得待定点坐标。

如图 5-13 所示, A、B 为已知坐标控制点, P 为待定点, 测得 AP 之间距离为 D_{AP}, BP 之间距离为 D_{BP}。

由 A、B 坐标, 可计算出 AB 距离为:

$$D_{AB}=\sqrt{（x_A - x_B）^2+（y_A - y_B）^2}$$

反算出 AB 的坐标方位角:

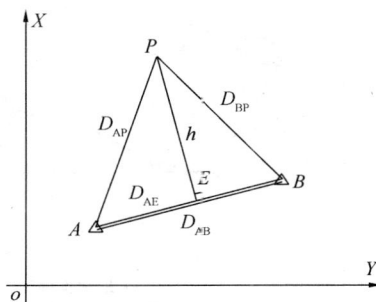

图 5-13 距离交会

$$\alpha_{AB} = \arctan\left(\frac{y_B - y_A}{x_B - x_A}\right)$$

过 P 作 $PE \perp AB$，令 $PE = h$，$AE = D_{AE} = D_{AP} \cdot \cos A$

由余弦定理可得：

$$D_{BP}^2 = D_{AP}^2 + D_{AB}^2 - 2D_{AP} \cdot D_{AB} \cdot \cos A$$
$$= D_{AP}^2 + D_{AB}^2 - 2D_{AB} \cdot D_{AE}$$

则：$D_{AE} = \dfrac{(D_{AP}^2 + D_{AB}^2 - D_{BP}^2)}{2 \cdot D_{AB}}$，可得：

$$h = \sqrt{D_{AP}^2 - D_{AE}^2}$$

由图中几何关系可知：

$$\Delta x_{AP} = D_{AE} \cdot \cos\alpha + h \cdot \sin\alpha$$
$$\Delta y_{AP} = D_{AE} \cdot \sin\alpha - h \cdot \cos\alpha$$

则 P 点坐标为：

$$x_P = x_A + \Delta x_{AP} = x_A + D_{AE} \cdot \cos\alpha + h \cdot \sin\alpha \tag{5-9}$$
$$y_P = y_A + \Delta y_{AP} = y_A + D_{AE} \cdot \sin\alpha - h \cdot \cos\alpha \tag{5-10}$$

应用后方交会法测量时，一般采用三个已知坐标控制点，分两组分别计算待定点坐标。对于图根测量，在求得两坐标之间的距离不大于两倍比例尺精度时，可取平均值作为待定点坐标。用以上公式计算时，点号排列必须与图 5-13 一致。

5.4 高程控制测量

高程控制测量主要采用水准测量方法。对于小区域高程控制测量，可采用三、四等水准测量或三角高程测量。三、四等水准测量方法在第 2 章已经详细论述，本节只讲述三角高程测量方法。

1. 三角高程测量原理

当地形高低起伏较大而不便于实施水准测量时，可采用三角高程测量的方法测定两点间的高差，从而推算各点的高程。但三角高程测量起始点的高程需要用水准测量引测。

如图 5-14，已知 A 点高程 H_A，欲求 B 点高程。在 A 点架设经纬仪，在 B 点竖立标杆，用望远镜中丝瞄准标杆的顶点 M，测得竖直角为 α，量得仪器高为 i，标杆高为 v，再根据 A、B 之间的水平距离 D，可算出 A、B 之间的高差 h_{AB}。

$h_{AB} = D \cdot \tan\alpha + i - v$，则 B 点的高程为：

$$H_B = H_A + h_{AB}$$
$$= H_A + D \cdot \tan\alpha + i - v \tag{5-11}$$

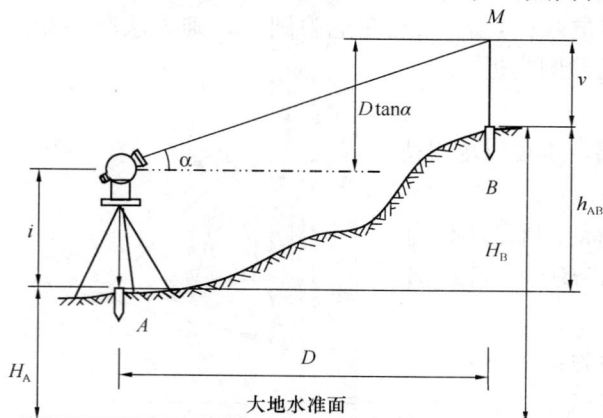

图 5-14　三角高程测量

当两点间距离大于 300m 时，

应考虑大地曲率和大气折光对高差的影响。为了消除这方面影响，三角高程测量一般应进行往、返观测，也就是对向观测，往测称为直觇，返测称为反觇。往、返所测高差较差不大于 0.1Dm（D 为两点之间平距，单位为 km），满足要求时，取往、返测高差平均值作为两点之间高差。

2. 三角高程测量的施测与计算

（1）安置经纬仪在测站 A 上，用钢尺量仪器高 i 和觇标高 v，分别量两次，精确至 0.5cm，两次的结果之差不大于 1cm，取其平均值记入表 5-5 中。

（2）用十字丝的中丝瞄准 B 点觇标顶端，盘左、盘右观测，读取竖直度盘读数 L 和 R，计算出垂直角 α 记入表 5-5 中。

（3）将经纬仪搬至 B 点，同法对 A 点进行观测。

外业观测结束后，按式（6-33）和式（6-34）计算高差和所求点高程，计算实例见表 5-5。

当用三角高程测量方法测定平面控制点的高程时，应组成闭合或附合的三角高程路线。每条边均要进行对向观测。用对向观测所得高差平均值计算闭合或附合路线的高差闭合差的容许值为：

$$f_{h容} = \pm 0.05\sqrt{D^2}\,\mathrm{m}$$

式中 D 为两点间水平距离，单位为 km。

当 f_h 不超过 $f_{h容}$ 时，按与边长成正比原则，将 f_h 反符号分配到各个高差之中，然后用改正后的高差，从起算点推算各点高程。

三角高程测量计算

表 5-5

所求点	B	
起算点	A	
觇法	直	反
平距 D(m)	286.36	286.36
垂直角 α	$+10°32'26''$	$-9°58'41''$
$D\tan\alpha$(m)	$+53.28$	-50.38
仪器高 i(m)	$+1.52$	$+1.48$
觇标高 v(m)	-2.76	-3.20
高差 h(m)	$+52.04$	-52.10
对向观测的高差较差(m)	-0.06	
高差较差容许值(m)	0.11	
平均高差(m)	$+50.07$	
起算点高程(m)	105.72	
所求点高程(m)	157.79	

5.5 GPS 在控制测量中的应用

GPS（全球定位系统）是美国从 20 世纪 70 年代开始研制，历时 20 年，耗资 200 亿美元，于 1994 年全面建成，具有在海、陆、空进行全方位实时三维导航与定位能力的新一代卫星导航与定位系统。GPS 具有全天候、高精度、高效率、操作简便、观测站之间无需通视等优点，得到了广泛的应用。

5.5.1 GPS 系统的组成

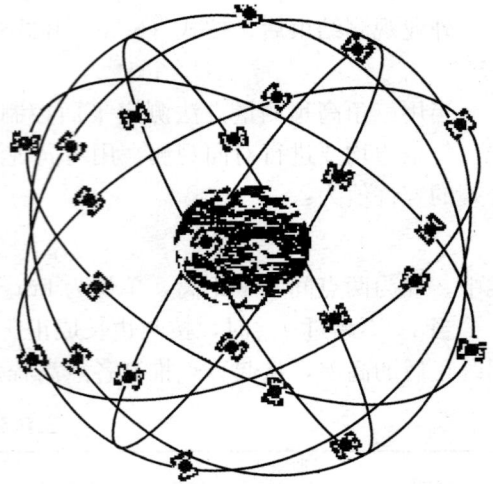

GPS 主要由三部分组成，即空间星座部分、地面监控部分和用户设备部分，如图5-15所示。

1. 空间星座部分

由 21 颗工作卫星和三颗在轨备用卫星组成 GPS 卫星星座，如图 5-16 所示，24 颗卫星均匀分布在 6 个轨道平面内，轨道倾角为 55°，各个轨道平面之间相距 60°，每个轨道平面内各颗卫星之间的升交角距相差 90°。卫星平均高度为 20200km，周期为 11 小时 58 分恒星时，在地球上任何地点至少可同时看到 4 颗卫星，最多可看到 11 颗。

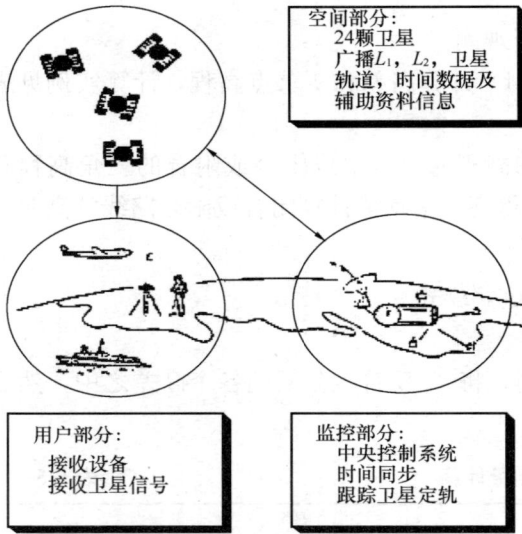

图 5-15　GPS 系统　　　　　　　　图 5-16　GPS 卫星星座

GPS 卫星的主要作用有：

（1）用 L 波段的两个无线载波向广大用户连续不断地发送导航定位信号。每个载波用导航信息和伪随机码测距信号进行双相调制。用于捕获信号及粗略定位的伪随机码叫 C/A 码，精密测距码叫 P 码。

（2）在卫星飞越注入站上空时，接收由地面注入站发送到卫星的导航电文和其他信息，并通过 GPS 信号电路，适时的发送给广大用户。

（3）接收地面主控站通过注入站发送到卫星的调度命令，适时的改正运行偏差或启用备用时钟等。

2. 地面监控部分

地面监控部分包括一个主控站、三个注入站和五个监测站。

主控站设在美国本土科罗拉多，主要任务是收集各监控站对 GPS 卫星的全部观测数据，利用这些数据计算每颗 GPS 卫星的轨道和卫星钟改正值。注入站分别设在大西洋的阿森松岛、印度洋的迭戈加西亚岛和太平洋的卡瓦加兰，主要任务是将主控站发来的导航电文注入到相应卫星的存储器。监测站的主要任务是取得卫星观测数据并将这些数据传送至主控站。

3. 用户设备部分

用户设备部分主要是 GPS 信号接收机，如图 5-17 所示。主要任务是捕获卫星信号，跟踪卫星的运行，对接受到得信号进行变换、放大和处理，测算出 GPS 信号从卫星到接收机天线的传播时间，解译出 GPS 卫星所发送的导航电文，实时的计算出测站的三维位置、三维速度和时间。

5.5.2 GPS 卫星定位基本原理

GPS 采用距离交会的方法确定点位。GPS 卫星发射测距信号和导航电文，导航电文含有卫星的位置信息。GPS 接收机同时接收三颗以上的 GPS 卫星信号，

图 5-17　GPS 接收机

测量出接收机至三颗以上 GPS 卫星的距离并解算出该时刻 GPS 卫星的空间坐标，利用距离交会，可以计算出接收机的坐标。

1. 伪距测量

GPS 接收机对卫星发射的测距码的量测就可得到卫星到接收机的距离，由于存在卫星钟、接收机钟的误差以及大气传播误差，故称为伪距。对 C/A 码进行量测得到的距离称为 C/A 码伪距，精度约为 20m，对 P 码进行量测得到的距离称为 P 码伪距，精度约为 2m。

GPS 卫星依据自己的时钟发出测距码，该测距码经过 t 时间的传播到达接收机。接收机在自己时钟的控制下复制测距码信号，对本机码信号与到达的码信号进行相关处理，当自相关系数等于 1 时，求出延迟时间 t'，即 GPS 卫星信号从卫星传播到接收机所用的时间。延迟时间乘以光速就是距离观测值。

2. 载波相位测量

载波相位测量是测量接收机收到的载波信号与接收机产生的参考载波信号之间的相位差。由于载波的波长很小，分别为 19cm 和 24cm，所以在分辨率相同的情况下，载波相位的观测精度远较伪码的观测精度高，对需要精密定位的控制测量具有重要的意义。

GPS 接收机能产生一个频率和初相位与卫星载波信号完全一致的参考载波信号，若卫星在 t_0 时刻发射的载波信号的相位为 $\phi(t_0)$，当它传播到接收机时，接收机参考载波信号的相位是 $\phi(t)$，则它们的相位差为 $\phi=\phi(t)-\phi(t_0)$，相位差 ϕ 包含了 N_0 个整周期数与不足一个周期的相位 $\Delta\phi$，其中 N_0 是未知的，$\Delta\phi$ 是已知的。载波相位测量的关键是求整周期数 N_0。求得整周期数后，相位差乘以载波波长即为测相伪距。

5.5.3 GPS 测量误差来源及其影响

GPS 测量通过地面接收设备接收卫星传送的信息来确定地面点的三维坐标，所以误差主要来源于 GPS 卫星、卫星信号的传播过程和 GPS 接收机。

1. 与信号传播有关的误差

与信号传播有关的误差主要有电离层折射误差、对流层折射误差以及多路径效应误差。

电离层位于地球上空 50~1000km 之间，其中含有大量的自由电子和正离子。当 GPS 信号经过电离层时，信号路径会发生弯曲，传播速度也会改变，就导致了卫星到接收机距

离结果的偏差。我们可以利用双频观测，或者用电离层改正模型加以修正，当地面两个测站距离较短时，卫星到两个观测站的信号传播路径的大气状况基本相似，可以利用同步观测值求差消除电离层的影响。

对流层是高度在 40km 以下的大气层，GPS 通过对流层时，传播路径也会发生改变，使测量距离产生偏差，这种现象叫做对流层折射。对流层折射的影响与信号的高度角有关，在天顶方向（高度角为 90°）时，影响可达 2m，在地面方向（高度角为 10°）时，影响可达 20m。有多种方法可以消除对流层的影响：在测站测定气象参数，采用对流层模型加以改正；当观测站距离较近时，利用同步观测量求差；利用水汽辐射计直接测定信号传播的影响。

在 GPS 测量中，接收机天线除直接收到卫星的信号外，还可能收到经天线周围地物反射的卫星信号。两种信号叠加将引起观测值的偏差，这就是多路径效应。并且这种偏差随着天线周围反射面的性质而异，难以控制。为了避免多路径效应，安置接收机天线的环境应避开较强的反射面，如水面、平坦光滑的地面和平整的建筑物表面等。

2. 与卫星有关的误差

与卫星有关的误差主要是卫星星历误差和卫星钟的钟误差。

卫星在运行中受到多种摄动力的影响，通过地面监测站很难可靠地测定这些作用力以及它们的作用规律，所以星历给出的卫星的空间位置与实际位置就有偏差，它严重影响单点定位的精度，也是相对定位中重要的误差来源。为了解决星历误差的影响，可以建立自己的卫星跟踪网进行独立定轨，不仅提高精密定位的精度，还可以为实时定位提供预报星历；在两个或多个观测站上，对同一卫星的同步观测值求差，也可以消除星历误差的影响。

GPS 卫星上都有高精度的原子钟，但是与理想的 GPS 时仍存在着偏差或漂移。根据地面控制系统一段时间的跟踪资料和 GPS 标准时，可以推算出原子钟在某一时刻的钟差、钟速及钟速的变率。这些数值由导航电文提供给用户，对卫星的钟误差进行改正。另外卫星钟改正后的残差可由不同接收机对同一卫星同步观测值求差消除。

3. 与接收机有关的误差

与接收机有关的误差主要是接收机钟误差，也包括接收机位置误差以及天线相位中心的偏差。GPS 接收机一般都采用高精度的石英钟，减弱或消除接收机钟误差的方法有：把每个观测时段的接收机钟差当做未知数，在数据处理时候与观测站的位置参数一并求出；也可以由同一接收机对不同卫星的同步观测值求差来消除。

5.5.4 GPS 定位的方法

根据参考点位置的不同，可将 GPS 定位分为：绝对定位、相对定位。

1. 绝对定位

GPS 绝对定位也叫单点定位，如图 5-18 所示。利用 GPS 卫星和接收机之间的距离观测值直接确定接收机在 WGS-84 坐标系中的三维坐标。绝对定位又分为静

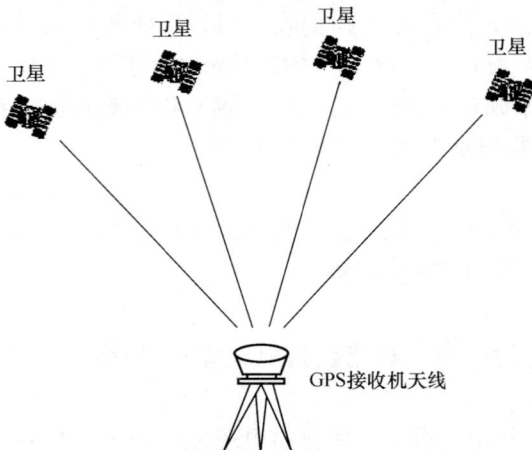

图 5-18 绝对定位

态绝对定位和动态绝对定位。静态绝对定位精度为 m 级，而动态绝对定位精度为 10～40m，所以只能用于一般导航定位中。

当接收机天线处于静止状态时，确定观测站坐标的方法叫做静态绝对定位。在静态绝对定位时，卫星的坐标可以通过导航电文来获得，电离层和对流层折射改正数可以通过改正模型加以改正，而接收孔钟差则是未知的。所以进行绝对定位时，同一时刻有四个未知数，即接收机的三维坐标和接受机的钟差，那么用户只要同时观测四颗卫星，即可解算出四个未知数，获得接收机的三维坐标。

2. 相对定位

GPS 相对定位，是至少用两台 GPS 接收机同步观测相同的 GPS 卫星，确定两台接收机天线之间的相对位置，如图 5-19 所示。通过 GPS 相对定位可以消除绝大部分误差的影响，所以它是 GPS 定位中精度最高的一种定位方法。

在两个观测站或多个观测站同步观测相同卫星的情况下，卫星的轨道误差、卫星钟差、接收机钟差以及电离层和对流层的折射误差等对观测量的影响具有一定得相关性，利用这些

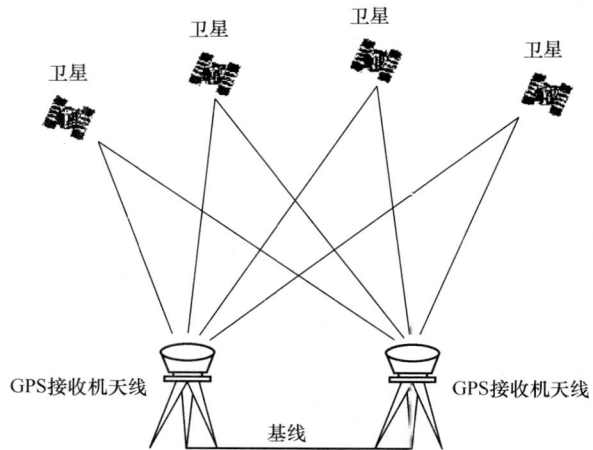

图 5-19　相对定位

观测量的不同组合可以有效的减弱或消除这些误差的影响，提高定位的精度。

观测值直接相减的过程叫做求一次差，常用的是不同接收机之间求差。把不同接收机对于相同卫星的观测量求差，可以消除卫星的星历误差、钟差以及绝大部分电离层与对流层折射误差。对一次差的结果继续求差，叫做二次差，常用的二次差是在不同接收机之间求差后再在卫星间求差。通过二次求差可以消除接收机钟差。GPS 相对定位通过这些观测值得不同组合可以大大减小误差的影响。

5.5.5　GPS 控制网的布设形式

目前，GPS 控制测量基本上采用相对定位的方法，这就需要两台或多台 GPS 接收机同时连续跟踪相同的卫星，进行同步观测。同步观测时各 GPS 点组成的图形叫同步图形，由多个同步图形可以组成 GPS 网。常规测量中，由于要求测站之间通视，控制网的设计是很重要的工作。在利用 GPS 进行测量时不要求通视，所以控制网的图形设计很灵活。根据测量工程要求的精度、野外条件、接收机数量等，GPS 网的布设形式可以有：点连式、边连式、网连式以及边点混连式等。

1. 点连式

相邻同步图形之间只有一个公共点连接时，称为点连式。这种图形几何强度很弱，没有多余观测，也没有异步检核条件，可靠性不强。如图 5-20。

2. 边连式

相邻同步图形之间由一条公共边连接时，称为边连式。这种布网形式几何强度高，有多余观测，但是在仪器数量相同的情况下，观测时段比点连式大大增加。如图 5-21 所示。

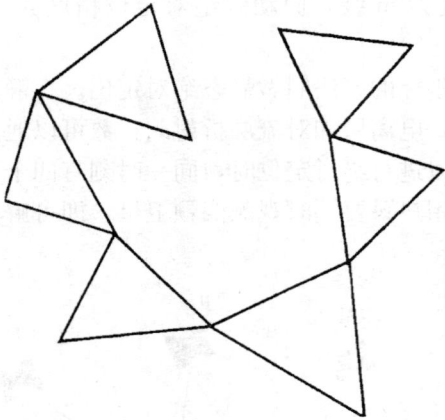

图 5-20　点连式

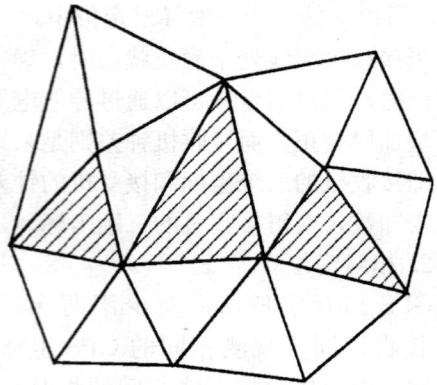

图 5-21　边连式

3. 网连式

相邻同步图形之间有两个以上的公共点相连接时，称为网连式。网连式具有很高的几何强度，可靠性强，但是需要 4 台以上的接收机，适合于精度较高的控制测量。如图 5-22 所示。

4. 边点混连式

把点连式和边连式有机的结合在一起，既能保证图形的几何强度和可靠性，又能节省测量时间，减少外业工作量。是最常用的布网方式。如图 5-23 所示。

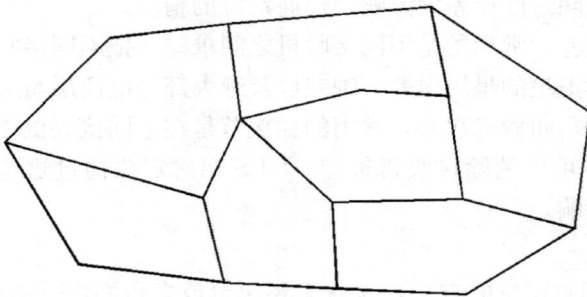

图 5-22　网连式

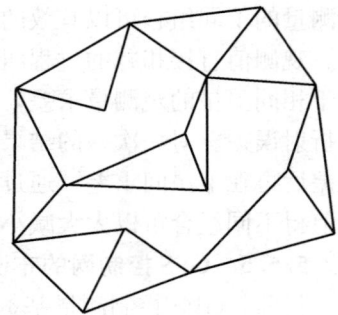

图 5-23　边、点混连式

5.5.6　GPS 测量的外业实施

GPS 测量的外业工作包括选点埋石、观测、数据传输以及数据预处理等。

1. 选点埋石

GPS 控制点之间不需要通视，但应满足下述要求：

（1）点位目标显著，视场周围 15°以上不应该有障碍物，以免 GPS 信号被障碍物阻挡；

（2）点位应该远离大功率无线电发射设备，点位附近上空无高压线，以免电磁场对信号的干扰；

（3）点位附近不应该有大面积水域，以减弱多路径效应；

（4）点位基础稳定，易于保存。

点位选好后，应埋石标志点位，并做点记录。

2. 观测工作

GPS 观测工作应该依据各级 GPS 测量作业的基本技术要求规定。

首先安置天线，并对中、整平。架设天线不宜过低，一般距离地面 1m 以上，并测量仪器高。定向标志线指向正北，如有必要，测量气象参数。天线安置好以后，接通接收机电源，设置卫星高度角、数据采样间隔等各项参数。然后启动接收机进行观测，在高精度 GPS 测量中，观测过程中及观测结束后仍需观测并记录气象资料一次。每天的外业观测结束后，利用 GPS 数据处理软件进行数据处理，包括数据预处理、基线向量的解算和 GPS 网平差等。

复习思考题

1. 导线的布设形式有哪几种？

2. 导线测量的外业工作包括哪些内容？

3. 试述导线测量内业计算的步骤。

4. 闭合导线和附合导线的计算有何不同？

5. 交会法定点有几种方法？

6. 根据 5-6 表中所列数据，试进行附合导线角度闭合差的计算和调整，并计算各边的坐标方位角。

7. 某闭合导线，其横坐标增量总和为 $-0.35m$，纵坐标增量总和为 $+0.46m$，如果导线总长度为 1216.38m，试计算导线全长相对闭合差和边长每 100m 的纵、横坐标增量改正数。

闭合导线内业计算表　　　　　　　　　　　　　　　　　　　　　表 5-6

点号	观测左角			改正数	改正角			坐标方位角		
	°	′	″	″	°	′	″	°	′	″
M									135°56′25″	
A	119°0′1″									
1	192°29′23″									
2	167°35′31″									
3	172°53′1″									
B	298°54′10″									
N									186°47′51″	
Σ										
辅助计算	$f_\beta=$ $f_{\beta容}=\pm 60''\sqrt{n}=$									

第6章 地 形 测 量

6.1 地形图的基本知识

地形是地物、地貌的总称，地形图测绘是测量学的重要内容之一。地形图是按照一定的数学法则，运用符号系统表示地物、地貌的平面位置及其基本地理要素，又用离散高程点和等高线表示地形起伏的一种普通地图。

地形图的内容丰富，归纳起来大致可以分为三类：数学要素，如比例尺、方格网等；地形要素，如各种地物、地貌；注记和整饰要素。

图 6-1 为某建筑区地形图示例，图 6-2 为山地地形图示例，图中比较充分地体现了地物符号、地貌符号、地物注记及高程等地形要素。

1. 比例尺及比例尺的精度

比例尺的定义：图上距离与相应实地距离的比值。常见比例尺的表示形式有数字比例尺和图示比例尺。

（1）数字比例尺

以分子为 1 的分数形式表示的比例尺为数字比例尺。设图上一条线段的长度为 d，相应的实地距离为 D，则该地形图的比例尺为：

$$\frac{d}{D} = \frac{1}{M}$$

式中，M 称为比例尺的分母。M 越大，比例尺越小，M 越小，比例尺越大。数字比例尺也可以写成 1：500，1：1000，1：2000 等形式。

地形图按照比例尺的大小可以分为三类：1：500，1：1000，1：2000，1：5000，1：10000 为大比例尺地形图；1：25000，1：50000，1：100000 为中比例尺地形图；1：250000，1：500000，1：1000000 为小比例尺地形图。不同比例尺的地形图，反映地形信息的详细程度不同，在工程建设中的用途也不同。

（2）图示比例尺

用一定长度的线段表示图上的实际长度，并按图上的比例尺计算出相应地面上的水平距离注记在线段上，这种比例尺称为图示比例尺。

图 6-3 为 1：1000 的图示比例尺，比例尺的基本单位为 2cm，每一基本单位所代表的实地长度为 2cm×1000＝20m。左端的基本单位又进行细分，以便量距能精确到 m。

（3）比例尺的精度

测图采用的比例尺越大，就越能表示出测区地面的详细情况，但测图的工作量就越大。因此，测图比例尺关系到实际需要、测图时间及测量成本。一般应从实际需要出发，根据图上需要表示出的最小地物有多大，点的平面位置或两点间的距离要精确到什么样的程度来确定比例尺的大小。正常人的眼睛能够分辨出的最小距离为 0.1mm，因此实地丈

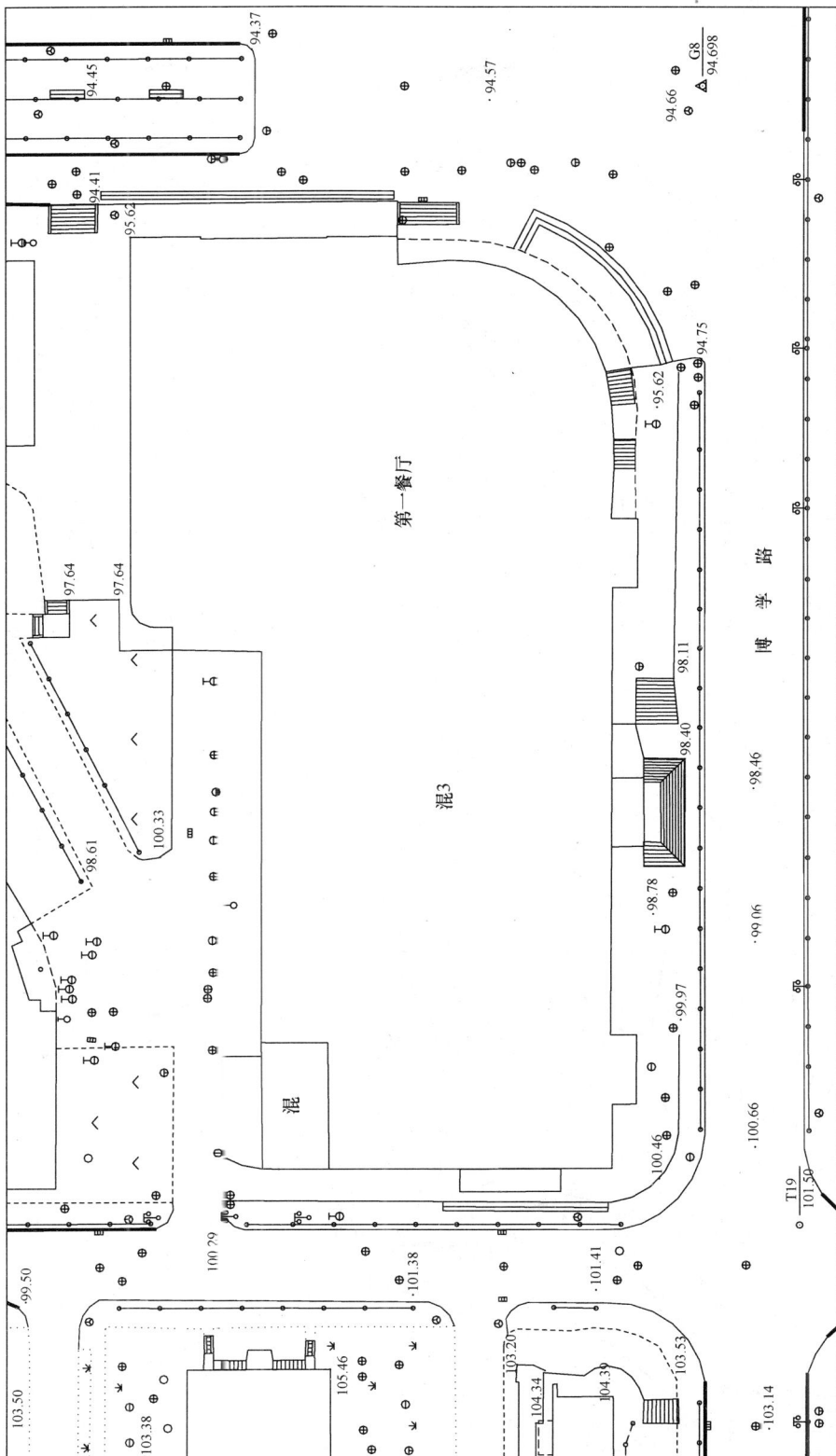

图 6-1 建筑区地形图示例

第一餐厅

博 学 路

混3

混

G8
94.698

94.37

94.45

94.57

94.66

94.41

95.62

94.75

95.62

97.64

97.64

98.11

98.40

98.46

98.61

98.78

99.06

100.33

99.97

100.46

100.66

T19
101.50

100.29

99.50

101.38

101.41

103.20

103.53

103.14

103.50

104.34

104.39

105.46

103.38

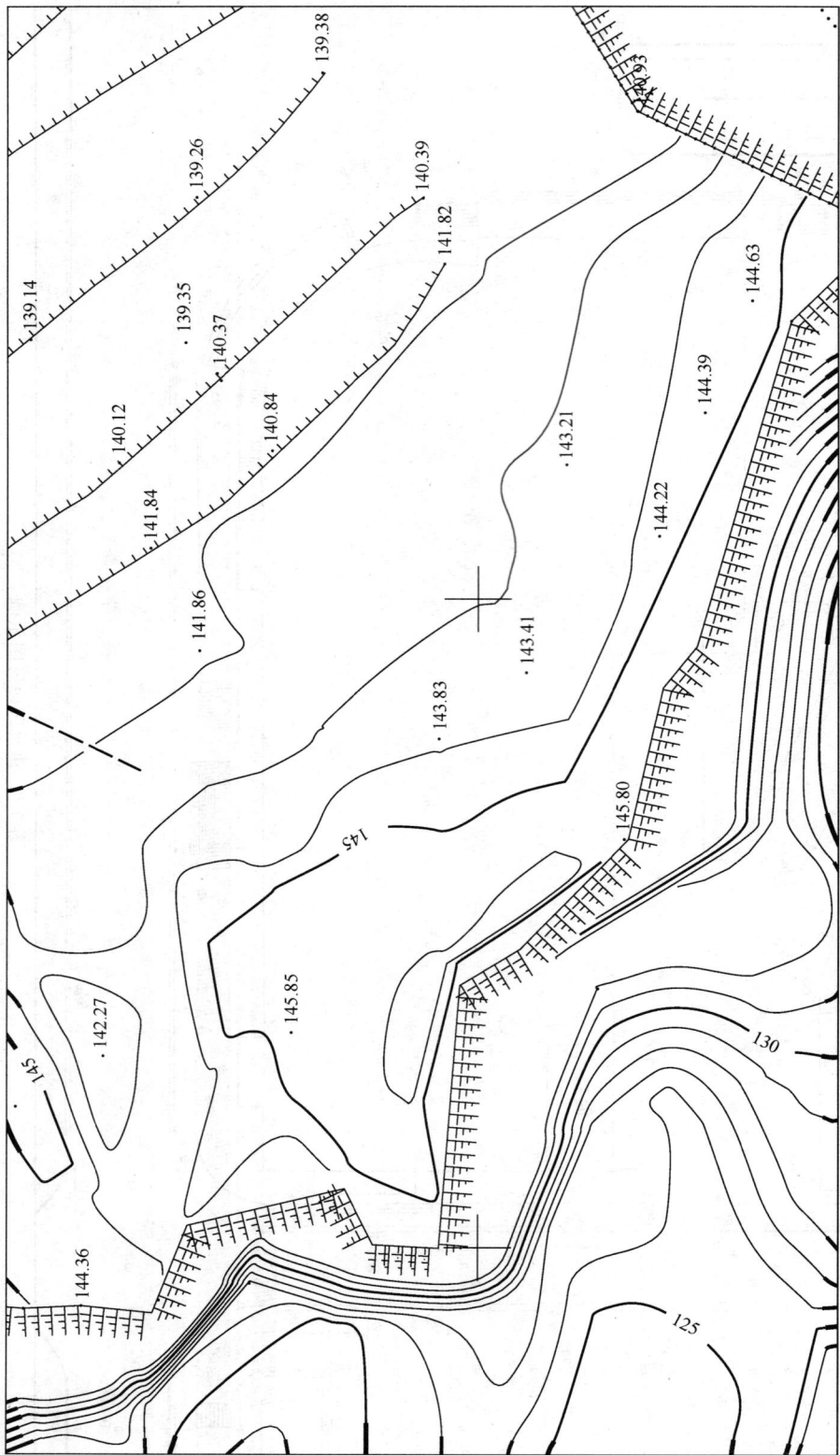

图 6-2 地形图示例

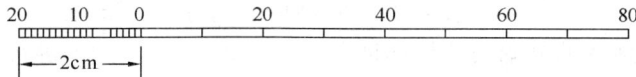

图 6-3　图示比例尺

量地物边长、地物与地物之间的距离，只要精确到按照比例尺缩小后，相当于图上 0.1mm 即可。在测量工作中，把图上 0.1mm 的长度所代表的实地距离称为比例尺的精度。所以，比例尺精度的计算即为：0.1×M。表 6-1 列出了几种比例尺地形图的比例尺精度。

比 例 尺 精 度　　　　　　　　　　　　　　表 6-1

比例尺	1：500	1：1000	1：2000	1：5000	1：10000
比例尺精度（m）	0.05	0.1	0.2	0.5	1.0

根据比例尺的精度，可参考决定：

1）根据给定比例尺，确定测量地物时应精确到什么程度。

2）根据测量地物所要达到的精确程度，决定测图的合适比例尺。

2. 地形图的分幅和编号

为了便于测绘、保管、印刷、检索和使用，所有地形图均需按照规定的大小进行统一分幅并进行系统地编号。地形图分幅和编号的方法有两种，一种是按照经纬线分幅和编号的梯形分幅法，一种是按照坐标格网线分幅的矩形分幅法。

（1）地形图的梯形分幅与编号

1）1：1000000 地形图的分幅与编号

1：1000000 地形图采用国际 1：1000000 地图分幅标准和编号。即自赤道向北或向南分别按纬差 4°分成横列，各列依次用 A、B……V 表示。自经度 180°开始起算，自西向东按经差 6°分成纵行，各行依次用 1、2……60 表示。每一幅图的编号由其所在的"横列—纵行"的代号组成。例如北京某地的经度为 $116°24'20''$，纬度为 $39°56'30''$，则所在的 1：1000000 比例尺图的图号为 J-50（见图 6-4）。

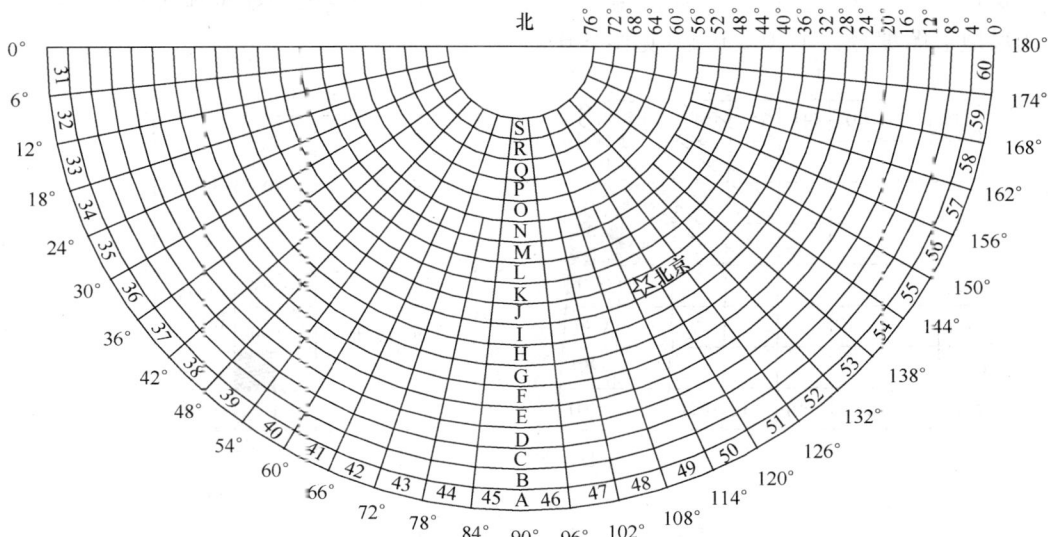

图 6-4　1：1000000 地图的分幅与编号

2）1：500000、1：250000、1：100000 地形图的分幅与编号

这三种比例尺地图的分幅与编号都是在 1：1000000 的基础上进行的。

每一幅 1：1000000 万地形图分为 2 行 2 列，共 4 幅 1：500000 地形图，分别以 A、B、C、D 表示，如某地所在的 1：500000 比例尺地形图编号为 J-50-A（见图6-5）。

每一幅 1：1000000 万地形图分为 4 行 4 列，共 16 幅 1：250000 地形图，分别以［1］、［2］……［16］表示，如某地所在的 1：250000 比例尺地形图编号为 J-50-［2］（见图6-5）。

每一幅 1：1000000 万地形图分为 12 行 12 列，共 144 幅 1：100000 地形图，分别以 1、2……144 表示，如某地所在的 1：100000 比例尺地形图编号为 J-50-5（见图6-5）。

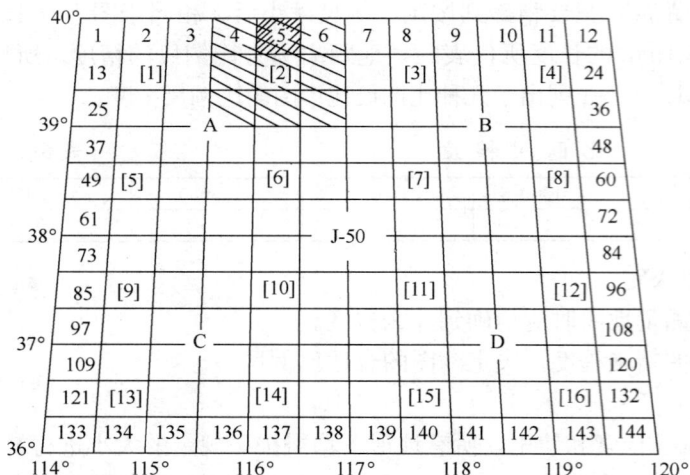

图 6-5　1：500000、1：250000、1：100000 比例尺地形图的分幅和编号

3）1：50000、1：25000、1：10000 地形图的分幅与编号

这三种比例尺地图的分幅与编号都是在 1：100000 的基础上进行的。

每一幅 1：100000 万地形图分为 2 行 2 列，共 4 幅 1：50000 地形图，分别以 A、B、C、D 表示，其编号是在 1：100000 比例尺地形图的编号后加上各自代号所组成，如某地所在的 1：50000 比例尺地形图编号为 J-50-5-B（见图 6-6）。

每一幅 1：50000 地形图分为共 4 幅 1：25000 地形图，分别以 1、2、3、4 表示，其编号是在 1：50000 比例尺地形图的编号后加上各自代号所组成，如某地所在的 1：25000 比例尺地形图编号为 J-50-5-B-4（见图 6-6）。

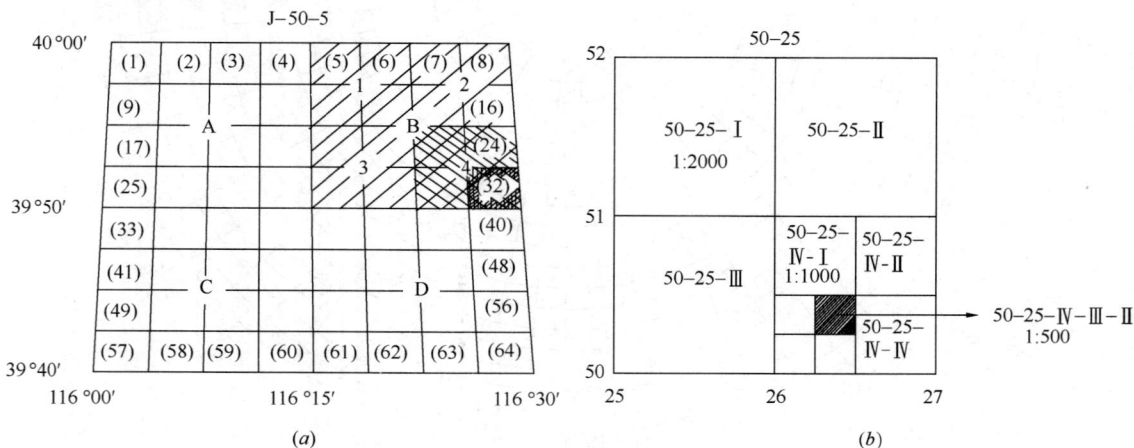

图 6-6　比例尺地形图的分幅和编号

(a) 1：50000、1：25000、1：10000　(b) 1：2000、1：1000、1：500

每一幅 1：100000 地形图分为 8 行 8 列，共 64 幅 1：10000 地形图，分别以（1）、（2）……（64）表示，其纬差是 $2'30''$，经差是 $3'45''$，其编号是在 1：100000 比例尺地形图的编号后加上各自代号所组成，如某地所在的 1：10000 比例尺地形图编号为 J-50-5-（32）（见图 6-6）。

4）1：5000 比例尺地形图的分幅和编号

1：5000 比例尺地形图是在 1：10000 比例尺地形图的基础上进行分幅和编号。每幅 1：10000 比例尺的地形图分成 4 幅 1：5000 比例尺的地形图。其纬差是 $1'15''$，经差是 $1'52.5''$，其编号是在 1：10000 比例尺地形图的编号后分别加上 a、b、c、d。如 J-50-5-（32）-b。

为便于理解在弟形分幅情况下不同比例尺的分幅数量，现将不同比例尺地形图的经纬差列于表 6-2 中。

国家基本比例尺地形图分幅关系表　　　　　　　　　　表 6-2

比例尺		1：100 万	1：50 万	1：25 万	1：10 万	1：5 万	1：2.5 万	1：1 万	1：5000
图幅范围	经差	6°	3°	1°30′	30′	15′	7′30″	3′45″	1′52.5″
	纬差	4°	2°	1°	20′	10′	5′	2′30″	1′15″
行列关系	行数	1	2	4	12	24	48	96	192
	列数	1	2	4	12	24	48	96	192
图幅数量关系		1	4	16	144	576	2304	9216	36864
			1	4	36	144	576	2304	6216
				1	9	36	144	576	2304
					1	4	16	64	256
						1	4	16	64
							1	4	16
								1	4

（2）地形图的矩形分幅与编号

大比例尺地形图大多采用矩形分幅法，它是按照统一的坐标格网划分的。图幅的大小见表 6-3。

大比例尺地形图图幅关系表　　　　　　　　　　表 6-3

比例尺	图幅大小（cm×cm）	占地面积（km²）	1：5000 为的分幅数
1：5000	40×40	4	1
1：2000	50×50	1	4
1：1000	50×50	0.25	16
1：500	50×50	0.0625	32

矩形图幅一般按图幅西南角坐标编号，x 坐标在前，y 坐标在后，中间月短线连接。1：5000取至 km 数，1：2000、1：1000 取至 0.1km 数，1：500 取至 0.01km 数。例如某幅 1：1000 比例尺地形图西南角的坐标为 $x=25000$m，$y=32500$m，则该图的编号为 25.0—32.5。

如果整个测区绘有几种不同比例尺的地形图，则 1：2000、1：1000、1：500 比例尺的地形图通常以 1：5000 为基础进行分幅和编号。图 6-6 是以 1：5000 比例尺的地形图 50-25 为基础，统一测区 1：2000、1：1000、1：500 比例尺地形图的分幅与编号示意图。

3. 地形图的图外注记

（1）图名和图号

图名即本幅图的名称，是以所在图幅内最著名的地名、厂矿企业和村庄命名。图号即本图的编号。如图 6-7，图名为凤凰官庄，图号为 0.00—0.00。

（2）接图表

说明本图与相邻图幅之间的关系，供索取相邻图幅时用。如图 6-7 中左上角的一系列小方块，中间加晕线的代表本图，其他方块可说明与本图之间的方位关系。

（3）图廓

图廓是地形图的边界，矩形图幅（见图 6-7）有内外图廓之分。内图廓是坐标格网线，也是图幅边界线。内图廓外四角注有坐标值，并在内图廓线内侧，每隔 10cm 绘有 5mm 的坐标短线，表示坐标格网的位置。在图幅内每隔 10cm 绘有十字线，以标记坐标格网交叉点。外图廓仅起装饰作用。

图廓的左下方注有测图单位、测图日期、测图方法、平面和高程系统、等高距及地形图图式。图廓下方中央注有比例尺。图廓右下方写明作业人员姓名。

图 6-8 为梯形图幅 1：10000 地形图示例。内图廓是经纬线，也是该图幅的边界线。

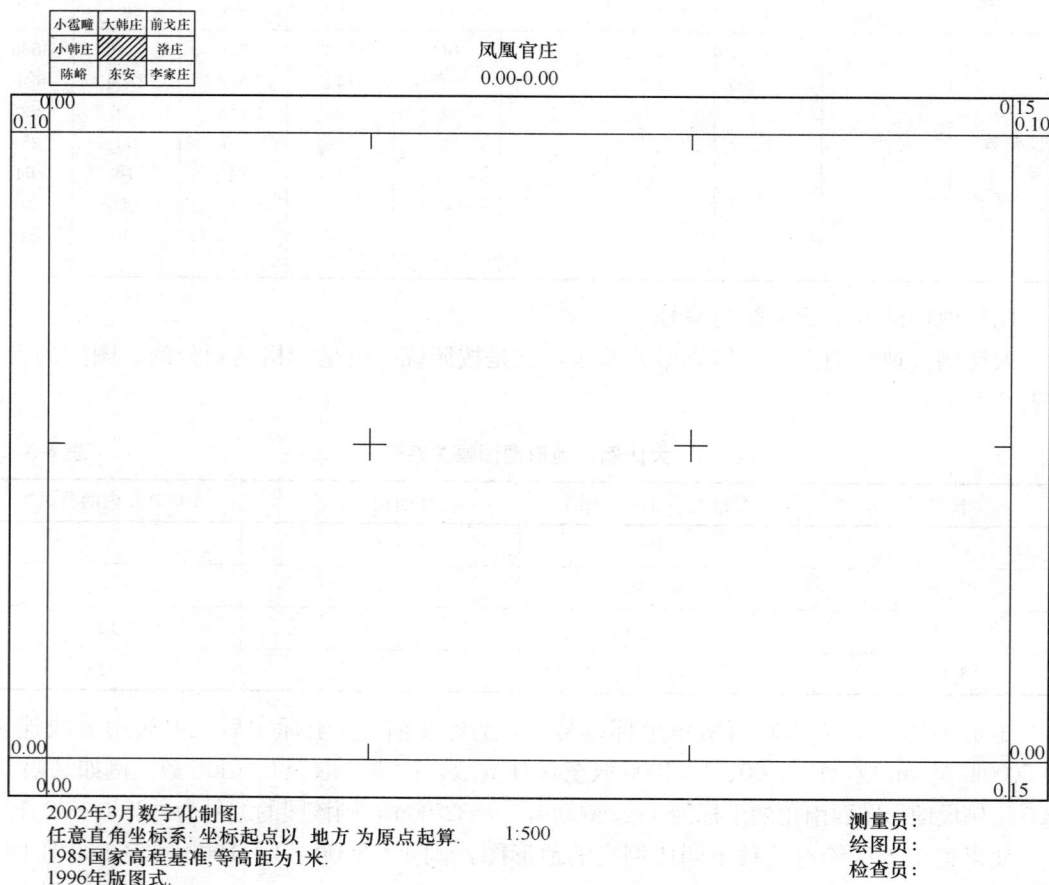

凤凰官庄
0.00-0.00

2002年3月数字化制图.
任意直角坐标系：坐标起点以 地方 为原点起算.　　　1:500
1985国家高程基准,等高距为1米.
1996年版图式.

测量员：
绘图员：
检查员：

图 6-7　1：500 地形图示例

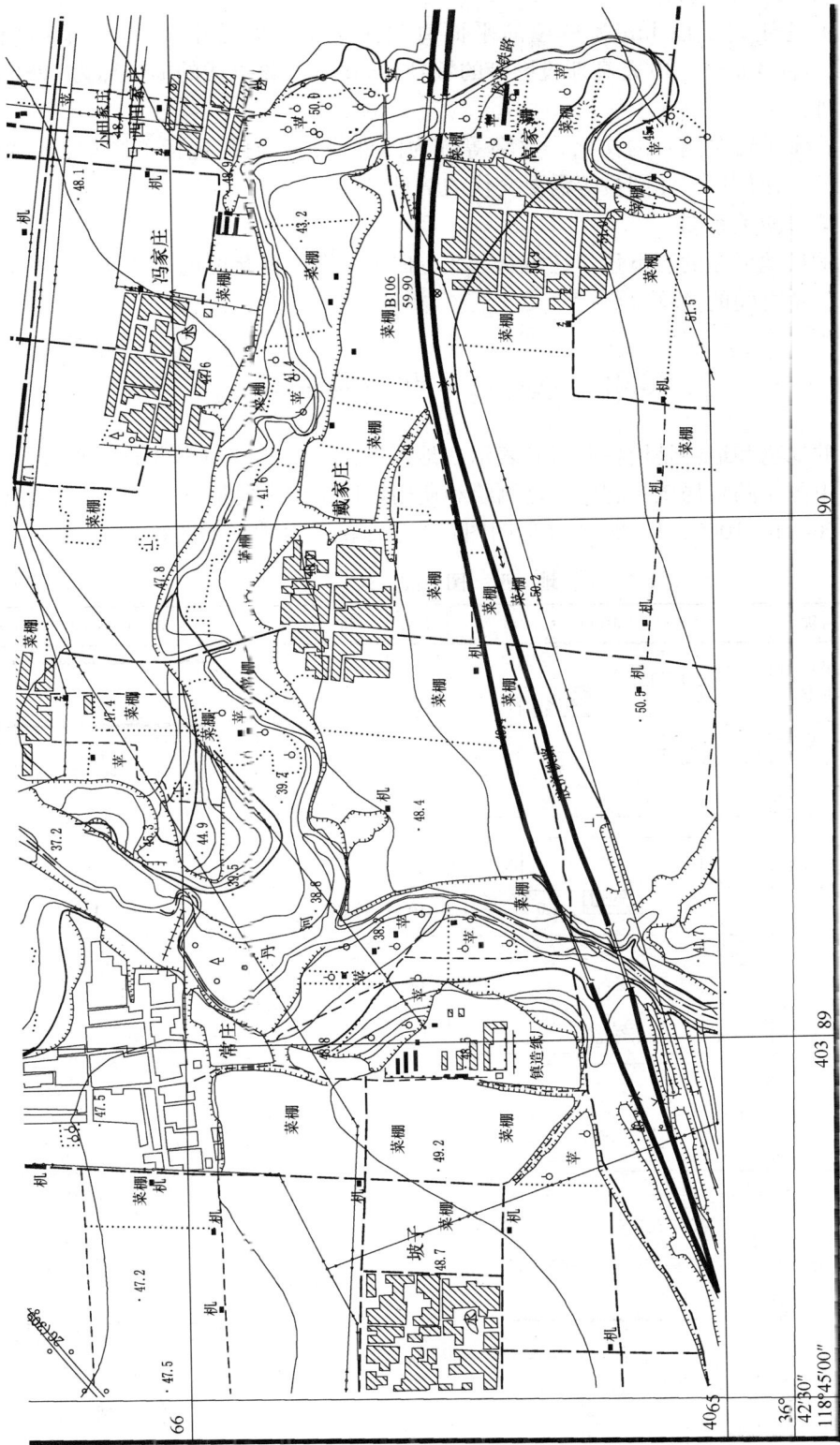

图 6-8 1∶10000 地形图示例

该图西南角的经纬度分别为东经 $118°45'00''$，北纬 $36°42'30''$。

内图廓上还注记了以 km 为单位的平面直角坐标值，如图中 4065 表示纵坐标为 4065km，横坐标 40388，40 是高斯投影带的带号，388 表示该纵线的横坐标为 388km。

（4）图外注记

图 6-7 下部（或左侧）的文字、数字等称为图外注记，通常包括测图单位、测图时间、坐标系统、比例尺、测图员等需要交代的信息。

（5）三北方向关系图

在小比例尺地形图的右下角，还绘有三北方向关系图，据此可进行坐标方位角、真方位角和磁方位角之间的换算。

6.2 地物符号和地物注记

地面上的地物和地貌是用各种符号表示在地形图上的，这些符号总称为地形图图式。地形图图式由国家测绘局统一制定，是测绘和使用地形图的重要依据。表 6-4 为参照国家标准《1∶500、1∶1000、1∶2000 地形图图式》绘制的部分地形图图式。

地 形 图 图 式　　　　　　　　　　　　　　表 6-4

编号	符号名称	1∶500 1∶1000 1∶2000	编号	符号名称	1∶500 1∶1000 1∶2000
1	一般房屋混凝土、砌体—房屋结构 6、3—房屋层数 建—在建房	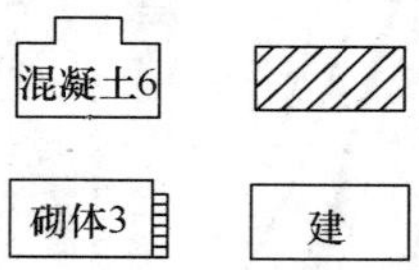 混凝土6　　／／／ 砌体3　　建	8	公路 2—等级	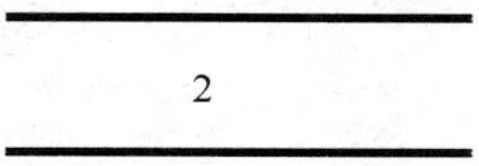 2
2	台阶	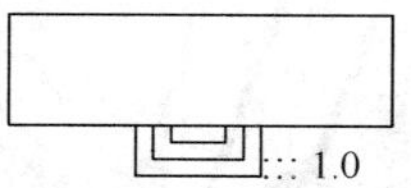 ∷ 1.0	9	电力线 a 高压线 b 低压线 c 电杆	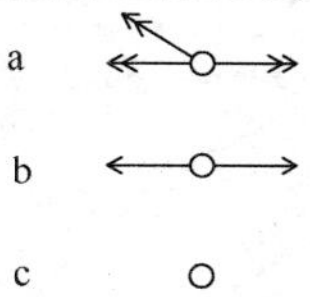 a ←○→ b ←○→ c ○
3	a 散树 b 行树 c 沿道路狭长灌木林	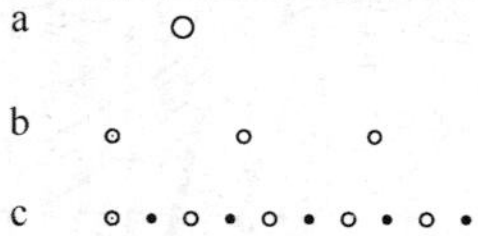 a ○ b ○ ○ ○ c ●●○●●○●	10	烟囱	
4	人工草地	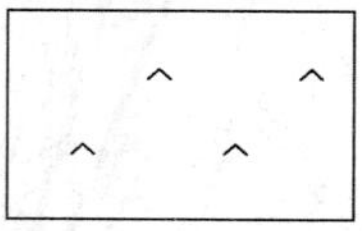 ∧　∧ ∧	11	三角点 凤凰山—点名 394.468—高程	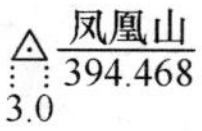 凤凰山 △394.468 3.0
5	篱笆	 —+—+—+—	12	图根点 a 埋石 b 不埋石	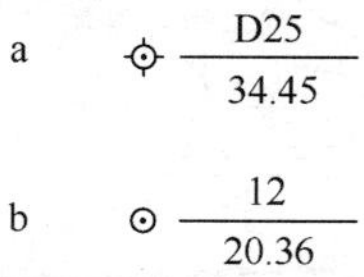 a ⊙ D25／34.45 b ⊙ 12／20.36
6	围墙 a 依比例围墙 b 不依比例围墙	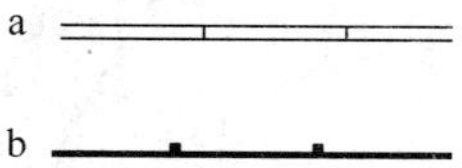 a ▬▬ b ▬■▬■▬	13	水准点	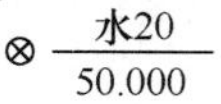 ⊗ 水20／50.000
7	依比例级面桥	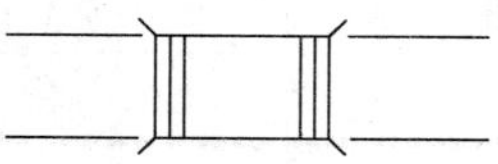	14	双线沟渠堤	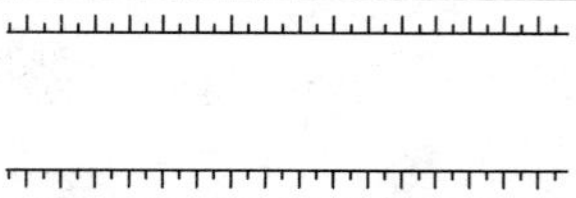
			15	有坎池塘	 塘

编号	符号名称	1：500 1：1000 1：2000	编号	符号名称	1：500 1：1000 1：2000
16	石质陡崖		18	依比例坑穴	
17	斜坡 a 加固 b 未加固	a b	19	等高线 a 首曲线 b 计曲线 c 间曲线	a b c
			20	非比例独立石	

　　地物符号由比例符号、半比例符号和非比例符号构成。按比例测绘、图上形状与实地形状完全相似的符号称为比例符号，如表 6-4 中的 1、7 等。某些线状地物的长度按比例缩绘，宽度不按照比例缩绘，这种符号称为半比例符号，如表 6-4 中的 6 不依比例围墙。某些地物的平面轮廓较小，但在测量中又具有极其重要的意义，测绘时用规定的符号表示其中心位置，称为非比例符号，如表 6-4 中的 10、11、12。

　　有些地物除用规定的符号表示以外，还要另加文字、数字加以说明其属性，这些文字和数字称为地物注记。如表 6-4 中的砌体 3、混凝土 6 等。

6.3 地 貌 符 号

　　尽管地貌千姿百态、错综复杂，但就其基本形态而言，可以归纳为以下几种典型地貌：山头、山脊、山谷、山坡、鞍部、洼地、陡崖等（见图 6-9）。

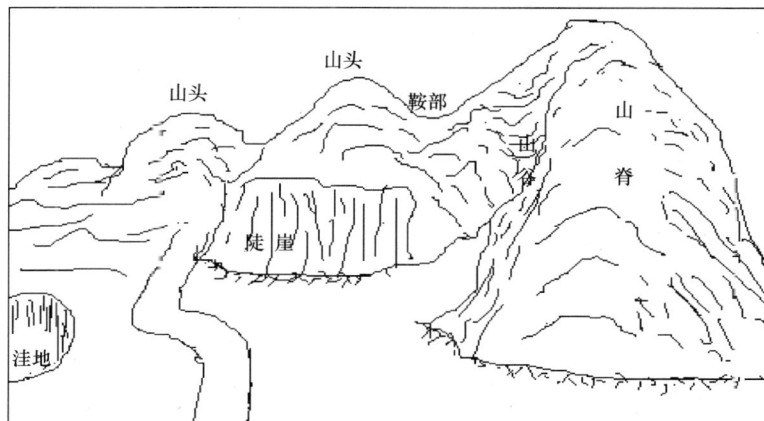

图 6-9　山地地形示例

　　较四周有显著凸起的高地称为山地，山的最高部分称为山头，山头以下隆起的凸棱称为山脊。山脊上最为突出的棱线称为山脊线，山脊线又称为分水线，山脊的侧面称为山坡。近乎垂直的山坡称为峭壁或绝壁，上部凸出、下部凹入的绝壁称为悬崖。两山脊之间的山体凹陷部分称为山谷，山谷中最低点的连线称为山谷线，山谷线又称为汇水线。两山头之间较为低矮、形似马鞍状的地形称为鞍部。低于四周的低地称为洼地，面积很大的洼地称为盆地。

在地图上表示地貌的方法很多，测量中通常用等高线表示。

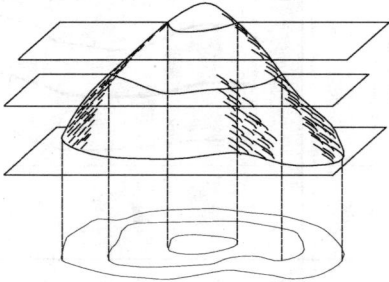

图 6-10　等高线形成原理

地面上高程相同的相邻点连接而成的闭合曲线称为等高线。等高线表示地貌的原理如图 6-10 所示，设想用一系列间距相等的水平面去截某一山地，截面与山地最外圈相交成一高程相等的闭合曲线，将该曲线按比例缩小并投影到水平面上，即得到等高线图。

1. 等高距与等高线平距

相邻两条等高线之间的高差称为等高距。在同一张地形图上，等高距相同，等高距越小，地形图上等高线越密集，地貌表示就越详细，等高距越大，地形图上等高线越稀疏，地貌表示就越粗略。事实上，地形图测绘时，等高距的选择与地形起伏状况、测图比例尺和地形图使用的目的密切相关，不能一味地追求较小的等高距而致使工作量加大、图面不清。

地形图上相邻等高线之间的水平距离称为等高线平距。由于在同一张地形图上，等高距相同，因此，等高线平距的大小与地面坡度有着直接的关系。

2. 几种典型地貌的等高线

(1) 山头和洼地：根据等高线形成的原理，我们有理由相信，山头和洼地的等高线形状及其相似，为了加以区别，可以在等高线上加注高程加以区分，也可以用示坡线加以区分。示坡线是垂直于等高线的短线，指向高程降低的方向。见图 6-11。

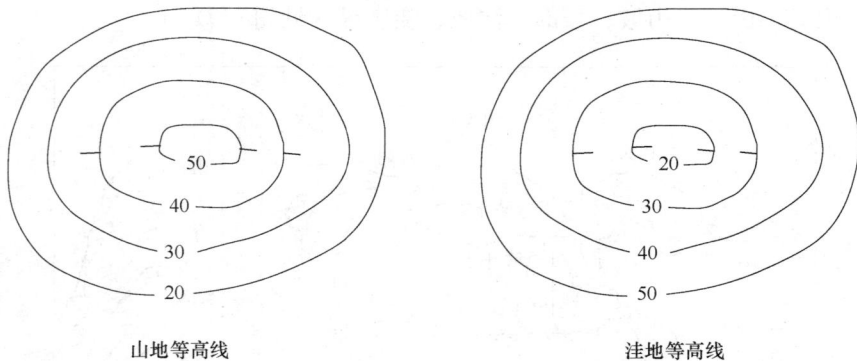

山地等高线　　　　　　　　　　　　洼地等高线

图 6-11　山地、洼地等高线示意图

(2) 山脊、山谷和鞍部：图 6-12 为山脊、山谷及鞍部等高线示意图。在两个山头之间，自某条等高线起，将两个山头全部包围起来，该部位称为鞍部。山脊等高线的特点是凸向高程降低的方向，其最高棱线称为山脊线。山谷等高线的特点是凹向高程升高的方向，其最低点连线即为山谷线。

(3) 陡崖和悬崖：在地形图上，陡崖用特定符号表示，悬崖隐蔽的等高线则需要用虚线表示，见图 6-13。

3. 等高线的分类

为了更好地表示地貌以便于识图、用图，等高线通常有以下四种类型（见图 6-14）。

（1）首曲线：按规定的基本等高距表示的等高线，也叫做基本等高线，图上用细实线表示。

（2）计曲线：为了识图、用图时方便计数等高线，规定将等高线从等高线 0m 起，每隔四条加粗表示，称为计曲线。

（3）间曲线：当首曲线不能表示某些微型地貌时，可加绘 0.5 倍基本等高距的等高线，称为间曲线，用长虚线表示。

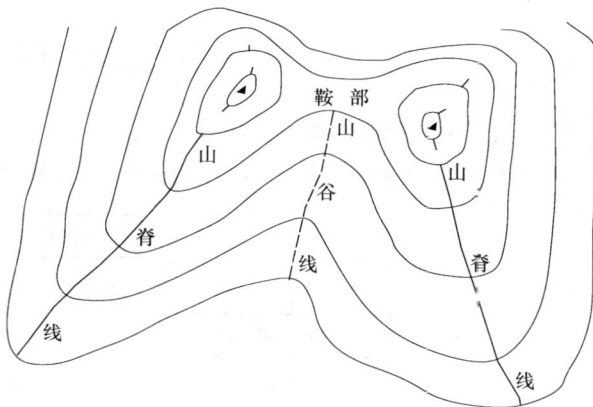

图 6-12 山脊、山谷及鞍部等高线示意图

（4）助曲线：若间曲线仍不足以表示微型地貌，可加绘 0.25 倍基本等高距的等高线，称为助曲线，用短虚线表示。

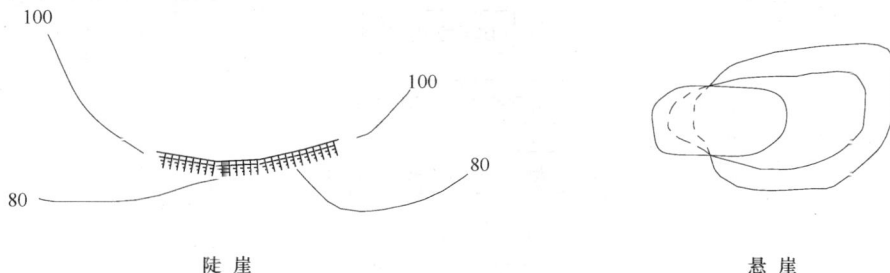

图 6-13 陡崖、悬崖等高线示意图

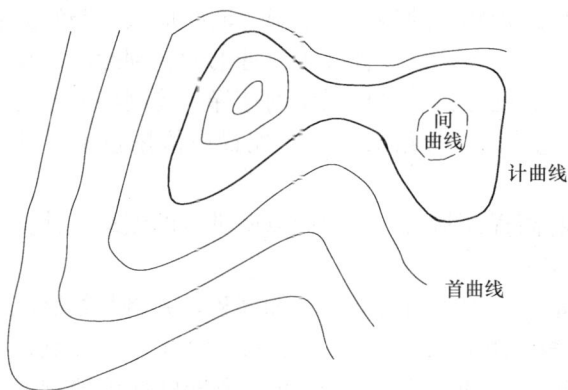

图 6-14 首曲线、计曲线与间曲线

4. 等高线的特性

根据等高线原理，可归纳出等高线的以下特性：

（1）同高性：同一条等高线上，各点的高程都相等。但高程相同的点不一定在同一条等高线上，如鞍部等高线包围的两个山头就有高程相同的点位于不同的等高线上。

（2）闭合性：等高线都是闭合的，不在本图上闭合，也一定会在相邻图幅上闭合。

（3）非交性：除陡崖和悬崖之外，等高线既不会重合，也不会相交。

（4）正交性：等高线与山脊线、山谷线正交。

（5）密陡稀缓性：根据等高距、等高线平距与地面坡度的关系，等高线越密集，地形越陡峭，等高线越稀疏，地形越平缓。

6.4 地 形 图 测 绘

6.4.1 地形图测绘的作业流程

地形图测绘任务下达后，任务实施单位一般应按照图 6-15 所示流程组织地形图测绘。

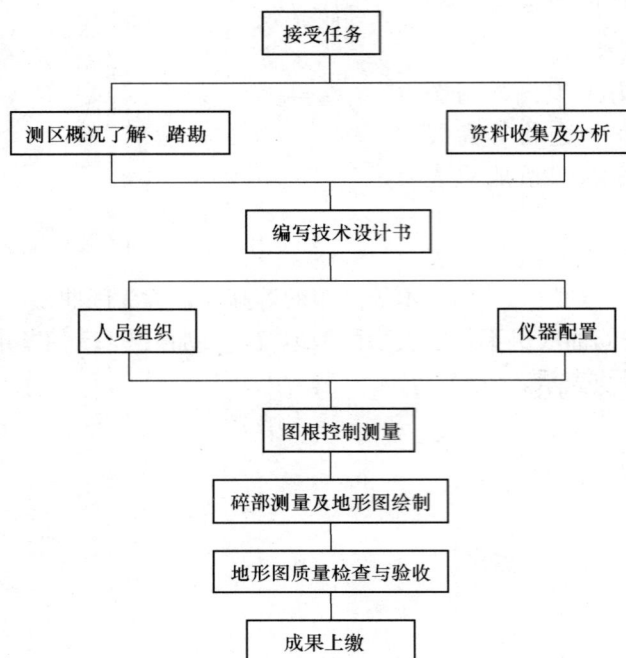

```
                        ┌──────────┐
                        │  接受任务  │
                        └──────────┘
            ┌──────────────┴──────────────┐
    ┌──────────────┐              ┌──────────────┐
    │ 测区概况了解、踏勘 │              │  资料收集及分析  │
    └──────────────┘              └──────────────┘
            └──────────────┬──────────────┘
                    ┌──────────────┐
                    │  编写技术设计书  │
                    └──────────────┘
            ┌──────────────┴──────────────┐
      ┌──────────┐                   ┌──────────┐
      │  人员组织  │                   │  仪器配置  │
      └──────────┘                   └──────────┘
            └──────────────┬──────────────┘
                    ┌──────────────┐
                    │  图根控制测量  │
                    └──────────────┘
                ┌──────────────────┐
                │  碎部测量及地形图绘制  │
                └──────────────────┘
                ┌──────────────────┐
                │  地形图质量检查与验收  │
                └──────────────────┘
                    ┌──────────┐
                    │  成果上缴  │
                    └──────────┘
```

图 6-15 地形图测绘流程示意图

通过对测区的现场踏勘，可以了解测区的地物、地貌分布情况，同时应收集与测区有关的地形资料、控制点资料甚至是地质、水文资料，以保证技术设计书的顺利编制。技术设计书应包括测绘任务、测区概况、已有资料的分析、坐标系统的选择、控制网的布设等级及形式、碎部测图的方法、质量保证措施等。人员组成、仪器配置应依据技术设计要求，同时考虑工期等因素来决定。

图根控制点是直接供测图使用的平面和高程控制点，对控制点所进行的测量、计算工作称为图根控制测量。

碎部测量就是以控制点为依据，测定地物、地貌的平面位置和高程，并将其绘制成地形图的测量工作。在碎部测量过程中，地物形状的测绘实质上是地物轮廓点（交点、拐点、中点）的测绘，这些点称为地物的特征点（即碎部点）。因此，要准确描绘地物的形状，关键在于特征点的选择，测绘时，通常选择地物的方向变化处、中心位置等作为特征点。通过对特征点平面位置和高程的测定，并根据制图原则，运用符号系统加以表示，就可以反映出地物的形状及所在位置的高低。

地貌形态复杂，但可以将其概括为不同方向、不同坡度平面的集成体，因此在测绘时可选择平面交线上的坡度变化处、方向变化处作为特征点，测量出这些特征点的平面位置和高程，并根据制图原则，运用符号系统加以表示，就可以反映出地貌的基本形态。

地形图测绘完成后，还要进行检查验收工作。检查包括自检和他检，主要包括：平面位置精度检查；高程精度、高程点的注记及测定数量检查；地形要素特征的各种属性数据是否正确与完备的检查；符号、注记及字体、字大、字向是否符合规定的检查；线划是否光滑自然的检查等。验收时一般对检验批中的产品抽取 10% 作为样本，验收工作完成后，编写验收报告并随产品归档。

6.4.2 地物测绘的一般规定

地物分为自然地物和人工地物两大类，如河流、湖泊、森林、草地、独立石等属于自然地物，房屋、道路、桥梁、电线等属于人工地物。地物和地貌合称为地形，地形大致从属于表 6-5 中的几种类型。

地物测绘的原则是：凡能按照比例尺在地形图上表示的地物，则将其水平投影的几何形状或边界位置依照比例尺用比例符号在地形图上表示出来，如房屋的边线、耕地的界线等，不能按照比例表示的地物，则用相应的非比例符号在图上表示出其中心位置，如水塔、烟囱等，长度能按照比例表示，宽度不能按照比例表示的，则采用半比例符号表示，即长度必须实测，如围墙、电线等。

地物测绘必须按照规定的比例尺，依照一定的规范和图式要求，经过综合取舍，将各种地物表示在图上。

地 形 分 类　　　　　　　　　　　　表 6-5

类　　型	类　型　举　例
居民地	房屋及其附属设施、蒙古包、窑洞
交通设施	铁路、各级公路、乡村路、桥梁、涵洞及其他交通附属设施
管线设施	电力线、通信线、上、下水管道、检修井等
水系设施	江、河、湖、塘、渠、井、泉、坝、闸等及其附属设施
独立地物	控制点、路灯、水塔、烟囱、岗亭、旗杆等
境界线	国界、省界、县界、村界、特殊地界等
植被园林	林地、草地、苗圃、耕地、菜地、果园等
土质地貌	土质陡崖、石质陡崖、沙地、石块地、冲沟、梯田、等高线等

1. 居民地测绘

居民地是地形图上的一项重要内容，在居民地测绘时，应在图上表示其形状、类型、质量及行政意义等。如图 6-1 中的"混三"说明其结构形式和建筑层数，"第一餐厅"说明其行政意义（用途）。

居民地的外部轮廓都应准确测绘，1：1000 或更大比例尺测图，各类建（构）筑物及其主要附属设施都要按其实地轮廓逐个测绘其墙基外角，其内部的主要街道和较大的空地应加以区分，图上宽度小于 0.5mm 的次要道路不予表示，其他碎部可综合取舍。

1：1000 或更大比例尺测图，房屋附属设施如廊、台阶、室外楼梯、围墙、门墩、支柱等都要按实际测绘。起竟界作用的栅栏、栏杆、篱笆、铁丝网等也应实测。

2. 交通设施测绘

铁路、各级公路、乡村路、桥梁、涵洞及其交通附属设施都应实地测绘。

铁路应测定铁轨中心线和轨顶高程，并量取轨距，路堤、路堑应测定坡顶、坡底的位置和高程，铁路附属设施都应按照实际位置测绘。

各级公路应实测路面位置，并测定道路中心高程，应注明道路技术等级及材料，国道还应标注其编号。高架路的走向和宽度应按照实际投影测绘。路堤、路堑及附属设施都应按照实际位置测绘。

桥梁应实测桥头、桥身和桥墩位置，桥面应测定高程，桥面上宽度超过1m的人行道也应实测。不能依比例测绘的小桥，应实测桥面中心线。

单位内部的道路，除能够通行汽车的主要道路外，一般都按照内部道路测绘。不能依比例测绘的小路，应测出道路中心线。

3. 管线设施测绘

地面上的电力、通信线，应实测电杆、铁塔的位置，并标注线路走向，有变压器的，还应测出变压器的实地位置。

地面上的管道应实测其位置，架空管道应实测其支柱位置，管径和用途也要一并注明。

地下管线检修井应测定其中心位置，并根据检修井的类型用不同的地物符号区别表示。

4. 水系设施测绘

江、河、湖、塘等都以岸线为界进行测绘，水涯线、洪水位、枯水位应按照要求在调查研究的基础上测绘。水系附属设施能依比例表示的，应实测其位置，不能依比例表示的，应以图式符号表示其中心位置和走向。

5. 独立地物的测绘

独立地物是判定方位、确定位置、指定目标的重要标志，必须准确测绘并按规定的符号正确表示。

6. 境界线的测绘

境界线应按实际位置准确测绘，有争议的还要征求争议双方意见后方能测绘。

7. 植被园林的测绘

植被园林应测绘其边界线，并注明地类。边界与道路、河流、栅栏等重合时，可以不绘出地类界，但与境界线重合时，地类界应移位表示。

8. 土质测绘

沼泽、沙地、岩石地、盐碱地、龟裂地等在地形图上都要测绘、表示。

9. 高程点的测定

以离散点的高程表示地形起伏时，制图规范对高程点测定的密度、位置等有一定的要求。一般而言，对于平坦地区，图上5～7cm应测定一个高程点，地形起伏较大时，密度应加大，坡度变化处也应测定高程点。另外，对于田坎、洼地等高低变化显著的地形，其高差在0.5m以上时，其高处和低处的高程应分别测定；铁路应测定轨顶高程，弯道处测定内侧轨顶；公路应测定路面中心高程。

6.4.3 等高线地形图测绘

以等高线表示地形起伏时，应在山脊线、山谷线、山脚线（山和平地的交界线）等特征线上选择特征点，如方向变化处、坡度变化处，当坡度均匀、特征线方向变化较小时，还应顾及采样点的密度，1：500比例尺地形图上，地形点间距以15m为宜，1：1000比例尺地形图则以30m为宜，1：2000比例尺地形图可取50m。此外，山头、鞍部以及山头和鞍部的连接线上，也应选择一定数量的特征点测绘。

按照以上要求测定出特征点的平面位置和高程后，在绘制等高线时，还要沿特征线在相邻高程点之间内插出整数点的高程位置——即等高线通过的位置。内插的原则是：假定相邻两点之间坡度均匀，则平距与高差成正比。如 A 点的高程是 51.28m，B 点的高程是 74.36m，AB 之间的水平距离为 18.36m，要在 AB 连线上内插 55m 的整数高程点 C，则 AC 之间的水平距离应为 $\dfrac{55-51.28}{74.36-51.28} \times 18.36 = 2.96 \text{m}$。

将同名整数高程点用光滑的曲线连接起来，就得到等高线（如图 6-16）。

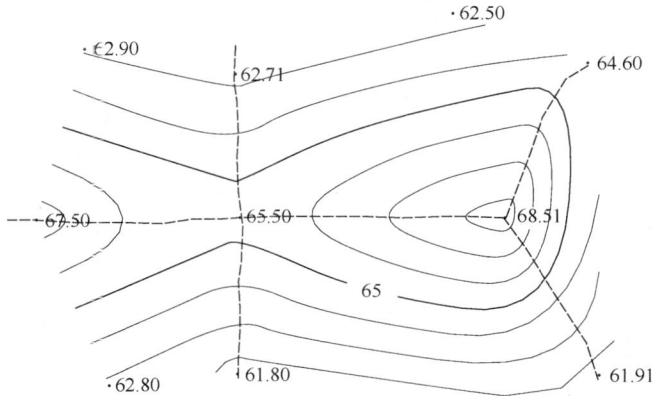

图 6-16　等高线的勾绘

6.4.4　碎部测图的方法

碎部测图的方法有平板测图法、经纬仪测绘法等传统方法，也有航空摄影测量法、全站仪数字测图法等现代方法，根据测绘发展的现状，考虑到普通全站仪已基本普及这一现实，本章只对经纬仪测绘法和全站仪数字测图法进行详细介绍。

1. 经纬仪测绘法

（1）测图前的准备工作

测图前，一般应进行资料准备、仪器准备和图纸准备等。

资料准备包括测图规范、地形图图式、控制点成果、任务书及技术设计书的准备。

仪器准备是准备测图时用到的仪器、工具等。准备仪器时，应对仪器进行检验、校正，以满足测图要求。

图纸准备包括图纸选择、在图纸上绘制坐标方格网、展绘控制点三个方面。经纬仪测绘法的图纸一般选用一面光滑、一面经过打磨的聚酯薄膜，其幅面大小一般为 55cm×55cm，它具有无色透明、伸缩性小、不怕潮湿等优点，便于使用和保管。学生教学实习也可选用普通绘图纸。

图纸准备好以后，要在图纸上绘制直角坐标方格网，以便于控制点的展绘，大比例尺地形图测绘采用 10cm×10cm 的方格网。方格网可采用绘图仪、专用格网尺等。坐标格网绘制完成后，应进行检查。检查内容及要求有：各小方格边长与其理论值之差小于图上 0.1mm；各小方格对角线的长度与理论计算值的差小于图上 0.3mm；各小方格的顶点应在同一直线上，其偏离距离小于图上 0.3mm。检查后，若超限，应重新绘制。

方格网检查满足要求后，要进行控制点的展绘。控制点展绘是将图根控制测量的控制点按照其坐标绘制到带有格网的图纸上。图纸实际上是标有坐标值的坐标系，纵向为 X 轴，横向为 Y 轴，计算出待展绘点与坐标原点（或方格顶点）的坐标差 ΔX、ΔY，自坐标原点（或方格顶点）起，平行于两坐标轴依比例量取 ΔX、ΔY，则待展绘点实际位于以坐标原点（或方格顶点）为顶点的矩形对角顶点上。如图 6-17 所示。

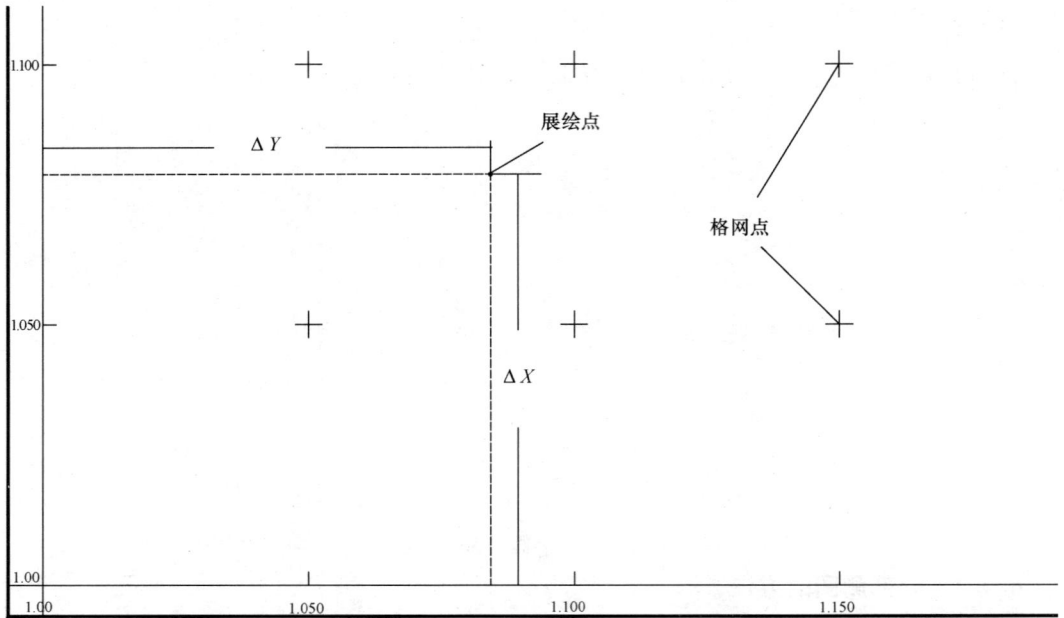

图 6-17　控制点展绘

控制点展绘完成后，还要量取图上相邻控制点的距离，与外业该两点之间的实测距离比较，两者较差应小于图上 0.3mm。

（2）经纬仪测绘法的原理和步骤

经纬仪测绘法是经纬仪、量角器相互配合，利用极坐标原理进行测量、绘图的一种传统测绘方法。其使用的仪器和工具有：经纬仪、量角器、皮尺、小卷尺、水准尺等。经纬仪测绘法的原理见图 6-18。

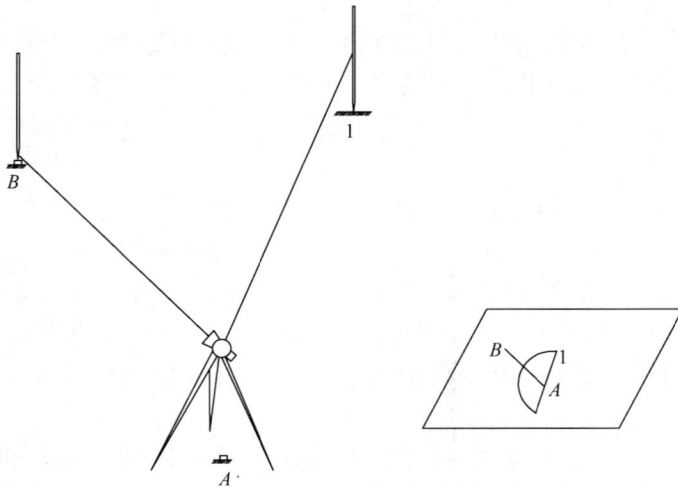

图 6-18　经纬仪测绘法原理

安置仪器：在地面控制点 A 上安置经纬仪，对中、整平后量取仪器高 i。

定向（后视）：瞄准另一控制点 B，将经纬仪水平度盘读数调整为 $0°00'00''$。

立尺：立尺员依次将尺子立在地物、地貌的特征点上。立尺员在立尺前要弄清实测范围及现场实际情况，会同绘图员商定立尺路线、明确立尺点之间的连接方式。

观测：观测员旋转经纬仪照准部，瞄准立在碎部点 1 上的观测标志，读取水平度盘读数 β 并告知绘图员。

碎部点图上定向：绘图员在图纸上连接 AB 两点、画线，以 A 为圆心角的顶点，以 AB 为角度量算的起始方向，用量角器量取水平角度 β，则 1 点在图上的位置必然落在所量角度的另一条方向线上，不妨命名为方向 $A1$，只不过 1 点的位置还需要距离确定；

碎部点图上定位：测量人员量取地面 A、1 两点之间的水平距离并告知绘图员，绘图员将实地距离依比例尺换算为图上距离后，自 A 点起，沿 $A1$ 方向量取这段距离，即可确定 1 点的位置。

不难理解，经纬仪测绘法碎部点平面位置的确定实质上采用了极坐标原理。

实际测量过程中，碎部点的高程可用水准仪测量获得，但更多采用视距测量方法，即在测站 A 上，不住读取水平度盘读数以求得水平角度，还要进行视距测量以求得水平距离和高程，绘图员在确定了碎部点图上位置后，还要在在点旁注记该点的高程。

在一个测站上完成全部碎部点的测量后，经检查无误、无遗漏后，擦去一些辅助线条如 AB，可搬仪器到另一控制点上测量，直至整个任务区测绘完成。

2. 全站仪数字测图法

全站仪数字测图法在测图前需要进行资料准备、设备及软件准备，其中，资料准备跟经纬仪测绘法相同。设备及软件准备主要包括：全站仪及反光棱镜的准备，绘图软件、绘图计算机及绘图仪的准备，数据传输软件、硬件准备，其他辅助工具的准备等。

尽管全站仪能够显示出被测点的三维坐标值，但就测量的本质而言，将仪器高、觇标高赋值给全站仪后，全站仪仍然是通过对水平角、水平距离、竖直角的观测，利用全站仪的内置程序，运用坐标正算原理，三角高程测量原理计算出被测点的三维坐标。

在测区图根控制测量工作完成后，全站仪数字测图法一般应经过以下三个阶段：

全站仪野外数据采集——全站仪与计算机数据通讯——人机交互成图。

（1）全站仪野外数据采集

在测量工作中，将架设仪器的点称为测站点。地形图测绘过程中，要尽可能在各级控制点上架设测站，但当控制点的密度不够，或由于地物地貌的复杂而致使有些碎部点难以测绘时，还需要增设测站点。

在地形琐碎、复杂，地物密集、曲折的地段，对测站点的数量要求较多。此时，可在控制点或图根点上采用极坐标法、支导线法和交会法测定拟增设的测站点的坐标和高程。为保证测图的精度要求，增设测站点时应尽量避免三次设站。如采用支导线法在图根控制点 A 上增设新测站点 A-1，称为一次设站，再在 A-1 上增设测站点 A-1-1，称为二次设站，再在 A-1-1 上增设 A-1-1-1，则称为三次设站。

全站仪野外数据采集，通常采用极坐标和三角高程测量法进行碎部测量，仪器记录全

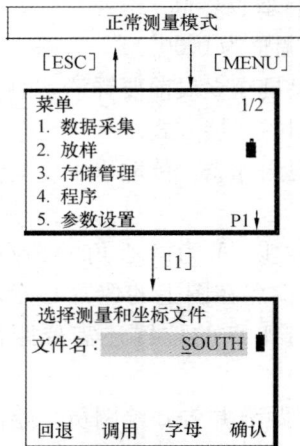

图 6-19 测量和坐标
文件输入示意图

部信息，并计算碎部点的三维坐标。无论哪一级设站，在测站点上安置全站仪，完成对中、整平，进入全站仪程序测量的"数据采集"模块式后，都需要对全站仪输入作业名（文件名）、仪器高、觇标高、测站点、定向点及反射棱镜的有关信息，现以南方全站仪 NTS360 为例简述如下：

按下［MENU］键，仪器进入主菜单 1/2 模式，按下数字键［1］（数据采集）

1）输入或选择测量和坐标文件，确认后进入下一步——设站

2）设站，确认后进入下一步——后视

3）后视，确认后进入下一步——数据采集（测量）

4）数据采集

（2）全站仪与计算机数据通讯

测量工作结束后，可以直接将全站仪内存中的数据文件传送到计算机，也可以从计算机将坐标数据文件直接装入仪器内存。NTS360 系列全站仪提高三种数据格式的传输，即 NTS300 格式、NTS660 格式和自定义格式，用户可根据作用要求自行选择。

数据传输的菜单：

需要注意的是：在进行数据通讯时，首先要检查通讯电缆连接是否正确，微机与全站仪的通讯参数设置是否一致。另外，每次野外工作之后要注意及时传送数据到电脑，可以保证仪器有足够内存，同时，也减少了数据丢失的可能性。数据传输完成后，注意存盘保存。

（3）人机交互成图

以 CASS 绘图软件为例，说明人机交互成图的主要步骤。

1）展点

启动 CASS6.0 绘图软件，单击绘图处理，选择展野外测点点号，依据命令行提示输入绘图比例尺分母，如 500、1000 等，回车。

提供数据文件名称后，单击打开（O）。

2）绘图

单击右侧屏幕菜单之坐标定位，显示如下：

以居民地为例，单击屏幕菜单之居民地，选择地物类别（如四点房屋）后，单击确定。按照命令行的提示做出相应选择，对照草图，对点进行连接即可。

3）编辑与修改

图形绘制完成以后，进行编辑、修改时主要用到左侧菜单，如复制、平移、断开、线型转换、注记等。

4）生成图廓、图名、图号等

单击绘图处理之任意图幅（或标准图幅），并在图幅整饰中按照要求输入相关信息，如图名、图幅尺寸、接图表信息等。

5）图形存盘、打印

操作过程	操作键	显示
①由数据采集菜单1/2,按数字键［1］（设置测站点），即显示原有数据。	［1］	数据采集　　　　　　1/2 1. 设置测站点 2. 设置后视点 3. 测量点 　　　　　　　　　　P↓
②按［F4］（测站）键。	［F4］	设置测站点 测站点→ 编码： 仪器高：　　2.000 m 输入　查找　记录　测站
③按［F1］（输入）键。	［F1］	数据采集 设置测站点 点名： 输入　调用　坐标　确认
④输入点号，按［F4］键。※1)	输入点号 ［F4］	数据采集 设置测站点 点名：PT-01 输入　调用　坐标　确认
⑤系统查找当前调用文件，找到点名，则将该点的坐标数据显示在屏幕上，按［F4］（是）确认测站点坐标。※2)	［F4］	设置测站点 　NO:　　　　100.000m 　EO:　　　　100.000m 　ZO:　　　　10.000 m ＞确定吗？　［否］［是］
⑥屏幕返回设置测站点界面。用[▼]键将→移到编码栏。	［▼］	设置测站点 测站点→1 编码：SOUTH 仪器高：　　0.000m 输入　查找　记录　测站
⑦按［F1］（输入）输入编码，并按［F4］（确认）。※3)，※4)	［F1］ 输入编码 ［F4］	设置测站点 测站点：　　　　1 编码→ 仪器高：　　0.000m 回退　调用　字母　确认
⑧→移到仪器高一栏，输入仪器高，并按［F4］（确认）。	输入仪高 ［F4］	设置测站点 测站点：　　　　1 编码：　　SOUTH 仪器高→　2.000 m 回退　　　　　　　确认
⑨按［F3］（记录）键，显示该测站点的坐标。※5)	［F3］	设置测站点 测站点：　　　　1 编码：　　SOUTH 仪器高→　2.000 m 输入　　　记录　测站 设置测站点 　NO:　　　　100.000m 　EO:　　　　100.000m 　ZO:　　　　10.000 m ＞确定吗？　［否］［是］
⑩按［F4］（是）键，完成测站点的设置。显示屏返回数据采集菜单1/2。※6)	［F4］	数据采集　　　　　　1/2 1. 设置测站点 2. 设置后视点 3. 测量点 　　　　　　　　　　P↓

图 6-20　测站设置示意图

101

以下通过输入点号设置后视点将后视定向角数据寄存在仪器内

操作过程	操作键	显示
①由数据采集菜单 1/2, 按数字键 [2] (设置后视点)。	[2]	数据采集　　　　　　1/2 1. 设置测站点 2. 设置后视点 3. 测量点 　　　　　　　　　P↓
②屏幕显示上次设置的数据，按 [F4]（后视）键。	[F4]	设置后视点 后视点→1 编　码： 目标高：　　0.000 m 输入　查找　测量　后视
③按 [F1]（输入）键。※1)	[F1]	数据采集 设置后视点 点名:2 输入　调用　NE/AZ　确认
④输入点名，按 [F4]（确认）键。※2)	输入点号 [F4]	数据采集 设置后视点 点　名：2 回退　调用　字母　确认
⑤系统查找当前作业下的坐标数据，找到点名，则将该点的坐标数据显示在屏幕上，按 [F4] 键，确认后视点坐标。※3)	[F4]	设置后视点 NBS：　　　20.000m EBS：　　　20.000m ZBS：　　　10.000m ＞确定吗?　　[否]　[是]
⑥屏幕返回设置后视点界面。按同样方法，输入点编码、目标高。※4), ※5)		设置后视点 后视点:1 编　码:SOUTH 目标高→　1.500 m 输入　置零　测量　后视
⑦按 [F3]（测量）键。	[F3]	设置后视点 后视点:1 编　码:SOUTH 目标高→　1.500m 角度　*平距　坐标
⑧照准后视点，选择一种测量模式并按相应的软键。 例: [F2]（平距）键。※6) 进行测量，根据定向角计算结果设置水平度盘读数，测量结果被寄存，显示屏返回到数据采集菜单 1/2。	照准后视点 [F2]	V：　　　90° 00′ 00″ HR：　　225° 00′ 00″ 斜距 *　[单次] <<<m 平距: 高差: 正在测距 … 数据采集　　　　　1/2 1. 设置测站点 2. 设置后视点 3. 测量点 　　　　　　　　P↓

图 6-21　后视设置示意图

操作过程	操作键	显示
①由数据采集菜单1/2,按数字键[3],进入待测点测量。	[3]	数据采集　　　　　1/2 1. 设置测站点 2. 设置后视点 3. 测量点　　　　　P↓
②按[F1](输入)键。	[F1]	测量点 点　名→ 编码: 目标高:　0.000 m 输入　查找　测量　同前
③输入点号后,按[F4]确认。※1)	输入点号 [F4]	测量点 点　名→　　　　3 编码:　　　　　0 目标高:　0.000 m 回退　查找　字母　确认
④按同样方法输入编码,目标高。※2)	输入编码 [F4] 输入标高 [F4]	测量点 点　名:　　　　3 编码:　SOUTH 目标高→　1.000 m 回退　　　　　确认
⑤按[F3](测量)键。	[F3]	测量点 点　名:3 编码:SOUTH 目标高:　1.000 m 输入　　　测量　同前
⑥照准目标点,按[F1]—[F3]中的一个键。※3) 例:[F2](平距)键。	照准 [F2]	测量点 点　名:3 编码:SOUTH 目标高:　1.000 m 角度 *平距 坐标 偏心
⑦系统启动测量。		V:　　90°00′00″ HR: 225°00′00″ 斜距 * [3次]<<<m 平距: 高差: 正在测距 …
⑧测量结束后,受[F4](是)键,数据被存储。	[F4]	V:　　90°00′00″ HR: 225°00′00″ 斜距 *　17.247m 平距:　17.176m 高差:　−1.563m >确定吗?　[否]　[是] 〈完成〉
⑨系统自动将点名+1,开始下一点的测量。输入目标点名,并照准该点。可按[F4](同前)键,按照上一个点的测量方式进行测量;也可按[F3](测量)选择测量方式。	[F4]	测量点 点　名:4 编码:SOUTH 目标高→　1.000 m 输入　　　测量　同前
⑩测量完毕,数据被存储。 按[ESC]键可结束数据采集模式。		V:　　90°00′00″ HR: 225°00′00″ 斜距:　98.312 m 平距:　98.312 m 高差:　9.983 m >确定吗?　[否]　[是] 〈完成〉 测量点 点　名:5 编码:SOUTH 目标高→　1.000 m 输入　　　测量　同前

图 6-22　数据采集操作示意图

RS232 传输模式

1. 发送数据

2. 接收数据

3. 通讯参数

图 6-23　数据通讯示意图

图 6-24　碎部点展绘示意图

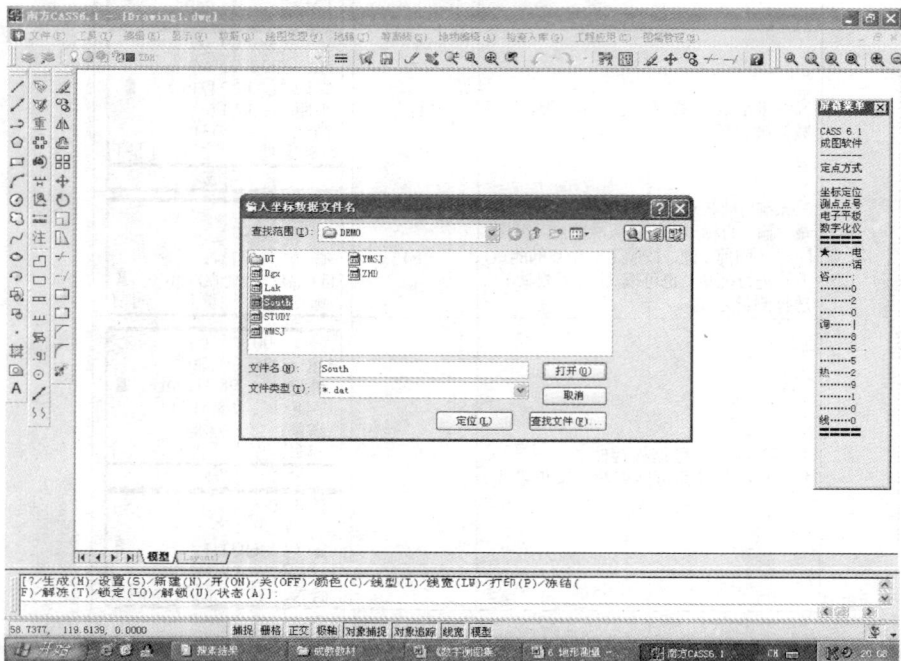

图 6-25　选择数据文件

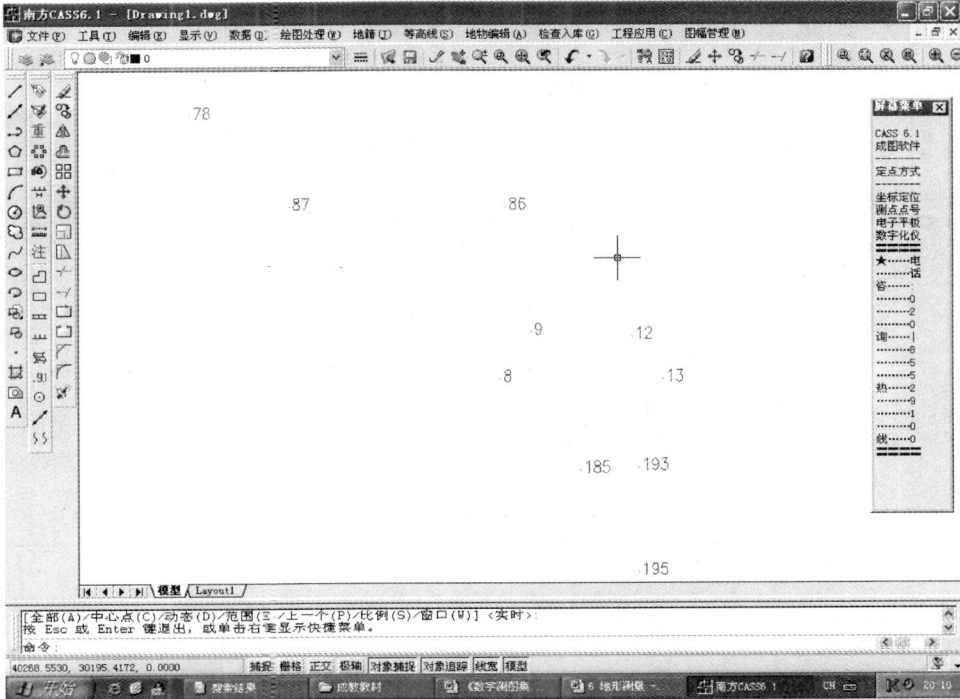

图 6-26 展点后的屏幕显示

注：以上是碎部点平面位置的展绘，与其相似，在绘图处理中选择"展高程点"并按照提示操作即可完成碎部点高程的展绘，在此不再演示。

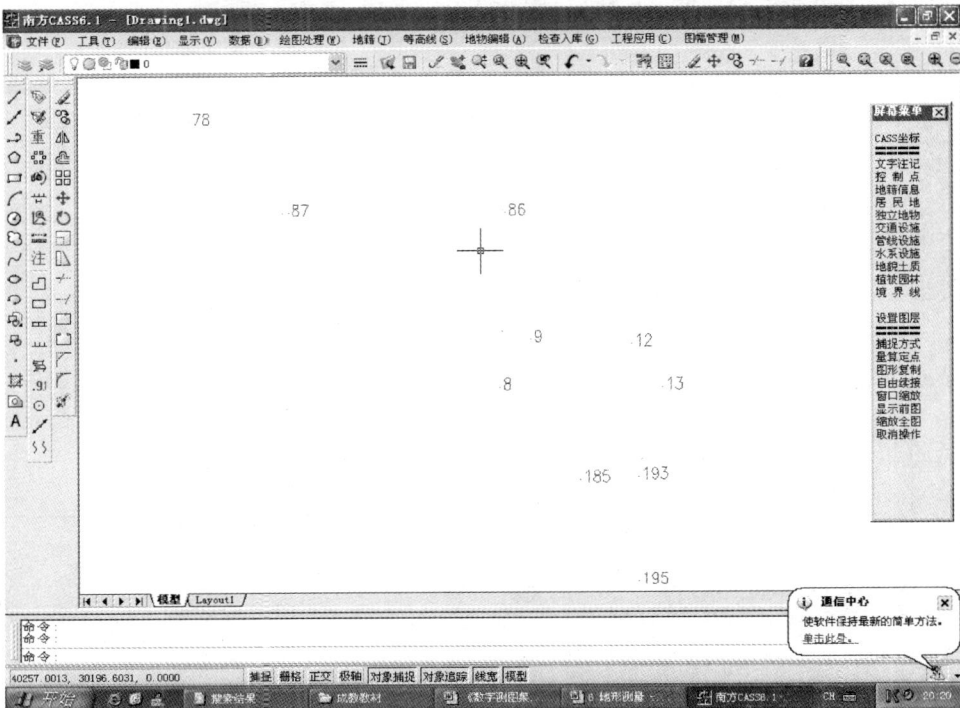

图 6-27 坐标定位结果显示

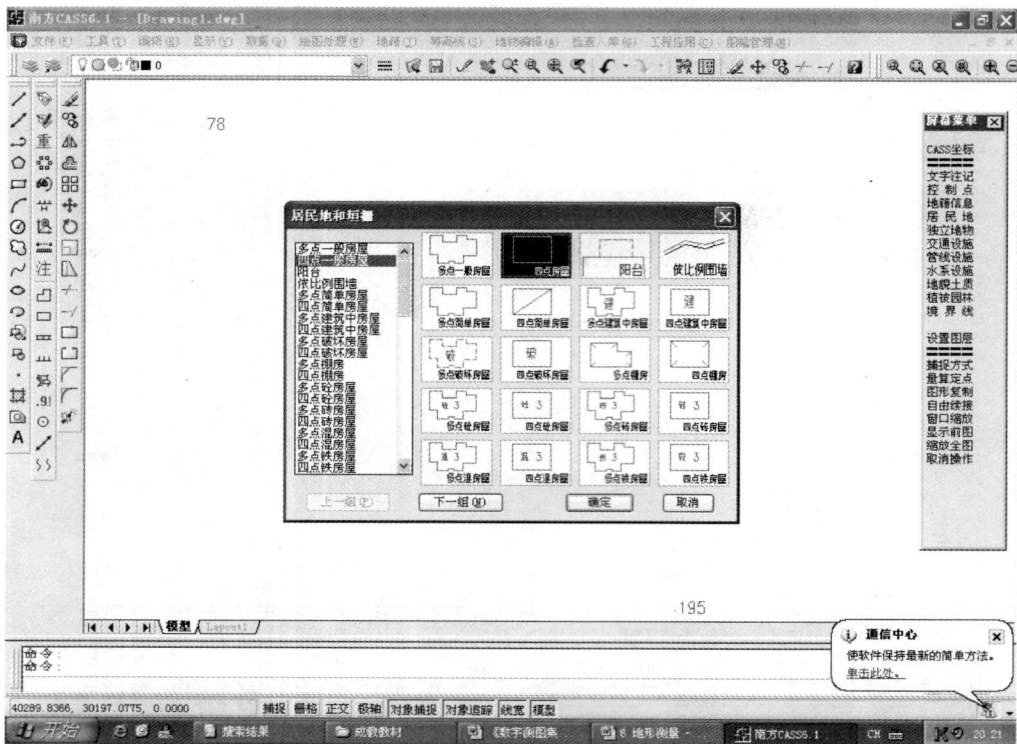

图 6-28　房屋类型选择

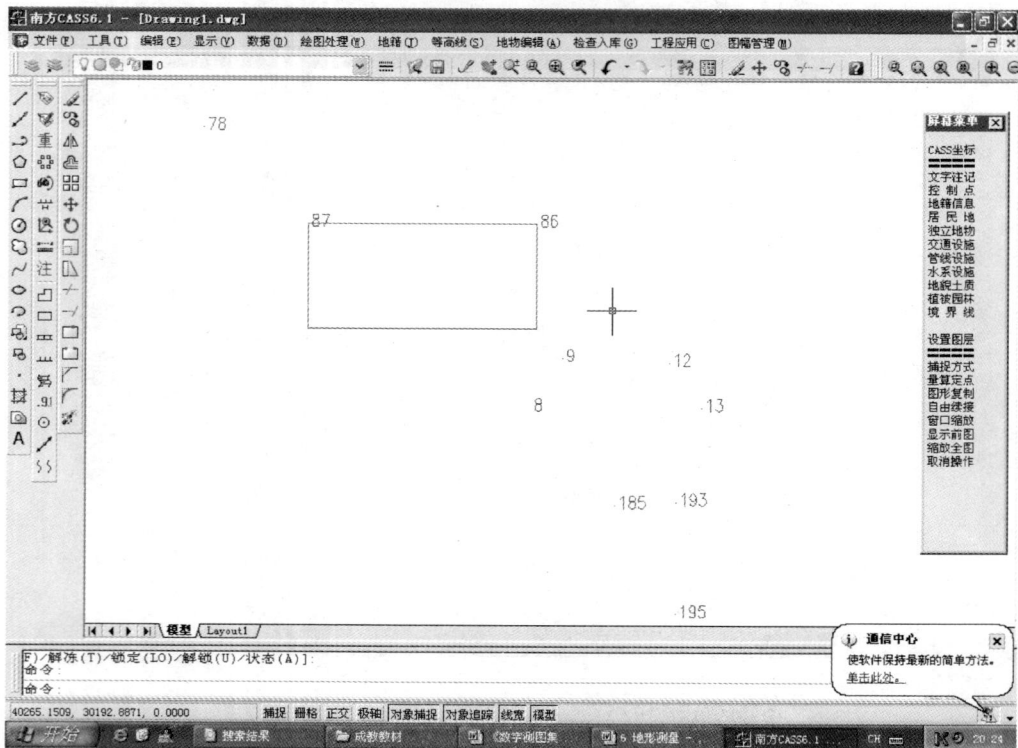

图 6-29　通过碎部点 86、87 两点的房屋

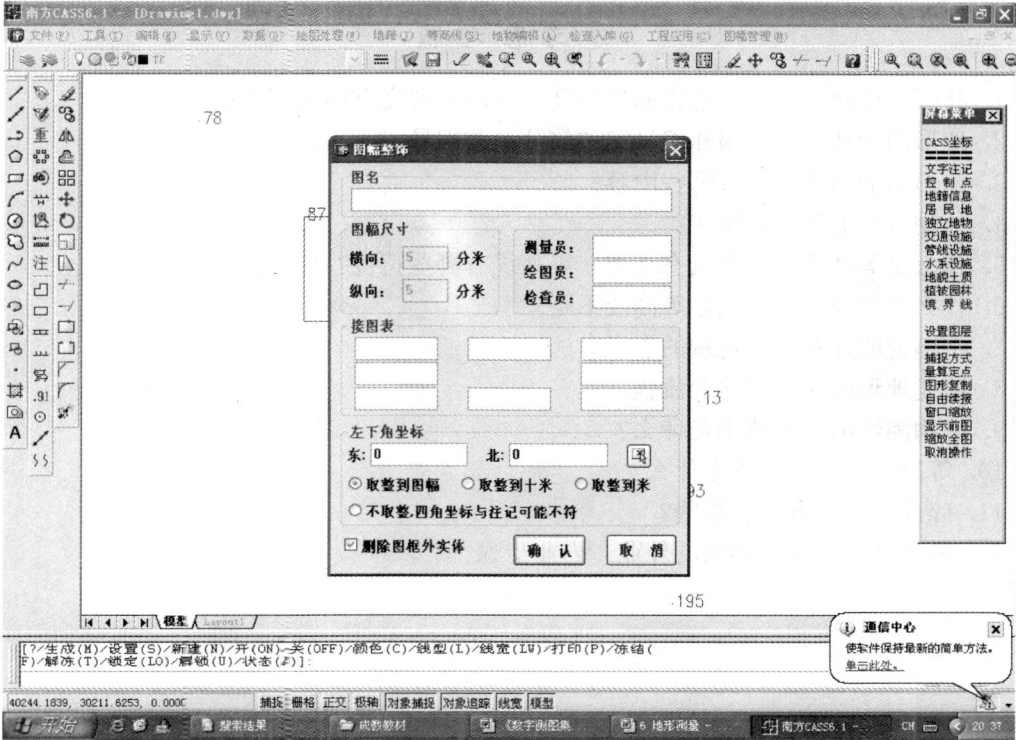

图 6-30 图幅整饰

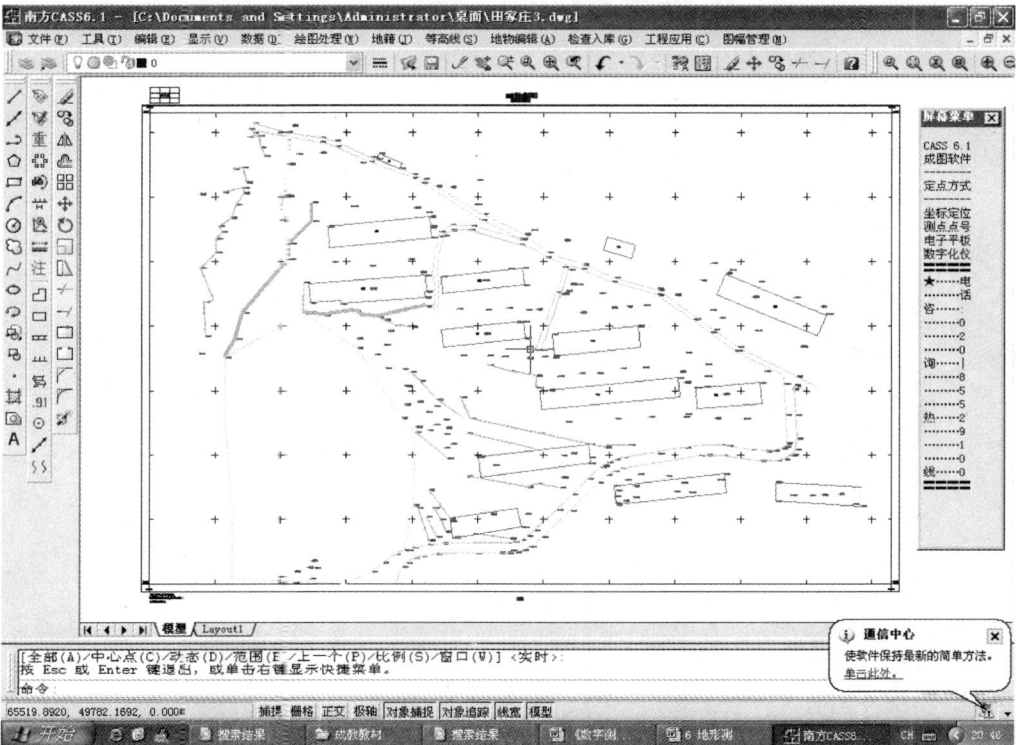

图 6-31 绘制完成的地形图

复习思考题

1. 什么是比例尺？什么是比例尺精度？比例尺精度有何实用上的意义？
2. 地形图为什么要分幅和编号？如何分幅和编号？
3. 地形图的图外注记有哪些内容？
4. 地物符号的种类有哪些？
5. 什么是等高线？等高线有几类？等高线有哪些特性？
6. 什么是等高距？什么是等高线平距？
7. 举例说明几种典型地貌的表示方法。
8. 简述地形图测绘的作业流程。
9. 地物测绘的一般原则是什么？
10. 等高线勾绘的原则是什么？
11. 碎部测图的方法有哪些？
12. 简述全站仪数字测图的外业、内业步骤？

第7章 地形图的应用

地形图是包含丰富的自然地理、人文地理和社会经济信息的载体。它是进行建筑工程规划、设计和施工的重要依据。

地形图的应用内容包括：在地形图上，确定点的平面坐标及高程；确定图上两点间的距离、方位以及两点连线的坡度，了解地面坡向；确定图上某部分的面积、体积；截取断面，绘制断面图；确定汇水区域；估算平整场地填、挖土石方量等。因此正确识读和应用地形图是土木工程技术人员必须具备的基本技能之一。

7.1 地形图的识读

地形图识读，就是对地形图图面及图外信息的正确判读。地形图识读的主要内容有：地物识读、地貌识读及图外注记识读。

7.1.1 地物识读

图6-1为某建筑区的地形图，图上主要有如下地物信息：第一餐厅为混凝土结构，共三层，餐厅与外界通过台阶连接。餐厅南部是一条内部道路——博学路，路上分布着一些离散的高程点，路的东段有一 GPS 控制点，道路两侧栽有行树，部分地段还有路灯等。餐厅北侧、西侧已分布着建筑物，楼间空地上有绿化带、消火栓、上下水的井盖等。总之，地形图的地物识读，就是要根据图形了解图上地物的分布情况，了解地物之间的相对关系。

7.1.2 地貌识读

图6-2为某山地局部地形图，图上绘有等高线，等高距为 1m，图上还有石质陡崖，陡崖东北部的等高线较西南部略显稀疏，说明陡崖的西南部地形比较陡峭，西北部分布着五层梯田，图上最大高程大于 146m，图上最低高程低于 125m。总之，地形图的地貌识读，就是要根据地形图的内容了解地势起伏情况以及一些特殊的地貌分布情况，等等。

7.1.3 图外注记识读

如图6-7、图6-8所示，图外注记的识读就是要读懂图廓以外的图名、图号、接图表、比例尺、坐标系统、测图时间、测图单位等。小比例尺地形图还要读懂图外经纬度，正确判断该图所在的高斯投影带。如图6-8所示的 1∶10000 地形图位于高斯投影 3°带的第 40 带内。

7.2 地形图应用的基本内容

7.2.1 求图上某点的坐标

如图7-1所示，欲求图上 p 点的坐标，首先根据图廓坐标注记和点 t 图上位置，绘出

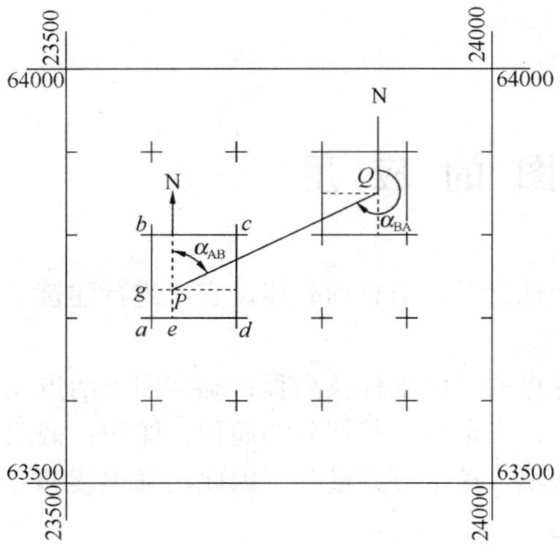

图 7-1　图上量测

坐标方格 $abcd$，再从图上量取 ag 和 ae 的长度，即可获得 p 点的坐标为

$$y_p = y_a + ae \times M \qquad (7\text{-}1)$$

式中，x_a、y_a 为 A 点所在方格西南角点的坐标；M 为地形图的比例尺分母。

为了校核，并考虑图纸伸缩变形的影响，还应量取 ab 和 ad 的长度，若方格边长不等于理论长度 L（本例 $L=100\text{m}$），为了使求得的坐标值精确，则 A 点的坐标应按下式进行计算

$$x_p = x_a + \frac{l}{ab} \times ag$$

$$y_p = y_a + \frac{l}{ab} \times ae \qquad (7\text{-}2)$$

7.2.2　求图上两点间的水平距离

1. 图解法

用卡规在图上直接卡出线段长度，再与图示比例尺比量，即可得其水平距离。也可以用毫米尺直接量取图上长度，再根据比例尺计算两点间的水平距离，但后者受图纸伸缩的影响。

2. 解析法

当距离较长时，为了消除图纸变形的影响以提高精度，可用两点的坐标计算距离。如图 7-1 求 qp 的水平距离，首先按式（7-1）求出两点的坐标值 x_q、y_q 和 x_p、y_p，然后按下式计算水平距离

$$D_{qp} = \sqrt{(x_p - x_q)^2 + (y_p - y_q)^2} = \sqrt{\Delta x_{qp}^2 + \Delta y_{qp}^2} \qquad (7\text{-}3)$$

7.2.3　求某直线的坐标方位角

1. 图解法

如图 7-1 所示，当精度要求不高时，可以通过 P、Q 两点精确地作平行于坐标纵轴的直线，然后用量角器量测 PQ 的坐标方位角 α_{PQ} 和 QP 的坐标方位角 α_{QP}，取其平均值作为最后结果，即

$$\alpha_{PQ} = \frac{1}{2}(\alpha_{PQ'} + \alpha_{QP'} \pm 180°) \qquad (7\text{-}4)$$

2. 解析法

先求出 B、C 两点的坐标，然后再按下式计算 PQ 的坐标方位角

$$\alpha_{PQ} = \text{arccot}\,\frac{y_Q - y_P}{x_P - x_Q} = \text{arccot}\,\frac{\Delta y_{PQ}}{\Delta x_{PQ}} \qquad (7\text{-}5)$$

7.2.4　求图上某点的高程

如果所求点正好位于等高线上，则该点的高程与所在的等高线高程相同。如图 7-2 所示，p 点的高程为 60m。如果所求点不在等高线上，则应采用比例内插法确定该点高程。图中欲求 k 点高程，可过 k 点作一条大致垂直于相邻等高线的线段 mn，量取 mn 的长度 d，再量取 mk 的长度 d_1，k 点的高程 H_k 为

$$H_k = H_m + \Delta h = H_m + \frac{d_1}{d}h \quad (7\text{-}6)$$

式中 H_m 为 m 点的高程，h 为等高距，在图 7-2 中 $h=1\text{m}$。

当精度要求不高时，也可用目估内插法确定待求点的高程。

7.2.5　求图上两点间的坡度

设地面两点间的水平距离为 D，高差为 h，而高差与水平距离之比称为坡度，以 i 表示，则 i 可用下式计算

$$i = \frac{h}{D} = \frac{h}{d \cdot M} \quad (7\text{-}7)$$

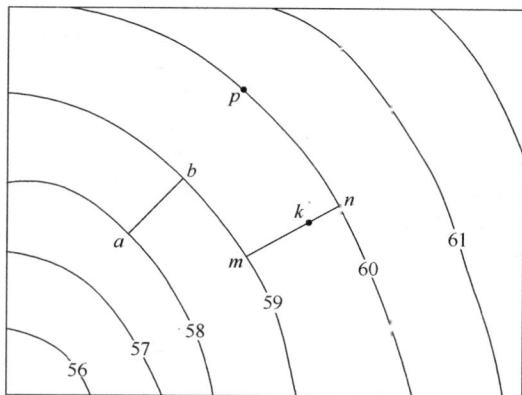

图 7-2　点的高程量测

式中 d 为两点在图上的长度以米为单位，M 为地形图比例尺分母。

如图 7-2 中的 a、b 两点，其高差 h 为 1m，若量得 ab 图上的长为 1cm，并设地形图比例尺为 1：5000，则 ab 线的地面坡度为

$$i = \frac{h}{d \cdot M} = \frac{1}{0.01 \times 5000} = \frac{1}{50} = 2\%$$

坡度 i 常以百分率或千分率表示。

如果两点间的距离较长，中间通过疏密不等的等高线，则上式所求地面坡度为两点间的平均坡度，与实地坡度不完全一致。

7.3　图形面积的量算

在工程建设、规划设计中，常需要在地形图上量算一定轮廓范围内的面积。图上面积的量算方法有透明方格纸法、平行线法、解析法、求积仪法等。对于数字地形图，可利用 AutoCAD 或数字化测图软件直接查询指定区域的面积。

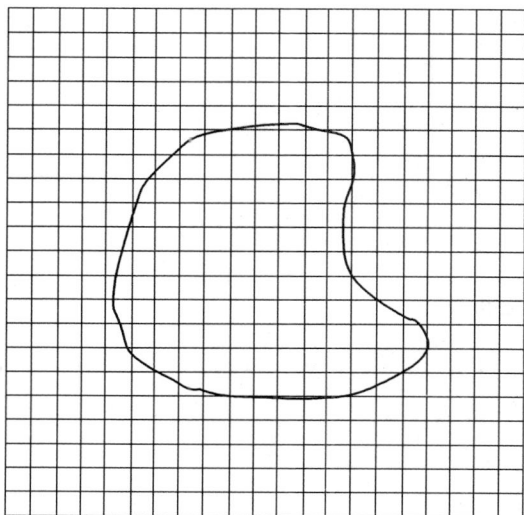

图 7-3　方格网法

7.3.1　透明方格纸法

如图 7-3，要计算曲线内的面积，先将毫米透明方格纸覆盖在图形上，数出图形内完整的方格数 n 和不完整的方格数 n_2，则面积 A 可按下式计算

$$A = \left(n_1 + \frac{1}{2}n_2\right)\frac{M^2}{10^6}\text{m}^2 \quad (7\text{-}8)$$

式中 M 为地形图比例尺分母。

7.3.2　平行线法

如图 7-4，将绘有等距平行线的透明纸覆盖在图形上，使两条平行线与图形边缘相切，则相邻两平行线间截割的图形面积可近似视为梯形，梯形的高为平行线间距 h，图形截割各平行线的长度为 l_1、l_2……

111

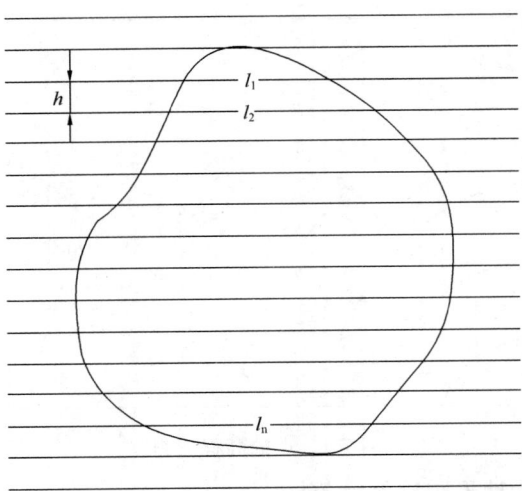

图 7-4　平行线法

l_n，则各梯形面积分别为：

$$S_1 = \frac{1}{2}h(0 + l_1)$$

$$S_2 = \frac{1}{2}h(l_1 + l_2)$$

$$\cdots\cdots$$

$$S_n = \frac{1}{2}h(l_{n-1} + l_n)$$

$$S_{n+1} = \frac{1}{2}h(l_n + 0)$$

则总面积 S 为

$$S = S_1 + S_2 + \cdots\cdots + S_n + S_{n+1}$$

$$= h\sum_{i=1}^{n} l_i \tag{7-9}$$

7.3.3　解析法

如果欲求面积的图形为任意多边形，且各顶点的坐标已知，则可利用各点坐标以解析法计算面积。如图 7-5 所示，$ABCD$ 为任意四边形，各顶点编号按顺时针编为 1、2、3、4。可以看出，面积 $ABCD$（P）等于面积 $C'CDD'$（P_1）加面积 $D'DAA'$（P_2）再减去面积 $C'CBB'$（P_3）和面积 $B'BAA'$（P_4）。即

$$P = P_1 + P_2 - P_3 - P_4$$

这里，P 代表该四边形的面积。

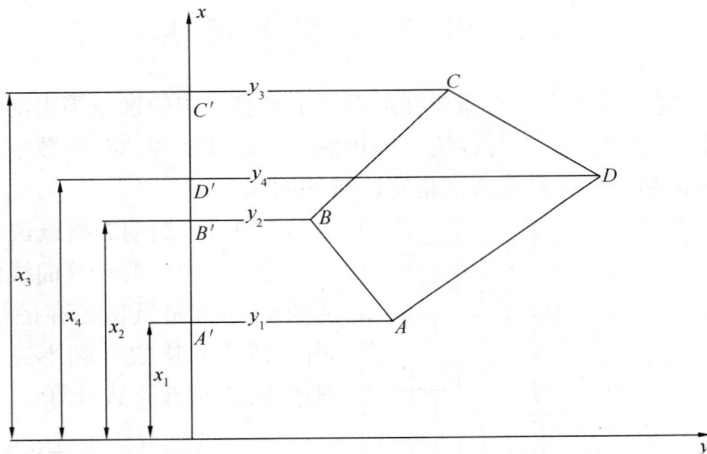

图 7-5　解析法

设 A、B、C、D 各顶点坐标为 $(x_1,\ y_1)(x_2,\ y_2)$、$(x_3,\ y_3)$、$(x_4,\ y_4)$，则：

$$2p = (y_3 + y_4)(x_3 - x_4) + (y_4 + y_1)(x_4 - x_1) - (y_3 + y_2)(x_3 - x_2) - (y_2 + y_1)(x_2 - x_1)$$

$$= - y_3 x_4 + y_4 x_3 - y_4 x_1 + y_1 x_4 + y_3 x_2 - y_2 x_3 + y_2 x_1 - y_1 x_2$$

$$= x_1(y_2 - y_4) + x_2(y_3 - y_1) + x_3(y_4 - y_2) + x_4(y_1 - y_3)$$

若图形有 n 个顶点，则上式可扩展为

112

$$2p = x_1(y_2 - y_n) + x_2(y_3 - y_1) + \cdots\cdots + x_n(y_1 - y_{n-1})$$

$$P = \frac{1}{2}\sum_{i=1}^{n} y(y_{i+1} - y_{i-1}) \tag{7-10}$$

注意，当 $i=1$ 时式中 y_{i-1} 用 y_n。上式是将各顶点投影于 x 轴算得的，若将各顶点投影于 y 轴，同法可推出

$$P = \frac{1}{2}\sum_{i=1}^{n} y(x_{i-1} - x_{i+1}) \tag{7-11}$$

注意，当 $i=1$ 时式中 x_{i-1} 用 x_n。

式（7-10）和式（7-11）为解析法求面积的通用公式，可以互为计算检核。

7.3.4 求积仪法

求积仪是专门供图上量算面积的仪器，其优点是操作简便、速度快、适用于任意曲线图形的面积量算，且能保证一定的精度，是目前面积量算中广泛采用的仪器，可分为机械求积仪和电子求积仪两种。机械式求积仪是以机械传动原理和主要依靠游标读数来获得图形面积。电子求积仪是采用集成电路制造的一种新型求积仪。具有性能优越、可靠性好、操作简便等特点，已逐步取代了机械式求积仪。图 7-6 所示为日本 KOIZUMI（小泉）公司生产的 KP-90N 型电子求积仪。该仪器在机械装置动极、动极轴、跟踪臂等的基础上，增加了电子脉冲记数设备和微处理器，能自动显示测量的面积，具有面积分块测定后相

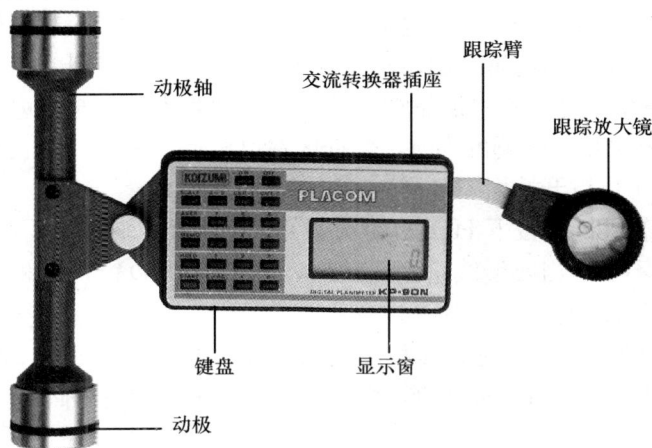

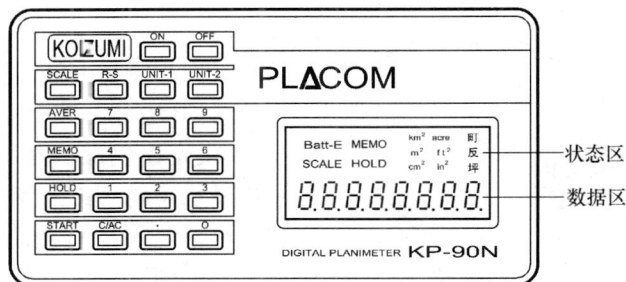

图 7-6　电子求积仪

加、相减和多次测定取平均值，面积单位换算，比例尺设定等功能。

下面介绍日本 KP-90N 型电子求积仪的使用方法。

1. 电源

内置镍镉可充电电池，充电后可连续使用 30 小时，电池将耗尽时，将显示"Batt-E"。充电时应关上主机电源，仪器停止使用 5 分钟后，将自动断电。仪器配有输出电压为 5V、电流为 1.6A 的专用充电器，可以直接使用电压为 100～240V 的交流电。

2. 键盘功能显示说明

仪器面板上设有 22 个键和一个显示窗，其中显示窗上部为状态区，用来显示电池、存储器、比例尺、暂停及面积单位，下部为数据区，用来显示量算结果和输入值。各键的功能及操作显示说明如下：

ON：打开电源。

OFF：关闭电源。

SCALE：设定图纸的纵、横向比例尺。仪器允许所测图形的纵、横向比例尺不同，这对测量纵断面图的面积非常有用。

UNIT-1：面积单位键 1。

UNIT-2：面积单位键 2。仪器有公制：cm^2、m^2、km^2；英制：in^2、ft^2、acre；日制：坪、反、町三种面积单位制，它们在状态区按列排列。每按一次 UNIT-1 键，将按公制→英制→日制的顺序循环选择。决定了单位制后，每按一次 UNIT-2 键，则在已选定的某个单位之内循环，如选择的是公制，则在 cm^2→m^2→km^2 内循环。

START：测量启动键。使用跟踪放大镜的中心对准待量测面积边界的起始点后，按 START 键，蜂鸣器发出一声响的同时，数据区左边显示数字"1"，表示测量次数，右边显示数字"0"，表示可以开始面积量测。

HOLD：测量暂停键。按下 HOLD 键时显示，量测值暂时固定，此时移动跟踪放大镜，显示的面积值不变；当要继续量测面积时，再按 HOLD 键，面积量测再次开始。该键主要用于分块量测面积。

MEMO：测量结束与记忆键。面积量测结束后，按 MEMO 键，表明量测值已被存储。仪器最多可存储 10 个面积量测值，按 C/AC 键可全部清空存储。

3. 测量方法

（1）准备工作。将图纸固定在平整的图板上，安置求积仪时，应将跟踪放大镜大致放在图形的中间位置，并使跟踪臂与滚轴成 90°，如图 7-7 所示。然后用跟踪放大镜中的描迹标沿图形的轮廓线转到一周，以检查动极轮及测轮是否能平滑移动，必要时调整动极轴的位置。

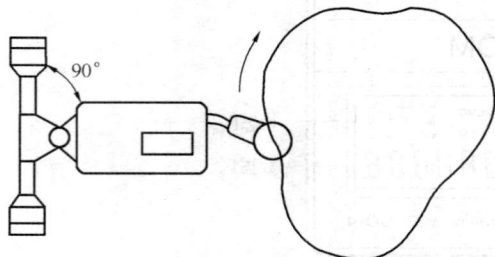

图 7-7　求积仪测定面积

（2）面积测量方法

1）打开电源。按下 ON 键。

2）设定比例尺。按 SCALE 键，数据区的左边显示字符"A"，右边为当前纵向比例尺的分母值，用户可重新输入纵向比例尺的分母值，如图纸的纵向比例尺为 1∶100，则输入 100；然后再按 SCALE 键，数据区显示字符"B"，右边为当前横向比例尺的分母值，用户可重新输入横向比例尺的分母值，如图纸横向比例尺为1:500，则输入500；最后按SCALE键介绍比例尺的输入。如置数发生错误，按C/AC键，可重新置数。

3）选择面积单位。按UNIT-1设定单位系统，按UNIT-2键设定同一单位系统内的不同单位。

4）简单测量。在图形的边界上任一点，作为开始测量的起点，并与跟踪放大镜的中心重合。按START键，数据区左边显示数字"1"，右边显示数字"0"。按START键，启动测量，将跟踪放大镜的中心准确地沿着图形的边界线顺时针方向移动，最后回到起点，数据区右边显示图形面积量测结果，按HOLD键暂停测量。

5）累加测量。利用HOLD键可进行分块面积的累加量测。首先量测第一个图形，测完后按HOLD键，然后将仪器移至第二个图形的起点，按下HOLD键继续量测，数据区右边显示第二个图形面积量测结果，以此类推，直至测完最后一个图形，最后按MEMO键存储量测结果，即可获得整个图形的面积值。

7.4 地形图在工程建设中的应用

7.4.1 按一定方向绘制断面图

在进行道路、管线、隧道等线路工程设计中，为了进行填挖方量的概算，以及合理地确定线路的纵坡，均需要了解沿线路方向的地面起伏情况，为此，常需利用地形图绘制沿指定方向的纵断面图。

如图7-8（a）所示，欲沿MN方向绘制断面图。在毫米方格纸上绘制一直角坐标，以横轴MN表示水平距离，以垂直于横轴的纵轴表示高程，如图7-8（b）所示。然后在地形图上用比例尺量取M点至各交点及地形特征点的平距，并把它们分别转绘在横轴上，根据横轴上各点相应的地面高程在坐标系中标出相应的点位。最后，用光滑的曲线将各高程线顶点连接起来，即得MN方向的断面图。

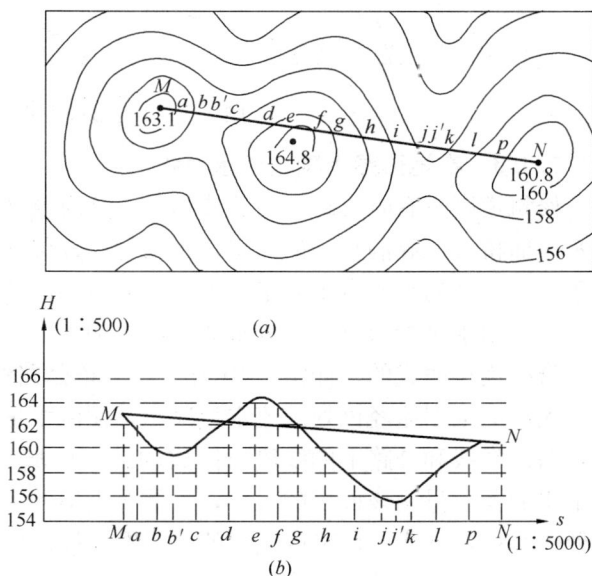

绘制断面图时，为了更明显地表示地面的高低起伏情况，高程比例尺一般比水平距离比例尺大10～20倍。

图7-8 绘制断面图

如图7-8（b）的水平比例尺是1:5000，高程比例尺为1:500。

7.4.2 按规定的坡度在地形图上选定最短线路

在铁路、公路、管线等线路工程设计时，都要求线路在不超过某一限制坡度的条件下，选择一条最短路线或等坡度线。

如图 7-9 所示，设计用的地形图比例尺为 1：2000，等高距为 1m。设从公路上的 A 点到高地 B 点要选择一条公路线，要求其坡度不大于 5%（限制坡度）。为了满足坡度限值的要求，先按公式（7-12）计算出该路线经过相邻等高线之间的最小水平距离 d。

$$d = \frac{h}{I \cdot M} = \frac{1}{0.05 \times 2000} = 0.01\text{m} = 1\text{cm}$$

然后以 A 点为圆心，以 d 为半径画弧交 81m 等高线于点 1，再以点 1 为圆心，以 d 为半径画弧，交 82m 等高线于点 2，依此类推，直到 B 点附近为止。然后连接 A、1、2……B，便在图上得到符合限制坡度的路线。这只是 A 到 B 的路线之一，为了便于选线比较，还需另选一条路线，如 $A1'2'$……。同时考虑其地形、地质及其他因素，以便确定路线的最佳方案。

如遇等高线之间的平距大于 1cm，以 1cm 为半径的圆弧将不会与等高线相交。这说明坡度小于限制坡度。在这种情况下，路线方向可按最短距离绘出。

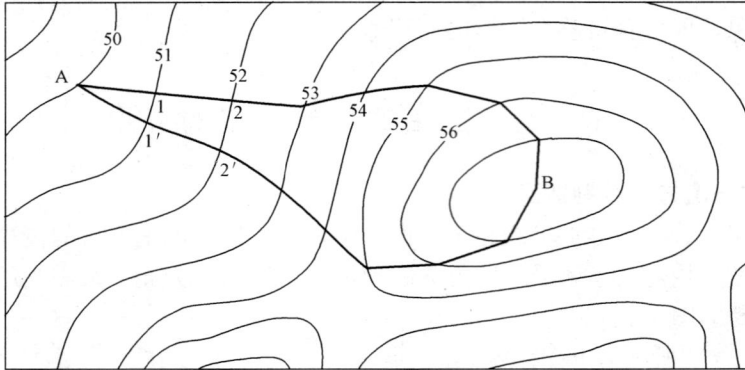

图 7-9　在地形图上选择最短路线

7.4.3　在地形图上确定汇水面积

修筑道路时有时要跨越河流或山谷，这时就必须建造桥梁或涵洞，兴修水库必须筑坝拦水。而桥梁、涵洞孔径的大小，水坝的设计位置与坝高，水库的蓄水量等，都要根据汇集于这个地区的水流量来确定。汇集水流量的面积称为汇水面积。

由于雨水是沿山脊线（分水线）向两侧山坡分流，所以汇水面积的边界线是由一系列的山脊线连接而成的。如图 7-10 所示，一条公路经过山谷，拟在 p 处架桥或修涵洞，其孔径大小应根据流经该处的流水量决定，而流水量又与山谷的汇水面积有关。由图可以看出，由山脊线和公路上的线段所围成的封闭区域 $m\text{-}r\text{-}f\text{-}e\text{-}d\text{-}c\text{-}n\text{-}m$ 的面积，就是这个山谷的汇水面积。量测该面积的大小，再结合当地的气象水文资料，便可进一步确定流经公路 P 处的水量，从而对桥梁或涵洞的孔径设计提供依据。

确定汇水面积的边界线时，应注意以下几点：

（1）边界线（除公路 mn 段外）应与山脊线一致，且与等高线垂直；

（2）边界线是经过一系列的山脊线、山头和鞍部的曲线，并与河谷的指定断面（公路或水坝的中心线）闭合。

7.4.4　场地平整中地形图的应用

在工程建设中，常常提到三通一平，一平是指场地平整。因为在建筑物合理布置之

116

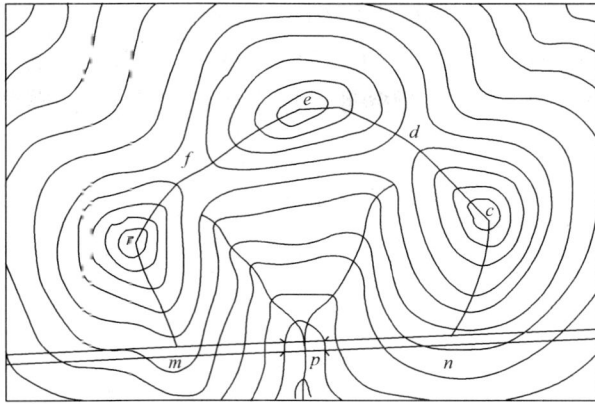

图 7-10　汇水范围的确定

前，要对待建地区的自然地貌加以改造，使改造后的地貌能够满足排水、运输、敷设地下管线的需要，同时应该满足布置建筑物、建造建筑物的需要，此即为场地平整。

为了预算场地平整的工程费用，常常需要利用地形图进行土石方填、挖量的计算。为保证土石方工程合理，一般应遵循挖填平衡的原则。场地平整的方法很多，有等高线法、断面法、方格法等，现分别介绍。

1. 等高线法

该方法的实质是首先量出各等高线所包围的面积，则相邻两等高线间的体积等于两相邻等高线面积的平均值乘以等高距。如图 7-11，若场地平整时设计等高线的高程是 51m，则 51m 以上土石方则需要全部挖掉。计算土石方时，可分别量出 51m、52m、53m、54m 四条等高线所包围的面积 A_{51}、A_{52}、A_{53}、A_{54}，则每层体积为：

$$V_1 = \frac{1}{2}(A_{51} + A_{52}) \times 1$$

$$V_2 = \frac{1}{2}(A_{52} + A_{53}) \times 1$$

$$V_3 = \frac{1}{2}(A_{53} + A_{54}) \times 1$$

$$V_4 = \frac{1}{3}A_{54} \times 0.7 \text{（按照圆锥体计算）}$$

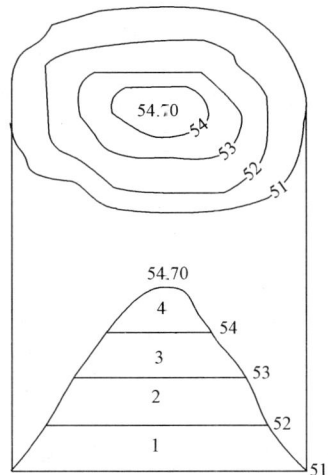

图 7-11　等高线法计算土石方

总的土方量为：

$$V = V_1 + V_2 + V_3 + V_4 \tag{7-12}$$

2. 断面法

这种方法是在场地平整的范围内，沿某一方向以一定的间距绘制出断面图，量出各个断面由地面线和设计高程线所围成的挖填面积，然后计算相邻断面间的体积，其总和即为所求土石方量。

图 7-12(a) 中，等高距为 1m，场地平整设计高程为 52m。先在图上沿一定方向绘制相互平行，间距为 d（一般为 10～20m）的断面线 Ⅰ-Ⅰ、Ⅱ-Ⅱ、Ⅲ-Ⅲ，按照一定比例尺

绘制出断面图，如图 7-12(b) 中的 Ⅱ-Ⅱ 断面图，分别量出各个断面设计高程线与地面高程线所包围的填土和挖土面积 A_T、A_W（T、W 为"填"、"挖"汉语拼音第一个字母），则两断面之间的土石方可按下式计算（以 Ⅱ-Ⅱ、Ⅲ-Ⅲ 两断面为例）：

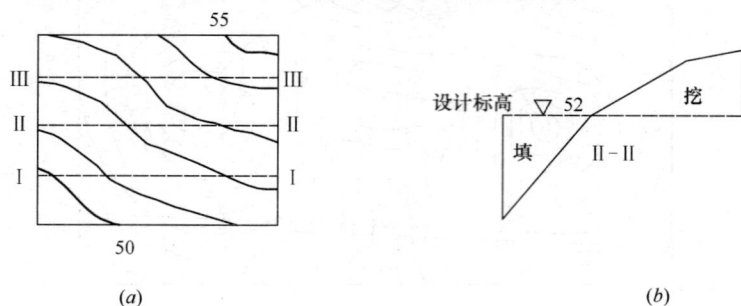

图 7-12　断面法计算土石方

填土：
$$V_T = \frac{1}{2}(A_{T2} + A_{T3}) \times d$$

挖土：
$$V_T = \frac{1}{2}(A_{W2} + A_{W3}) \times d \tag{7-13}$$

按照同样方法可以求其它相邻断面之间的挖填土石方量，最后总量求和。

3. 方格法

面积较大的土石方估算，常采用此法，而且还是应用最广泛的一种方法。该方法根据工程建设的实际需要，又分为将场地整理成平面和斜面两种情况，分别说明如下：

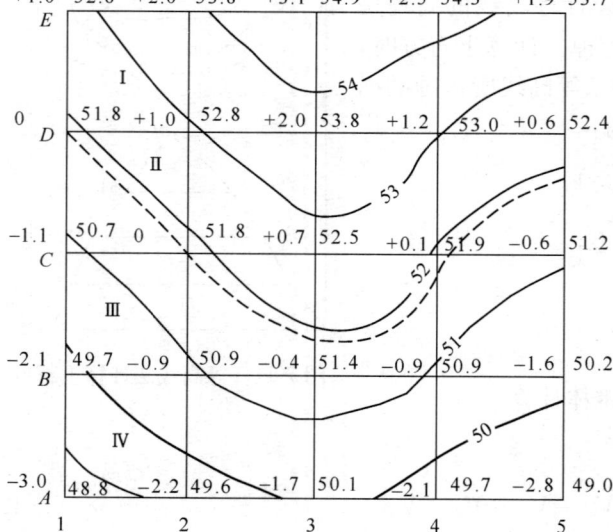

图 7-13　方格法计算土石方（整理为平面）

（1）将场地整理为水平面

将场地整理成水平面意味着整理完成后的场地高程相同，此高程即为设计高程。假设将原地貌按照挖填平衡的原则进行整理，如图 7-13 所示，其步骤如下：

1）在原地形图上绘制方格网

方格网的大小取决于地形复杂程度、比例尺的大小和土石方概算的精确程度。方格网边长一般为 10～20m，图 7-13 中为 20m。根据等高线，用内插法计算各方格顶点的高程，并标注在各方格定点的右上方。为计算方便，不妨对横坐标按 1、2、3……；纵坐标按 A、B、C……；方格按 Ⅰ、Ⅱ、Ⅲ……编号。

2）计算设计高程

先将各方格顶点的高程加起来除以 4，得到各个小方格的平均高程 H_i，再将各个方格的高程加起来除以方格的总数 n，就得到设计高程 $H_设$：

118

$$H_{设} = \frac{\sum_{i=1}^{n} H_i}{n}$$

由于在计算各个小方格平均高程时，各个小方格顶点的高程用到的次数可能为1、2、3、4次，其对应的方格顶点依次称为角点、边点、拐点、中点，图7-14中共有5个角点、4个边点、1个拐点和1个中点。故 $H_{设}$ 也可以用下式计算：

$$H_{设} = (\sum H_{角} + 2\sum H_{设} + 3\sum H_{拐} + 4\sum H_{中})/4n \tag{7-14}$$

将全部方格顶点高程带入上式，可得到图7-13的设计高程 $H_{设}=51.8m$。在图上内插出高程为51.8m的等高线（图7-13中的虚线），称为挖填边界线。

3）计算挖、填高度

$$挖、填高度 = 地面高程 - 设计高程 \tag{7-15}$$

将各方格顶点的挖填高度写在相应方格顶点的左上方（见图7-13）。正号为挖深，负号为填高。

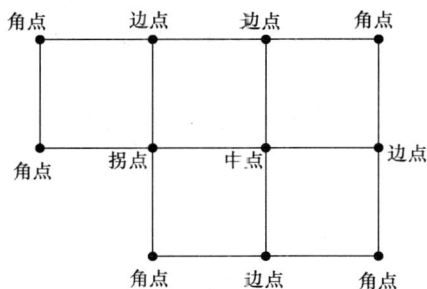

图7-14 方格顶点分类图

图7-15 方格法上石方计算标例

4）计算挖、填土方量

挖、填土方量可按照角点、边点、拐点、中点依下式计算：

角点： 挖(填)高$\times\frac{1}{4}$方格面积

边点： 挖(填)高$\times\frac{2}{4}$方格面积

拐点： 挖(填)高$\times\frac{3}{4}$方格面积

中点： 挖(填)高$\times\frac{4}{4}$方格面积 $\tag{7-16}$

例如图7-15中，每一方格的面积是400m²，各顶点的高程及挖、填高度按照公式（7-14）、式（7-15）计算出的结果都标注在图上，则依公式（7-16）计算的结果见表格7-1。

方格法计算土石方　　　　　　　　　　　　　　　表7-1

点号	挖深（m）	填高（m）	面积（m²）	挖方量（m³）	填方量（m³）
A_1	+1.2		100	120	
A_2	+0.4		200	80	
A_3	0.0		200	0	
A_4		−0.4	100		40

点号	挖深（m）	填高（m）	面积（m²）	挖方量（m³）	填方量（m³）
B_1	+0.6		200	120	
B_2	+0.2		400	80	
B_3		−0.4	300		120
B_4		−1.0	100		100
C_1	+0.2		100	20	
C_2		−0.4	200		80
C_3		−0.8	100		80
				Σ：420	Σ：420

（2）将场地整理为一倾斜平面

若需将场地平整成一倾斜的平面，可先求场地平整为一水平面时的设计高程，再按设计坡度调整各网点高程。现仍举例说明于下：

一场地的平面如图 7-16 所示，方格边长 20m，现拟将该场地平整成一倾斜平面，设计地面坡度 3%，以利泄水，试求各网点设计高程，使土方量能近于平衡。

1）先按公式求场地平整成水平面时的设计高程 $H_设 = 52.64m$。

2）由图可见，该场地是由 A_1 向 A_5 方向，以 3% 的坡度倾斜，根据方格边长 20m，则 A_1、A_2、$A_3 \cdots\cdots A_5$ 各网点高程，依次降低：

$$20 \times 0.03 = 0.60m$$

3）以 A_3、B_3、C_3 点保持设计高程 $H_设$，A_2、B_2、C_2 点的高程各增加 0.60m，A_1、B_1、C_1 点的高程，再各增加 0.60m，A_4、B_4、C_4 点的高程则较 A_3 等点各减 0.60m，A_5、B_5、C_5 点各高程各再减 0.60m。即

A_1、B_1、C_1 点高程各为：$52.64 + 2 \times 0.60 = 53.84m$

A_2、B_2、C_2 点高程各为：$52.64 + 1 \times 0.60 = 53.24m$

A_3、B_3、C_3 点高程各为：52.64m

A_4、B_4、C_4 点高程各为：$52.64 - 1 \times 0.60 = 52.04m$

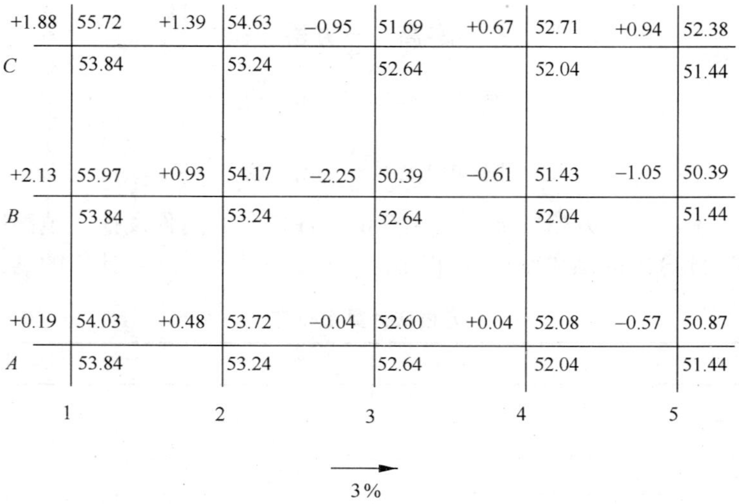

+1.88	55.72	+1.39	54.63	−0.95	51.69	+0.67	52.71	+0.94	52.38
C	53.84		53.24		52.64		52.04		51.44
+2.13	55.97	+0.93	54.17	−2.25	50.39	−0.61	51.43	−1.05	50.39
B	53.84		53.24		52.64		52.04		51.44
+0.19	54.03	+0.48	53.72	−0.04	52.60	+0.04	52.08	−0.57	50.87
A	53.84		53.24		52.64		52.04		51.44
1		2		3		4		5	

3%

图 7-16 方格法计算土石方（整理为斜面）

A_5、B_5、C_5 点高程各为：$52.64-2×0.60=51.44m$

将各点设计高程分别标注于各点右下角，并求得各点填挖深度，标注于各点左上角，如图 7-16 所示。挖方量和填方量的计算方法和前一方法相同。

复 习 思 考 题

1. 识读地形图的主要目的是什么？主要从哪几个方面进行？

2. 举例说明地形图应用的基本内容有哪些？

3. 说明利用地形图将场地整理成水平面、倾斜面的步骤。

第 8 章　测设的基本工作

测设的实质是将图纸上建筑物的一些轮廓点标定于实地上，为了标定这些特征点的空间位置，不外乎把已知的水平角度、水平距离和高程三个基本要素测设到实地上去。测设三个基本要素以确定点的空间位置，就是测设的基本工作。

8.1　水平距离、水平角度、高程的测设

8.1.1　已知水平距离的测设

已知水平距离的测设，就是由地面已知点起，沿给定的方向，测设出直线上另外一点，使得两点间的水平距离为设计的水平距离。其测设方法主要有以下几种。

1. 钢尺测设水平距离

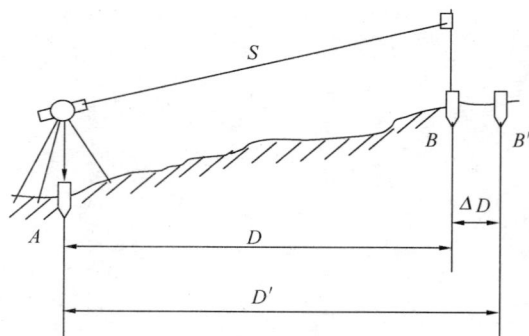

如图 8-1 所示，A 为地面上已知点，D 为设计的水平距离，要在地面给定的方向上测设出 B 点，使得 AB 两点的水平距离等于 D。

具体步骤是将钢尺的零点对准 A 点，沿给定方向拉平钢尺，在尺上读数为 D 处插测钎或吊垂球，以定出一点。为了校核，将钢尺的零端移动 10～20cm，同法再定出一点。当两点相对误差在容许范围（1/5000～1/3000）内时，取其中点作为 B 点的位置。

2. 全站仪（测距仪）测设水平距离

如图 8-2 所示，安置全站仪（或测距仪）于 A 点，瞄准已知方向，沿此方向移动棱镜位置，当显示的水平距离等于待测设的水平距离时，在地面上标定出过渡点 B'；然后，实测 AB' 的水平距离，如果测得的水平距离与已知水平距离之差符合精度要求，则定出 B 点的最后位置，如果测得的水平距离与已知水平距离之差不符合精度要求，应进行改正，直到测设的距离符合限差要求为止。

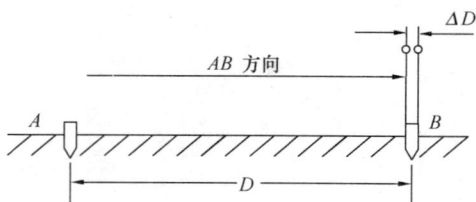

图 8-1　钢尺测设水平距离　　　　　图 8-2　全站仪（测距仪）测设水平距离

8.1.2　已知水平角的测设

测设已知水平角实际上是从一个已知方向出发放样出另一个方向，使它与已知方向的

夹角等于已知水平角。它与水平角测量的不同之处是：水平角测量是地面上有三个桩标明了两个方向，未知的是角值；水平角测设是角值已知，地面上只有两个桩位，欲标定第三个桩点。

1. 经纬仪盘左盘右分中法

如图 8-3 所示，设地面上已有 AB 方向线，拟从 AB 方向顺时针测设已知水平角 β，为此，将经纬仪安置在 A 点。先盘左位置用望远镜瞄准 A 点，读取水平度盘读数，松开水平制动螺旋，旋转照准部使读数增加 β 角值，在此视线方向上定出 C' 点。为了消除仪器误差和提高精度，再用盘右重复上述步骤得 C''，取 $C'C''$ 中点 C 钉桩，则 $\angle BAC$ 就是要测设的 β 角。

2. 精确测设法

当角度测设精度要求较高时，可用精确测设的方法。如图 8-4 所示，设 AB 为已知方向，先用一般测设方法按欲测设的角值测设出 AC 方向并定出 C 点。然后用测回法测定 $\angle BAC$ 的大小（根据需要可测多个测回），测得其角值为 β'，则角度差值为 $\Delta\beta = \beta - \beta'$（$\Delta\beta$ 以秒为单位）。概量距离 AC，并按下式计算出垂距 CC_0：

$$CC_0 = AC\tan\Delta\beta \approx AC\,\frac{\Delta\beta}{\rho''} \tag{8-1}$$

从 C 点沿 AC 垂直方可量取 CC_0，$\angle BAC_0$ 即为欲测设的 β 角。当 $\Delta\beta > 0$ 时，C 点沿 AC 垂直方向往外调整垂距 CC_0 至 C_0 点；当 $\Delta\beta < 0$ 时，C 点沿 AC 垂直方向往里调整垂距 CC_0 至 C_0 点。

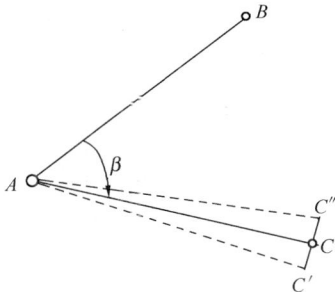

图 8-3　经纬仪盘左盘右分中法　　　　　图 8-4　精确方法

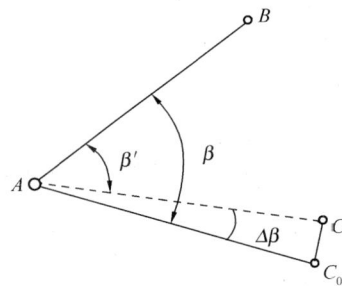

8.1.3　已知高程的测设

根据附近的水准点，将设计的高程测设到现场作业面上，称为测设已知高程。在建筑设计和施工中，为了计算方便，一般把建筑物的室内地坪用 ±0.000 表示，基础、门窗等的标高都是以 ±0.000 为依据确定的。

如图 8-5 所示，水准点 BM_0 的高程为 149.053m，要求测设 A 点，使其等于设计高程147.521m。为此在 BM_0 和 A 点间安置水准仪，后视 BM_0，得读数为 0.784m，则视线高程为

$$H_i = 149.053 + 0.784 = 149.837 \text{（m）}$$

根据视线高程和 A 点设计高程可算出 A 点尺上的应读前视读数为

$$H_i - H_A = 149.837 - 147.521 = 2.316 \text{（m）}$$

测设时，先在 A 点打一木桩，在桩顶立尺读数，逐渐向下打桩，直至立在桩顶上水

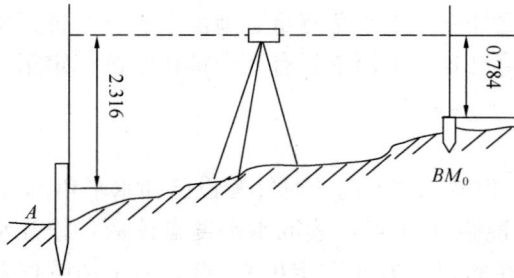

图 8-5 测设已知高程的点

准尺的读数为 2.316m，此时桩顶的高程即为 A 点的设计高程。也可将水准尺沿木桩的侧面上下移动，直至尺上读数为 2.316m 时，沿尺底在木桩上画一水平线或钉一小钉，即为 A 点的设计高程。

当待测设高程点的设计高程与水准点的高程相差很大，如测设较深的基坑标高或测设高层建筑物的标高，只用标尺已无法测设，此时可借助钢尺将地面水准点的高程传递到在坑底或高楼上所设置的临时水准点上，然后再根据临时水准点测设其他各点的设计高程。

如图 8-6 所示，欲在深基坑内设置一临时水准点 B。设地面附近有一个水准点 A，其高程为 H_A。测设时可在基坑一边架设吊杆，杆上吊一根零点向下的钢尺，尺的下端挂上重 10kg 的重锤，放入油桶中。在地面和坑底各安置一台水准仪，设地面的水准仪在 A 点所立尺上读数为 a，在钢尺上读数为 c，坑底水准仪在钢尺上读数 d，B 点所立尺上的读数应为：

$$H_B = (H_A + a) - (c - d) - b \tag{8-2}$$

H_B 求出后，即可以临时水准点 B 为后视点，测设坑底其他各待测设高程点的设计高程。

如图 8-7 所示，是将地面水准点 A 的高程传递到高层建筑物上，方法与上述相仿，任一层上临时水准点 B_i 的高程为：

$$H_{B_i} = (H_A + a) + (c_i - d) - b_i \tag{8-3}$$

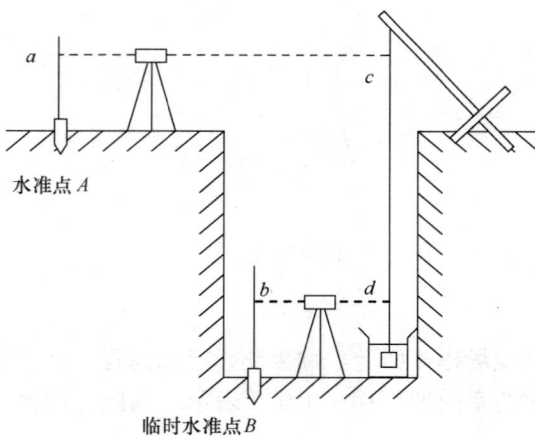

图 8-6 向下传递高程

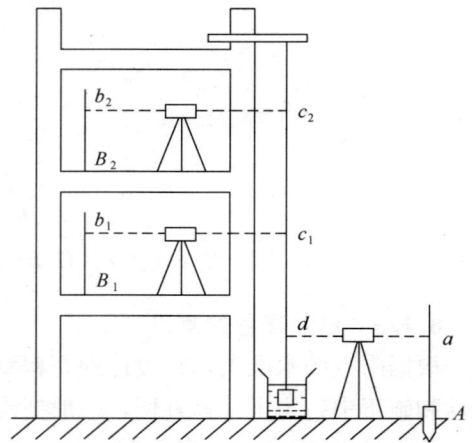

图 8-7 向上传递高程

H_{B_i} 求出后，即可以临时水准点 B_i 为后视点，测设第 i 层高楼上其他各待测设高程点的设计高程。

8.2 点的平面位置的测设

测设点的平面位置，就是根据已知控制点，在地面上标定出一些点的平面位置，使这些点的坐标为给定的设计坐标。根据施工现场具体条件和控制点布设的情况，测设点的平面位置的方法有直角坐标法、极坐标法、角度交会法和距离交会法等。测设时，应预先计算好有关的测设数据。

8.2.1 直角坐标法

当建筑物已设有主轴线或在施工场地上已布置了建筑方格网时，可用直角坐标法来测设点位。

如图 8-8 所示，设计图中已给出建筑物四个角点的坐标，如 A 点的坐标为 (x_A, y_A)，先在建筑方格网的 O 点上安置经纬仪，瞄准 y 方向测设距离 y_A 得 E 点；然后搬仪器至 E 点，仍瞄准 y 方向，向左测设 90°角，沿此方向测设距离 x_A，即得 A 点位置，并沿此方向测设出 C 点。B、D 点的测设方法相同，最后应检查建筑物的边长是否等于设计长度，误差在限差之内即可。

直角坐标法计算简单、施测方便、精度较高，但要求场地平坦，有建筑方格网可用。

8.2.2 极坐标法

极坐标法是根据一个角度和一段距离测设点的平面位置。此法适用于测设距离较短，且便于量距的情况。

如图 8-9 所示，A、B 为已知平面控制点，其坐标值分别为 $A(x_A, y_A)$，$B(x_B, y_B)$，P 为设计的建筑物特征点，各点的设计坐标分别为 $P(x_P, y_P)$。可根据 A、B 两点测设 P 点。下面以测设 P 点为例说明测设方法。

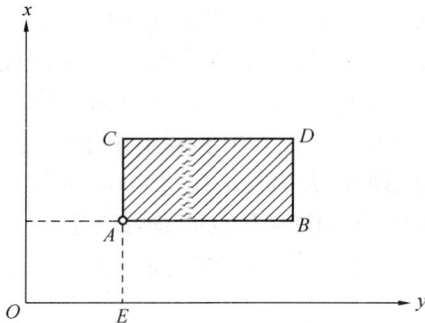

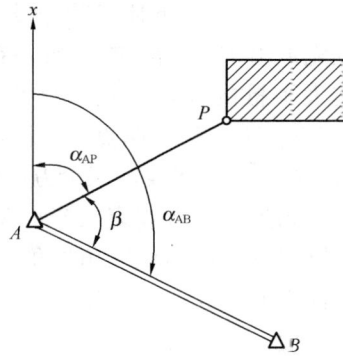

图 8-8　直角坐标法点位测设　　　图 8-9　极坐标法点位测设

1. 计算测设数据

（1）计算 α_{AB} 和 α_{AP}

依据坐标反算公式有：

$$\alpha_{AB} = \arctan \frac{y_B - y_A}{x_B - x_A} = \arctan \frac{\Delta y_{AB}}{\Delta x_{AB}} \tag{8-4}$$

$$\alpha_{AP} = \arctan \frac{y_P - y_A}{x_P - x_A} = \arctan \frac{\Delta y_{AP}}{\Delta x_{AP}} \tag{8-5}$$

（2）计算 AP 与 AB 之间的夹角

$$\beta = \alpha_{AB} - \alpha_{AP} \tag{8-6}$$

（3）计算 AP 间的水平距离

$$D_{AP} = \sqrt{(x_P - x_A)^2 + (y_P - y_A)^2} = \sqrt{\Delta x_{AP}^2 + \Delta y_{AP}^2} \tag{8-7}$$

2. 点位测设方法

（1）安置经纬仪于 A 点，瞄准 B 点，按逆时针方向测设 β 角。标定出 AP 方向。

（2）沿 AP 方向自 A 点测设水平距离 D_{AP}，定出 P 点的位置。

（3）用同样方法测设建筑物其他特征点。待四个点全部测设完毕后，可通过量取建筑物特征点之间的边长或测定各直角的大小来检查测设的准确性。

目前广泛使用的全站仪坐标放样的本质是极坐标法，它能适合各类地形情况，而且精度高、操作简单，在生产实践中被广泛的采用。

利用全站仪放样前，先将全站仪置于放样模式，向全站仪输入测站点坐标、后视点坐标（或方位角），再输入放样点坐标。准备工作完成之后，用望远镜照准棱镜，按坐标放样功能键，则可立即显示当前棱镜位置与放样点位置的坐标差。根据坐标差值，直至坐标差为零，这时，棱镜所对应的位置就是放样点位置，然后，在地面作出标志。

8.2.3 角度交会法

根据两个或两个以上的已知角度的方向交会出点的平面位置，称为角度交会法。当待测设点较远或不可能达到时，如桥墩定位、水坝定位等常用此法。但此法必须有第三个方向进行检核，以免出现错误。

如图 8-10 所示，A、B、C 为三个控制点，其坐标为已知，P 为待测设点，其设计坐标亦为已知。先用坐标反算公式求出 α_{AP}、α_{BP} 和 α_{CP}，然后由相应坐标方位角之差求出测设数据 β_1、β_2、β_3 与 β_4，并按下述步骤测设。

用经纬仪先定出 P 点的概略位置，在概略位置处打一个顶面积约为 $10cm \times 10cm$ 的木桩，然后在大木桩的顶面上精确测设。由操作仪器者指挥，用铅笔在顶面上分别在 AP、BP、CP 方向上各标定两点，如图 8-11 中 ap、bp、cp。将各方向上的两点连起来，就得 ap、bp、cp 三个方向线，三个方向线理应交于一点，但实际上由于测设等误差，将形成一个示误三角形。一般规定，若示误三角形的最大边长不超过 $3cm \sim 4cm$ 时，则取示误三角形内切圆的圆心或示误三角形角平分线的交点作为 P 点的最后位置。

应用此法测设时，宜使交会角 γ_1、γ_2 在 $30° \sim 150°$ 之间，最好使交会角 γ 近于 $90°$，以提高交会点的精度。

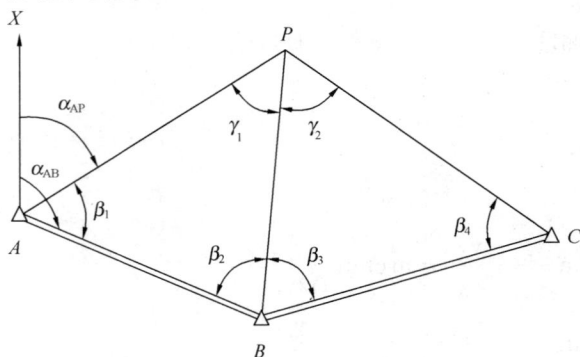

图 8-10　角度交会法测设　　　　　　图 8-11　示误三角形

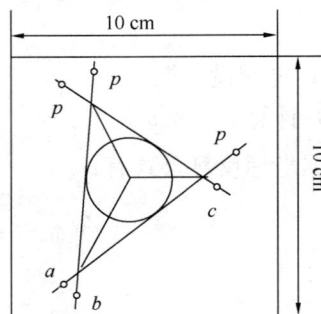

8.2.4 距离交会法

根据两段已知距离交会出点的平面位置，称为距离交会。在建筑物平坦，控制点离测设点不超过一整尺段的情况下宜用此法。此法在施工中细部测设时经常采用。

如图 8-12 所示，根据控制点 A、B、C 的坐标和待测设点 P_1、P_2 的设计坐标，用坐标反算公式求得距离 D_1、D_2、D_3、D_4，分别从 A、B、C 点用钢尺测设距离 D_1、D_2、D_3、D_4。D_1 和 D_2 的交点即为 P_1 点位置，D_3 和 D_4 的交点即为 P_2 点位置。最后丈量 P_1P_2 长度，与设计长度比较作为检核。

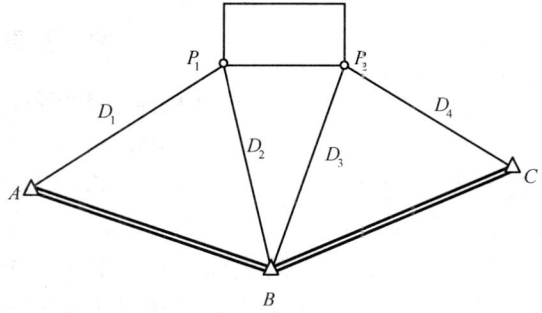

图 8-12 距离交会法测设

8.3 已知坡度直线的测设

在修筑道路、敷设排水管道等工程中，经常要测设设计时所指定的坡度线。如图 8-13 所示，A 和 B 为设计坡度线的两端点，若已知 A 点设计高程为 H_A，设计坡度 $i_{AB} = -1\%$，则可求出 B 点的设计高程：

$$H_B = H_A + i_{AB} \cdot D_{AB} = H_A - 0.01D_{AB} \tag{8-8}$$

为了施工方便，每隔一定距离 d（一般取 $d=10m$）打一木桩，测设方法可用水准仪（若地面坡度较大，亦可用经纬仪）设置倾斜视线法，其测设步骤如下：

（1）先用第一节所述已知设计高程的测设方法，根据附近水准点 BM_0 将设计坡度线两端点的设计高程 H_A、H_B 测设于地上，并打木桩。

（2）将水准仪安置在 A 点上并量取仪器高 i，安置时使一个脚螺旋在 AB 方向上，另两个脚螺旋的连线大致与 AB 方向线垂直。

（3）旋转 AB 方向上的脚螺旋和微倾螺旋，使视线在 B 点标尺上所截取的读数等于仪器高 i，此时水准仪的倾斜视线与设计坡度线平行，当中间各桩点 1、2、3 上的标尺读数都为 i 时，则各桩顶的连线就是要测设的设计坡度线。若各桩顶的标尺实际读数为 b_i（$i=1$，2，3），则各桩的填挖尺数按下式计算：

$$填挖尺数 = i - b_i \tag{8-9}$$

上式表明，$i = b_i$ 时，不填不挖；$i > b_i$ 时，需挖；反之，则需填。

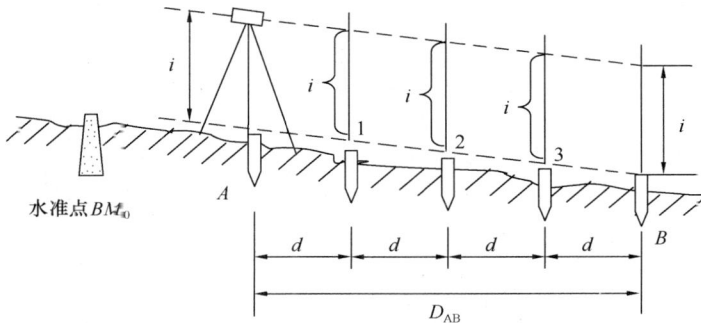

图 8-13 已知坡度直线的测设

复 习 思 考 题

1. 测设点的平面位置有哪几种方法？各适用于什么场合？

2. 设水准点 A 的高程 $H_A=24.397m$，欲测设 B 点，使其高程 $H_B=25.000m$，仪器安置在 A、B 两点之间，后视 A 尺读数为 1.563m，问前视 B 点桩上读数为何值时，桩顶高程恰为 25.000m。

3. 已知控制点 A 的坐标（$x_A=110.500m$，$y_A=54.536m$）和 AB 边的坐标方位角 $\alpha_{AB}=135°00'00''$，图上量得 P 点坐标为 $x_P=80.500m$，$y_P=24.536m$，试计算用极坐标法测设 P 点的测设数据，并绘图说明之。

第9章 工业与民用建筑中的施工测量

9.1 施 工 测 量 概 述

9.1.1 施工测量的目的和任务

施工测量的目的是把设计的建（构）筑物的平面位置和高程，按照设计的要求以一定的精度测设在地面上，作为施工的依据。并在施工的过程中进行相关的测量工作，以便衔接和指导各工序间的施工。

施工测量贯穿整个施工过程。在平整场地、建筑物定位、基础施工以及建筑物构件的安装等过程中，都需要进行施工测量，才能使建（构）筑物的位置以及尺寸等满足设计要求。有的工程竣工以后，为了便于以后的维修与扩建，还需要进行竣工图的测量。有的高层建筑在建设过程中或建成后，还要定期进行变形观测，以便积累资料，掌握建筑物的变形规律，为今后建筑物的设计、维护和使用提供资料。

9.1.2 施工测量的原则

有的施工现场上各种建（构）筑物种类多，分布广，并且施工时间不一致。为了保证各建（构）筑物之间的位置关系以及各建（构）筑物定位都符合设计要求，形成统一的整体，施工测量和测绘地形图一样，都需要遵循"从整体到局部，先控制后碎部"的原则，在施工场地内建设统一的平面控制网和高程控制网，作为测设各建（构）筑物位置的依据。

施工测量的检核工作也很重要，需要采用各种不同的方法加强外业和内业的检核工作。

9.1.3 施工测量的特点

测绘地形图是将实地上的地物、地貌测绘于图纸上，而施工测量是将图纸上设计好的建（构）筑物测按照设计好的位置测设到实地上去。

施工测量与地形测量比较，施工测量的精度要求较高。测设精度的要求取决于建（构）筑物的大小、材料、用途和施工方法等因素。高层建筑物的测设精度一般应高于低层建筑物，钢结构厂房的测设精度应高于钢筋混凝土结构厂房，装配式建筑物的测设精度应高于非装配式建筑物。

施工进度决定着何时进行施工测量，而施工测量则对工程质量有着很大的影响。测量人员必须了解施工的的进度，熟悉图纸上的尺寸和高程数据以及设计对测量工作的精度要求，才能使施工测量工作与施工密切配合。

9.2 建 筑 施 工 控 制 测 量

9.2.1 施工控制网概述

建筑施工控制测量的主要任务是建立施工控制网。在勘测阶段所建立的测图控制网，由于各种建筑物的设计位置尚未确定，无法考虑周全以满足施工测量的需要；另外，在建筑物施工之前，一般先需要进行场地平整工作，这样，原场地的测图控制点可能遭到破坏，因此，在建筑施工时，一般需要建立专门的施工控制网。

道路、工业厂房、民用建筑等大部分是沿着相互平行或相互垂直的方向进行布置的，因此，对于建筑物比较密集且布置比较规则的工业与民用建筑区，施工平面控制网通常布设成规则的矩形格网，即建筑方格网，如图9-1中的实线格网。在面积不大又不十分复杂的建筑场地上，通常采用平行于道路或建筑物主要轴线的方式布置一条或几条基线，作为施工测量的平面控制，称为建筑基线。下面分别简单介绍。

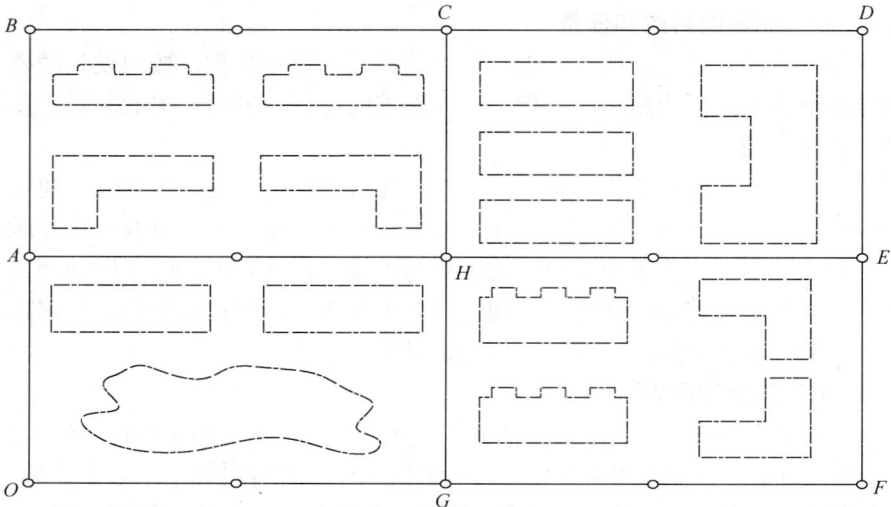

图 9-1　建筑方格网

9.2.2　建筑方格网

建筑物的设计一般采用独立的建筑坐标系，即施工坐标系。当施工坐标系与测量坐标系发生联系时，需要进行相应的坐标转换。

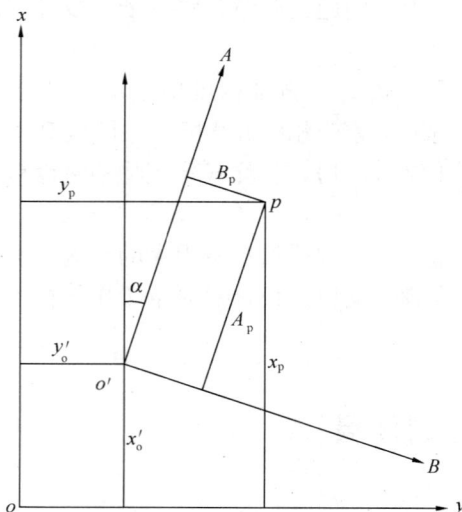

图 9-2　测量坐标系与施工坐标系

如图9-2，设 xoy 为测量坐标系，$AO'B$ 为施工坐标系，施工坐标系的坐标原点在测量坐标系中的坐标为 (x'_o, y'_o)，$O'A$ 轴的坐标方位角为 α，则 P 点在两个坐标系的换算关系为：

$$\left.\begin{array}{l} x_p = x'_o + A_p\cos\alpha - B_p\sin\alpha \\ y_p = y'_o + A_p\sin\alpha + B_p\cos\alpha \end{array}\right\} \quad (9\text{-}1)$$

以及

$$\left.\begin{array}{l} A_p = (y - y'_o)\sin\alpha + (x - x'_o)\cos\alpha \\ B_p = (y - y'_o)\cos\alpha - (x - x'_o)\sin\alpha \end{array}\right\}$$

$$(9\text{-}2)$$

上式中的参数 x'_o、y'_o、α 由设计文件给出。

1. 建筑方格网的布设

（1）建筑方格网的布置和主轴线的选择

建筑方格网的布置是根据建筑设计总平面图上各建筑物、构筑物、道路及各种管线的布设情况，并结合现场的地形情况拟定。如图9-3所示，布置时应先选定建筑方格网的主轴线 M-O-N 和 C-O-D，然后再布置其他方格网顶点。方格网的形式可布置成正方形或矩形，当场区面积较大时，可分两级。首级可采用"十"字形、"口"字形或"田"字形，然后再加密方格网。

当场区面积不大时，尽量布置成全面方格网。

布网时，应注意以下几点：

1）方格网的主轴线应布设在厂区的中部，并与主要建筑物的基本轴线平行。

2）方格网的折角应严格成90°，水平角测角中误差一般为±5″。

3）方格网的边长一般为100～300m，边长测量的相对精度为1/30000～1/20000；矩形方格网的边长视建筑物的大小和分布而定，为

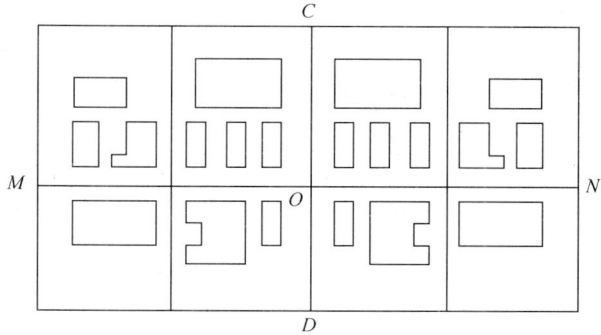

图9-3 建筑方格网主轴线

了便于使用，边长尽可能为50m或它的整倍数。方格网有的边应保证通视且便于测距和测角，点位标石应能长期保存。

4）方格网顶点应该埋设在土质坚实、不受施工影响且便于长期保存的地方。

（2）确定主点的施工坐标

如图9-4所示，MN、CD 为建筑方格网的主轴线，它是建筑方格网扩展的基础。当场区很大时，主轴线很长，一般只测设其中的一段，如图中的 AOB 段，该段上 A、O、B 点是主轴线的定位点，称三点。主点的施工坐标一般由设计单位给出，也可在总平面图上用图解法求得一点的施工坐标后，再按主轴线的长度推算其他主点的施工坐标。

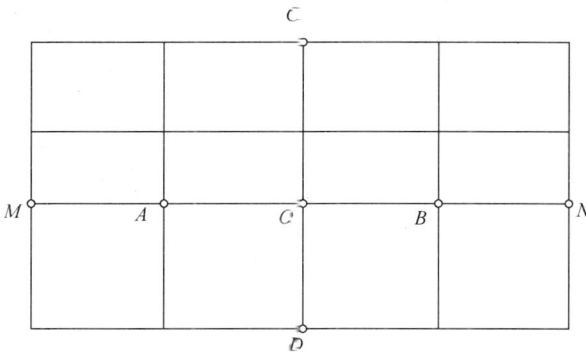

图9-4 建筑方格网主点

（3）求算主点的测量坐标

由于城市建设需要有统一的规划，设计建筑的总体位置必须与城市或国家坐标一致，因此，主要轴线的定位需要测量控制点来测设，使其符合直线、直角、等距等几何条件。当施工坐标系与城市坐标或国家坐标不一致时，在施工方格网测设之前，应把主点的施工坐标换算为测量坐标，以便求算测设数据。

2. 建筑方格网的测设

图9-5中的1、2、3点是测量控制点，A、O、B 为主轴线的主点。首先将 A、O、B 三点的施工坐标换算成测量坐标，再根据它们的坐标反算出测设数据 D_1、D_2、D_3 和 β_1、β_2、β_3，然后按极坐标法分别测设出 A、O、B 三个主点的概略位置，如图所示，以 A'、O'、B' 表示，并用混凝土桩把主点固定下来。混凝土桩顶部常设置一块 10cm×10cm 铁

板，供调整点位使用。由于主点测设误差的影响，致使三个主点一般不在一条直线上，并且点与点之间的距离也不等于设计值。因此需在 O' 点上安置 $2''$ 经纬仪，$2\sim3$ 测回精确测量 $\angle A'O'B'$ 的角值 β，并且用鉴定过的测距仪器测量 $O'A'$ 和 $O'B'$ 的距离 a 和 b。β 与 $180°$ 之差超过 $\pm5''$ 或 a、b 的长度与设计值相差超过 $\pm5mm$，都应该进行点位的调整，各主点应沿 AOB 的垂线方向移动同一改正值 δ，使三主点成一直线。图 9-6 中，u 和 r 角均很小，故

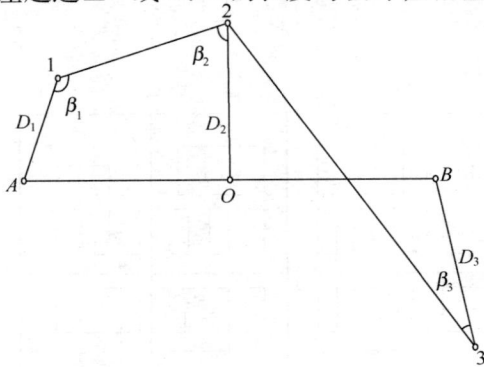

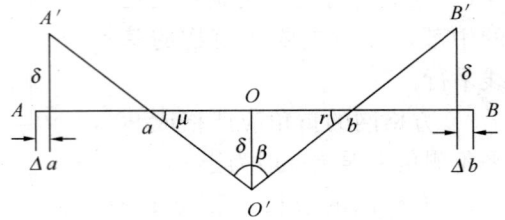

图 9-5　建筑方格网主点测设　　　　图 9-6　建筑方格网主点纠正

$$\left.\begin{aligned} u &= \frac{\delta}{\frac{a}{2}}\rho = \frac{2\delta}{a}\rho \\ r &= \frac{\delta}{\frac{b}{2}}\rho = \frac{2\delta}{b}\rho \end{aligned}\right\}$$

而

$$180° - \beta = u + r = \left(\frac{2\delta}{a} + \frac{2\delta}{b}\right)\rho = 2\delta\left(\frac{a+b}{ab}\right)\rho$$

$$\delta = \frac{ab}{2(a+b)}\frac{1}{\rho}(180° - \beta) \tag{9-3}$$

移动 A'、O'、B' 三点之后再测量 $\angle A'O'B'$，如果测得的结果与 $180°$ 之差仍超限，应再进行调整，直到误差在允许范围之内为止。然后计算 Δa、Δb，移动至正确位置，得到经过检验调整后的一条主轴线。

A、O、B 三个主点测设好后，如图 9-7 所示，将经纬仪安置在 O 点，瞄准 A 点，分别向左、向右转 $90°$，测设出另一主轴线 COD，同样用混凝土桩在地上定出其概略位置 C' 和 D'，再精确测出 $\angle AOC'$ 和 $\angle AOD'$，分别算出它们与 $90°$ 之差 ε_1 和 ε_2。并计算出改正值 l_1 和 l_2

$$l = L\frac{\varepsilon''}{\rho''} \tag{9-4}$$

式中 L 为 OC' 或 OD' 间的距离。

C、D 两点定出后，还应实测改正后的 $\angle COD$，它与 $180°$ 之差应在限差范围内。然后精密丈量出 OA、OB、OC、OD 的距离，在铁板上刻划出其点位。

3. 建筑方格网的详细测设

主轴线测设好后，分别在主轴线端点上安置经纬仪，均以 O 点为起始方向，分别向左、向右测设出 $90°$，如图 9-8 所示，用角度交会法测设出方格网的四个顶点 E、F、G 和

H。再用测设相应的距离进行校核，并作适当调整。此后再以基本方格网点为基础，加密方格网中其余各点。

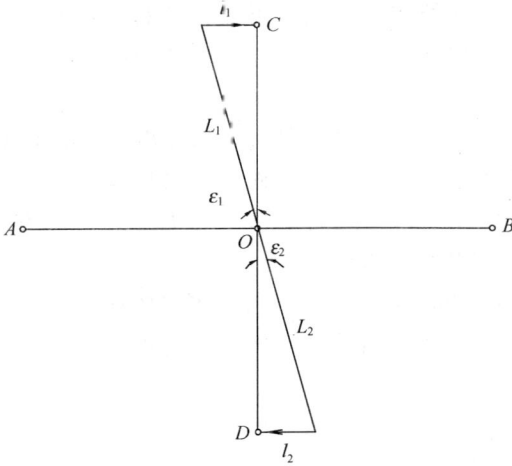

图 9-7 相互垂直主轴线纠正示意图

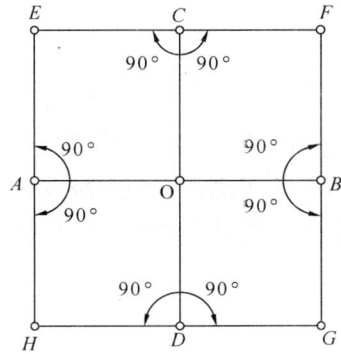

图 9-8 建筑方格网的详细测设

9.2.3 建筑基线

建筑基线的布置也是根据建筑物的分布、场地的地形和原有控制点的状况而选定的。

建筑基线应靠近主要建筑物，并与其轴线平行，以便采用直角坐标法进行测设，通常可布置如图 9-9 所示的几种形式。(a) 为三点直线形，(b) 为三点直角形，(c) 为三点直角形，(d) 为五点十字形。

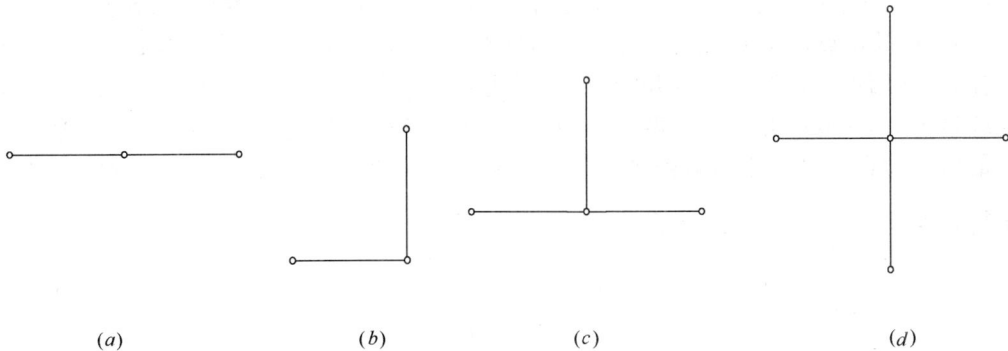

(a)　　　　　　(b)　　　　　　(c)　　　　　　(d)

图 9-9 建筑基线的布置形式

为了便于检查建筑基线点有无变动，基线点数不应少于三个。

根据建筑物的设计坐标和附近已有的测量控制点，在图上选定建筑物基线的位置，求算测设数据，并在地面上测设出来。如图 9-10 所示，根据测量控制点 1、2，用极坐标法分别测设出 A、O、B 三个点。然后把经纬仪安置在 O 点，观测 $\angle AOB$ 是否等于 90°，其不符合值不应超过 ±24″。丈量 OA、OB 两段距离，分别与设计距离相比较，其不符值不应大于 1/10000，否则，应该进行必要的点位调整。

9.2.4 高程控制

在建筑场地上，水准点的密度应尽可能满足安置一次仪器即可测设出所需的高程点。

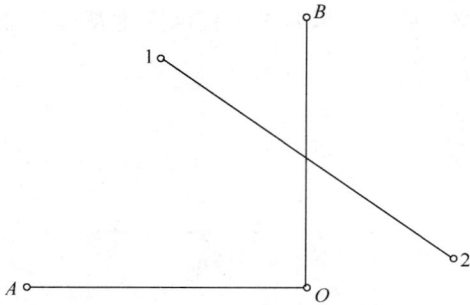

图 9-10　建筑基线的测设

而测绘地形图时敷设的水准点往往是不够的，因此，还需增设一些水准点。在一般情况下，建筑方格网点也可兼作高程控制点。只要在方格网点桩面上中心点旁边设置一个突出的半球状标志即可。

在一般情况下，采用四等水准测量方法测定各水准点的高程，而对连续生产的车间或下水管道，则需采用三等水准测量的方法测定各水准点的高程。

此外，为了测设方便和减少误差，在一般厂房的内部或附近应专门设置±0.000 水准点。但需注意设计中各建、构筑物的±0.000 的高程不一定相等，应严格加以区别。

9.3　建筑施工测量

9.3.1　建筑物轴线测设

建筑物的轴线测设，就是把建筑物外廓及各轴线交点测设在地面上，然后再根据这些点进行细部放样。

1. 根据已有建筑物（地物）定位

如图 9-11 所示，首先用钢尺沿着宿舍楼的东、西墙，延长出一小段距离 l 得 a、b 两点，用小木桩标定。将经纬仪安置在 a 点上，瞄准 b 点，并从 b 沿 ab 方向量出 14.600m 得 c 点（因教学楼的外墙厚 37cm，轴线偏里，离外墙 24cm），再继续沿 ab 方向从 c 点起量 24.800m 得 d 点，cd 线就是用于测设教学楼平面位置的建筑基线。然后将经纬仪分别安置在 c、d 两点上，后视 a 点并转 90°沿视线方向量出距离 $l+0.240$m，得 M、Q 两点，再继续量出 23.400m 得 N、P 两点。M、N、P、Q 四点即为教学楼外廓定位轴线的交点。最后，检查 NP 的距离是否等于 24.800m，$\angle N$ 和 $\angle P$ 是否等于 90°，对于普通民用建筑物，误差在 $\dfrac{1}{5000}$ 和 $1'$ 之内即可。

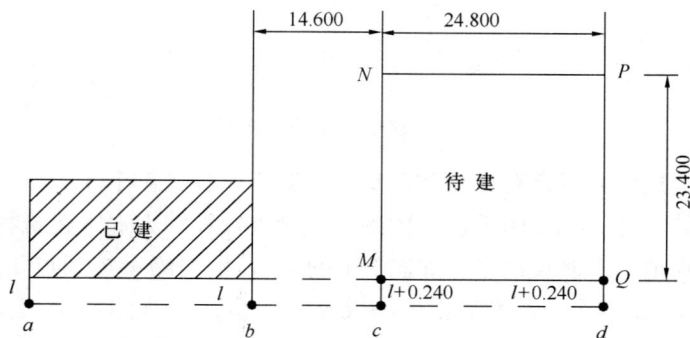

图 9-11　利用原有建筑物定位

2. 根据建筑基线定位

如图 9-12 所示，AB 为建筑基线，根据它进行新建筑物 $EFGH$ 的定位放线，测设方

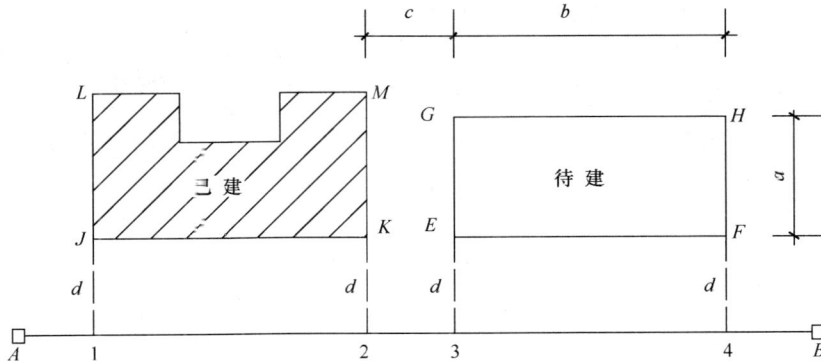

图 9-12 根据建筑基线定位

法如下：

（1）先从建筑总平面图上，查得该建筑物轴线 EF 与建筑基线的距离 d、建筑物的长度 b、宽度 a 和新旧建筑的间距 c。用麻线引出旧建筑两山墙的轴线 LJ、MK，在引出线上测设 J1＝K2＝d（注意 JK 亦为旧建筑的轴线），得 1、2 两点，用经纬仪检查两点是否在基线 AB 上，如不符应复查调整。

（2）在 AB 线上，测设 2、3 两点的距离等于 c，得 3 点；又测设 3、4 两点的距离等于 b，得 4 点。

（3）用直角坐标法可测设 E、F、G、H 四点。

（4）用经纬仪检查 EFGH 的四个角是否为直角。

（5）用钢尺检查 EFGH 的长度和宽度，与 b、a 比较，看是否符合规范要求，如不符规范要求，应立即复查调整或重测。

3. 根据建筑方格网定位放线

如图 9-13 所示，MN 为建筑方格网的一条边，根据它进行建筑物 ABCD 的定位放线，测设方法如下：

（1）在建筑总平面图上查得 A 点的坐标值。从而计算得 MA'＝20m、AA'＝15m、AD＝15m、AB＝65m。

（2）用直角坐标法测设 A、B、C、D 四个角点。

（3）用经纬仪检查四个角是否为直角，用钢尺检查放样点之间的长度。如不符合规范的有关技术要求，亦应复查调整或重测。

9.3.2 轴线控制桩和龙门板测设

建筑物定位以后，所测设的轴线交点桩（或称角桩），在开挖基槽时将被破坏。施工时为了能方便地恢复各轴线的位置，一般是把轴线处延长到安全地点，

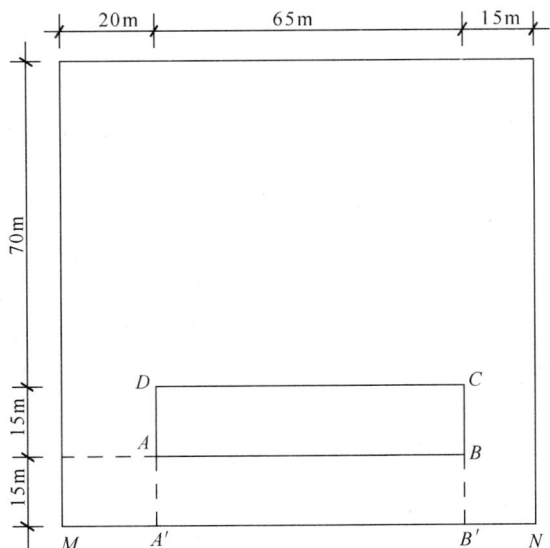

图 9-13 根据建筑方格网定位

并作好标志。延长轴线的方法有两种：龙门板法和轴线控制桩法。

轴线控制桩设置在基槽外基础轴线的延长线上，作为开槽后各施工阶段定轴线位置的依据（见图9-14）。轴线控制桩离基槽外边线的距离根据施工场地的条件而定。如果附近有已建的建筑物，最好将轴线控制桩投设在建筑物上。为了保证控制桩的精度，施工中往往将控制桩与定位桩一起测设，有时先控制桩，再测设定位桩。

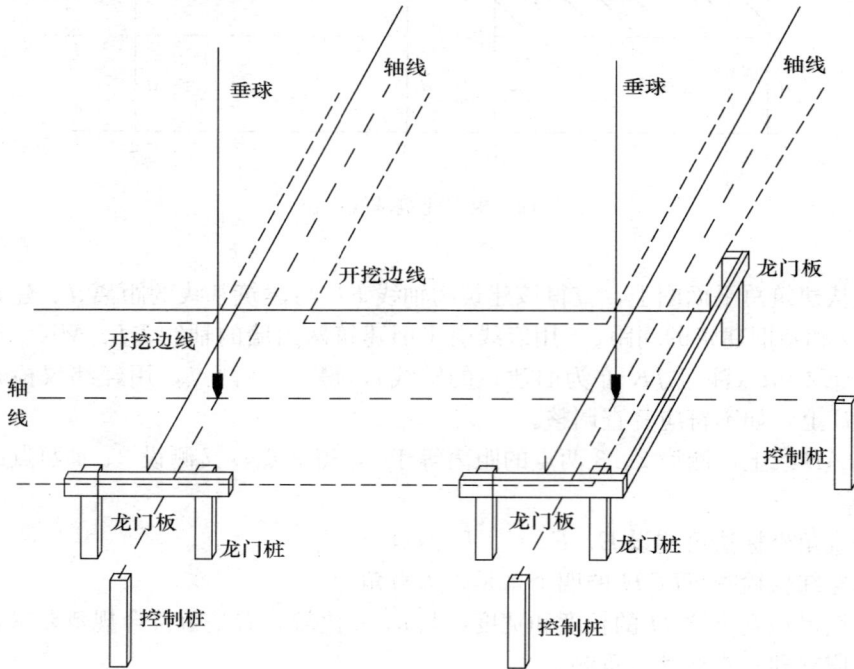

图9-14　轴线控制桩和龙门板

龙门板法适用于一般民用建筑物，为了方便施工，在建筑物四角与隔墙两端基槽开挖边线以外约1.5～2m处钉设龙门桩。桩要钉得竖直、牢固，桩的外侧面与基槽平行。根据建筑场地的水准点，用水准仪在龙门桩上测设建筑物±0.000标高线。根据轴线控制桩。用经纬仪将建筑物的轴线投测到龙门板上，用小钉标志。在龙门板标志之间拉细线，随时可以恢复建筑物的轴线，并可以据此用悬挂垂球的方法，将轴线投影到基坑底部、基础面和施工中的墙基础上。

9.3.3　基础施工测量

基础开挖前，根据轴线控制桩（或龙门板）的轴线位置和基础宽度，并顾及到基础挖深应放坡的尺寸，在地面上用白灰放出基槽边线（或称基础开挖线）。

开挖基槽时，不得超挖基底，要随时注意挖土的深度，当基槽挖到离槽底0.300～0.500m时，用水准仪在槽壁上每隔2～3m和拐角处钉一个水平桩，如图9-15所示，用以挖掘挖槽深度及作为清理槽底和铺设垫层的依据。

9.3.4　工业厂房构件安装测量

工业厂房的施工测量包括如下内容：厂房控制网的测设，厂房柱列轴线测设和柱基施工测量，厂房构件安装测量。

工业厂房一般使用矩形控制网作为厂房的基本控制，因此可以利用建筑方格网，采用

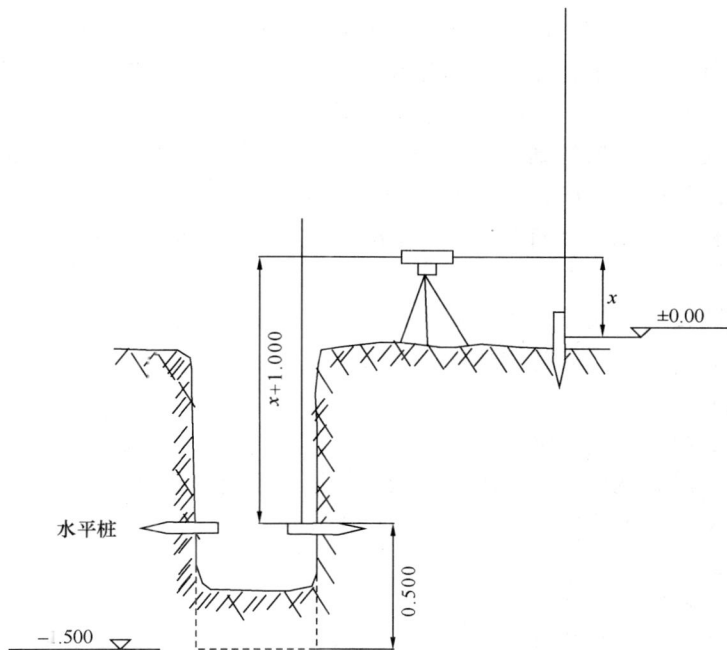

图 9-15　基础施工测量

直角坐标法测设厂房外廓轴线交点。具体测设方法不再赘述，但应该注意厂房外廓轴线测设精度要求较高，角度误差一般不应超过 $10''$，边长误差不得超过 $\frac{1}{10000}$。下面介绍后两项内容。

1. 厂房柱列轴线的测设和柱基施工测量

（1）柱列轴线的测设

图 9-16 所示，A、B、C 和①、②、③……等轴线均为柱列轴线。检查厂房矩形控制网的精度符合要求后，即可根据柱间距和跨间距用钢尺沿矩形网各边量出各轴线控制桩的位置，并打入大木桩，钉上小钉，作为测设基坑和施工安装的依据。

（2）柱基施工测量

根据厂房施工控制网，将每个柱子的纵、横轴线测设在柱子旁靠近挖

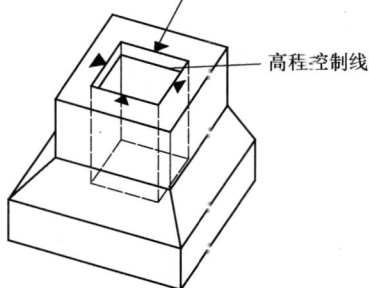

图 9-17　柱子杯形基础

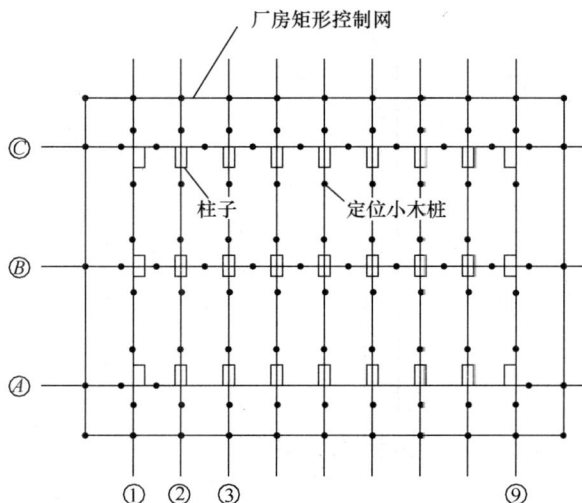

图 9-16　柱列轴线测设

137

土基坑的地面上，用木桩标志，称为定位小木桩。按照柱轴线放样出基础开挖边线，然后挖土、抄平、控制开挖深度、测设设计高程、铺设垫层。根据定位小木桩拉线、挂垂球，将纵、横轴线测设到垫层上，据此搭建基础模板。

预制钢筋混凝土柱子的基础一般为杯形基础，如图 9-17 所示。基础建模时，应使杯底高程低于设计高程 5cm，作为调整的余量。拆模后，根据图 9-16 中柱列轴线控制桩将柱列轴线测设在杯口的混凝土面上，并用水准仪在杯口内壁测设高程控制线，用于调整最后的杯底高程。

在进行柱基测设时，应注意定位轴线不一定都是基础中心线，有时一个厂房的柱基类型不一，尺寸各异，放样时应特别注意。

2. 厂房构件的安装测量

工业厂房主要由柱、吊车梁、屋架、天窗架和屋面板等主要构件组成。在吊装每个构件时，有绑扎、起吊、就位、临时固定、校正和最后固定等几道操作工序。下面着重介绍柱子、吊车梁及吊车轨道等构件在安装时的校正工作。

（1）柱子安装测量

1）柱子安装的精度要求

柱脚中心线应对准柱列轴线，允许偏差为 ±5mm；牛腿面的高程与设计高程的误差柱高在 5m 以下 ≤±5mm；柱高在 5m 以上 ≤±8mm；柱的全高竖向允许偏差值为 $\frac{1}{1000}$ 柱高，但 ≤20mm.

2）吊装前的准备工作

柱子吊装前，应根据轴线控制桩，把定位轴线投测到杯形基础的顶面上，并用红油漆画上"▲"标明。同时还要在杯口内壁测出一条高程线，从高程线起向下量取一整分米数即到杯底的设计高程。如图 9-18 所示。

在柱子的三个侧面弹出柱中心线，每一面又需分为上、中、下三点，并画小三角形"▲"标志，以便安装校正（见图 9-19）。

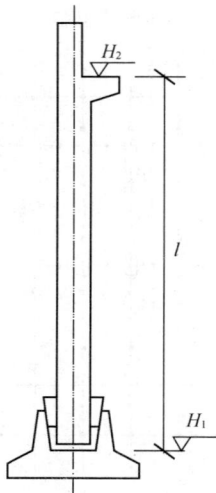

图 9-18　柱长检查与杯底找平　　　　图 9-19　弹设柱子中心线

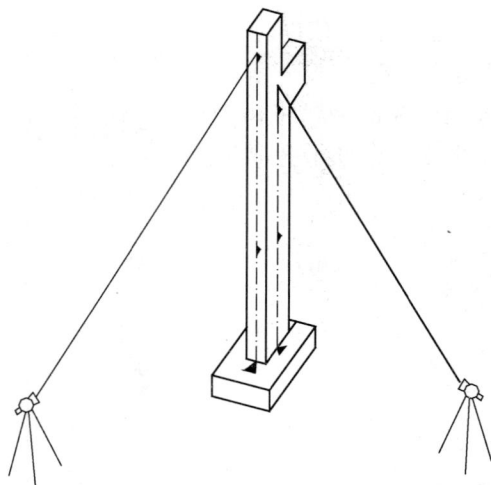

3）柱长的检查与杯底找平

通常柱底到牛腿面的设计长度 l 加上杯底高程 H_1 应等于牛腿面的高程 H_2（图 9-18），即

$$H_2 = H_1 + l$$

但柱子在预制时，由于模板制作和模板变形等原因，不可能使柱子的实际尺寸与设计尺寸一样，为了解决这个问题，往往在浇筑基础时把杯形基础面高程降低 5cm，然后用钢尺从牛腿面顶面沿柱边量到柱底，根据这根柱子的实际长度，用 1：2 水泥沙浆在杯底进行找平，使牛腿面符合设计高程。

4）安装柱子时的竖直校正

柱子插入杯口后，首先应使柱身基本竖直，再令其侧面所弹的中心线与基础轴线重合。用木楔初步固定，然后进行竖直校正。校正时用两架经纬仪分别安置在柱基纵横轴线附近，如图 9-20(a) 所示，离柱子的距离约为柱高 1.5 倍。瞄准柱子中心线的底部后固定照准部，再将望远镜仰视，如果柱子底部与顶部的中心线重合，则柱子在这个方向上就是竖直的。如果不重合，应进行调整，直到柱子两个侧面的中心线都竖直为止。

由于纵轴方向上柱距很小，通常把仪器安置在纵轴的一侧，在此方向上，安置一次仪器可校正数根柱子，如图 9-20(b) 所示。

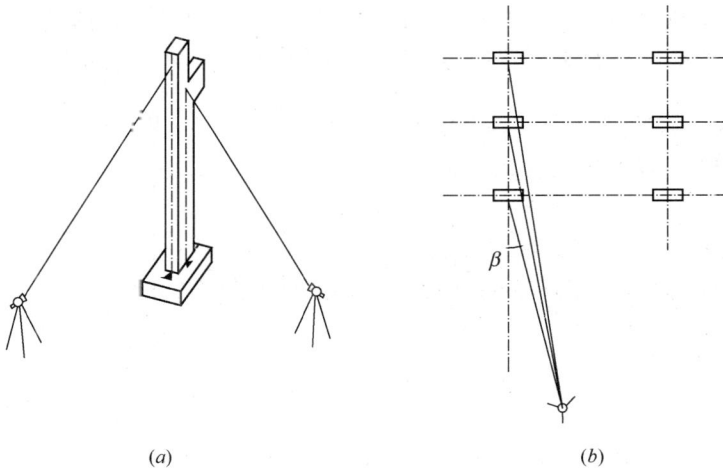

(a)　　　　　　　　　　　(b)

图 9-20　柱子竖直校正

5）柱子校正的注意事项

校正用的经纬仪事前应经过严格检校，因为校正柱子竖直时，往往只用盘左或盘右观测，仪器误差影响很大，操作时还应注意使照准部水准管气泡严格居中。

柱子在两个方向的垂直度都校正好后，应再复查平面位置，看柱子下部的中线是否仍对准基础的轴线。

当校正变截面的柱子时，经纬仪必需放在轴线上校正，否则容易产生差错。

在阳光照射下校正柱子垂直度时，要考虑温度影响，因为柱子受太阳照射后，柱子向阴面弯曲，使柱顶有一个水平位移。为此应在早晨或阴天时校正。

当安置一次仪器校正时，仪器偏离轴线的角度 β 最好不超过 15°（见图 9-20）。

（2）吊车梁安装测量

吊车梁安装在柱子的牛腿面上，安装时，应使梁的上下中心线与设计中心线在同一竖直面上，而且梁顶面高程与设计高程要保持一致。测设方法如下：根据厂房施工控制网，在地面测设出吊车梁中心线的两个端点（图 9-21 中的 AA' 和 BB'），并标定桩位。在一个端点上安置经纬仪，后视另一个端点，制动照准部后纵转望远镜，检查牛腿面上所划中心线与视线是否重合，如误差在 3mm 以上，则应对中心线进行调整。牛腿面上的中心线检查合格后，根据中心线进行吊车梁的吊装。

（3）吊车轨道安装测量

吊车梁吊装完成后，用经纬仪将吊车轨道中心线投测到吊车梁顶面上，作为吊车轨道安装的依据。由于安置在地面的经纬仪不可能处处与吊车梁通视，因此，用下述中心线平移法检查轨道中心线的平面位置和两侧吊车梁轨道的跨距。如图 9-21 所示，在地面上测设平行于 AA'、间距为 1m 的 CC' 轴线，然后将经纬仪安置在 C 点，用 C' 定向，抬高望远镜，在从吊车轨道中心线伸出的水平安置的直尺上用经纬仪的竖丝读数，检查轨道中心线的位置，其偏差不大于 3mm。两条轨道同时进行这样的检查，合格后，检查轨道的跨距 W，其偏差不应大于 5mm。

待吊车梁轨道安装完毕，在梁面上每隔 3m 用水准仪检查轨道顶面高程，与设计高程的偏差不应大于 5mm。

吊车梁与吊车轨道的安装精度要求较高，因此，对选用仪器的轴线几何条件、精度指标，仪器操作时的对中、整平、定向等等因素要综合考虑，才能满足安装要求。

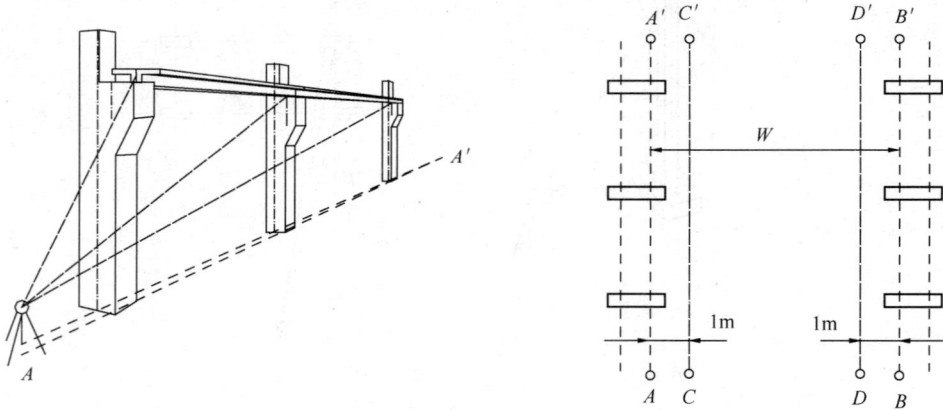

图 9-21　吊车梁及轨道安装测量

9.3.5　高层建筑施工测量

高层建筑物施工测量中的主要问题是建筑轴线的垂直投影和高程传递，也就是各层轴线如何精确地向上引测以及高程如何向上传递的问题。其中高程传递参见第 2 章有关内容，本节只讨论轴线投测问题。

1. 经纬仪引桩投测法

在垂直投影的高度不大并且有较为开阔的场地时，可以用两台经纬仪，在两个大致互相垂直的方向上，利用整平仪器后的视准轴上下转动时为一铅垂面这一原理，两铅垂面相交而测设铅垂线。

（1）标定中心轴线

图 9-22 中 C 轴与 3 轴作为中心轴线。根据楼层的高度和场地情况，在离楼尽可能远的地方钉出四个轴线控制桩 C、C'、3 和 $3'$。

当基础工程完工后，用经纬仪将 3 轴和 C 轴精确地投测在楼底部，并标定之，如图 9-22 中的 a、a'、b 和 b'。

（2）向上投测中心轴线

随着建筑物不断升高，要逐层将轴线向上传递，可将经纬仪安置在③轴和 C 轴的控制桩上，瞄准塔楼底部的标志 a、a'、b 和

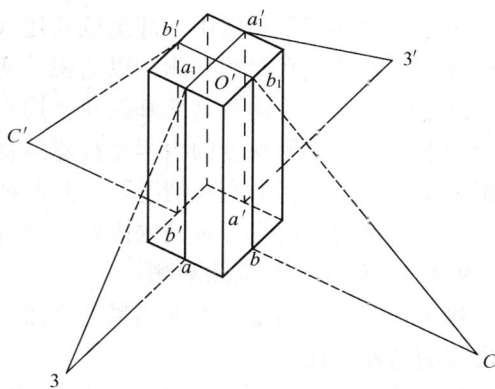

图 9-22　经纬仪轴线投测

b'，用盘左和盘右两个竖盘位置向上投测到每层楼板上，并取其中点作为该层中心轴线的投影点，如图 9-22 中的 a_1、a'_1、b_1 和 b'_1，$a_1 a'_1$ 和 $b_1 b'_1$ 两线的交点 O' 即为塔楼的投测中心。

（3）楼房逐渐增高，而轴线控制桩距建筑物又较近时，望远镜的仰角较大，操作不便，投测精度将随仰角的增大而降低。为此，要将原中心轴线控制桩引测到更远的安全地方，或者附近大楼的顶层上。具体作法是将经纬仪安置在已经投上去的中心轴线上，瞄准地面上原有的轴线控制桩 C 和 C'、$3'$，将轴线引测到远处。更高的各层中心轴线可将经纬仪安置在新的引桩上，安上述方法继续进行投测。

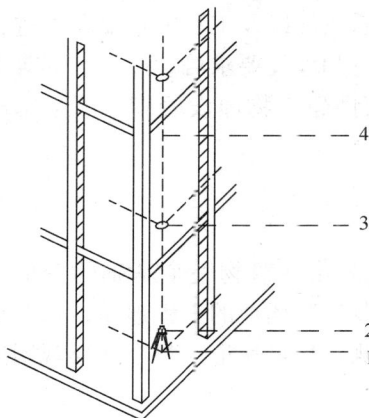

图 9-23　激光垂准仪投测轴线
1—地坪层平面控制点；2—激光垂准仪；
3—预留孔洞　4—铅垂线

（4）注意事项

经纬仪一定要经过严格检校才能使用，尤其是照准水准管轴应严格垂直于竖轴，作业时要仔细整平。

为了减小外界条件（如日照和大风等）的不利影响，投测工作在阴天及无风天气进行为宜。

2. 激光垂准仪投测法

为了把建筑物的平面定位轴线按测至各层上去，每条轴线至少需要两个投测点。根据梁、柱的结构尺寸，投测点距轴线 500～800mm 为宜，其平面布置如图 9-23 所示。为了使激光束能从底层投测到各层楼板上，在每层楼板的投测点处，需要预留孔洞，洞口大小一般在 300mm×300mm 左右。在下方的控制点上，对中、整平激光垂准仪后，仪器的视准轴与控制点在同一铅垂线上。在上层预留孔洞的两个互相垂直的方向上用墨斗拉线，指挥其通过激光垂准仪十字丝中心，然后在孔边混凝土楼板上弹线，即完成垂直投影。

9.4　建筑工程变形观测

一些已经修建或正在修建的高层建筑物、大型桥梁和高大的构筑物（如水塔、烟囱、大坝等），由于各种因素的影响，在其施工和运行中都会发生变形，超过了规定的限度就

会影响建筑物的施工和使用，甚至危及建（构）筑物的安全。这就需要在大型建筑物施工和运行过程中进行必要的观测，以监视其变化状态。

测定建（构）筑物及其地基在建（构）筑物荷重和外力作用下随时间而变化的工作，称为变形观测。变形观测的内容要视建筑物的性质与地质情况而定，要求有明确针对性，要正确反映出建筑物的变化情况，达到监视建筑物的安全运行、了解变形规律的目的。对于建（构）筑物来说变形观测的内容主要有：沉降观测、倾斜观测和裂缝观测等。

9.4.1　建筑物的沉降观测

建筑物沉降观测是用水准测量的方法，周期性地观测建筑物上的沉降观测点和水准基点之间的高差变化值。

1. 水准基点的布设、标志构造与埋设

（1）水准基点的布设

水准基点是变形监测的基本控制点，是测定工作点和沉降观测点的依据。水准基点布设是否合适直接关系到变形监测能否成功。基准点通常埋设在稳固的基岩上或变形区域以外，尽可能长期保存，稳定不动。每个工程一般应建立 3 个水准基点，以便相互校核。当确认水准基点稳定可靠时，也可以少于 3 个。各类水准基点应避开交通干道、地下管线、仓库堆栈、水源地、河岸、松软填土、滑坡地段、机器振动区，以及其他能使标石、标志遭受腐蚀和破坏的地点。

（2）水准基点的标志构造与埋设

水准基点的标志构造应根据埋设地区的气候情况、地质条件以及工程的重要程度进行设计。对于一般的民用和工业建筑物，水准基点的标志构造和埋设要求可参照三、四等水准点的规定办理。在省市建筑区，也可以利用稳固的永久性建筑物埋设墙脚、墙上水准标志。

2. 观测点的布设、标志构造与埋设

（1）观测点的布设

沉降观测点的布设应有足够的数量，以便能够全面反映出建筑物整个基础的变形情况，布设时还要考虑建筑物的规模、型式和结构特征，以及建筑场地的工程地质、水文地质等条件。观测点应牢固地与建筑物结合在一起，便于观测，尽量保证在整个变形观测期间不受损坏。

布设观测点时，应遵循必要、适量、最能反映变形体的变形和方便观测的基本原则，并注意以下几点：

1）在满足监测目的的前提下，观测点数量和布置必须足够充分，测点宜少不宜多，不能盲目设置测点。以节省仪器设备、避免人力浪费，还可以使监测工作重点突出。任何一个测点的布设都应是有目的，它服从分析、判断的需要。

2）测点的位置必须具有代表性，以便于分析和计算。主要测点的布设应能反映结构的最大应力（或应变）和最大挠度（或位移）。

3）测点的布设对观测工作应该是方便的、安全的。不便于观测读数的测点往往不能提供可靠的结果，对于危险的部位，要妥善考虑安全措施或者选择布置特殊的测量方法和仪器。

4）测点应该布置在能长期保存的地方，同时要求观测点与建筑物牢固结合在一起，这样观测点的变形量就代表了建筑物的变形。

5）应该布设一定数量的校核性测点，以保证观测结果绝对可靠，另外也可提供多余观测数据，供分析采用。

建（构）筑物种类多，形状各异，结构不同，对观测点的布置，很难规定的十分具体。经实践总结，认为观测点适宜布设在下述位置：

1）建筑物的四角、大转角处及外墙每10～15m处。当建筑物的宽度大于15m时，承重内墙也应设置一定数量的观测点。

2）框架结构建筑物的每个（或每两个）柱基上设一点，或沿纵横轴线设点。

3）高低层建筑物、新旧建筑物及建筑物沉降缝两侧，以及纵横墙等交接处两侧。

4）基础形式或基础埋深不同处，不同结构分界处以及填挖方分界处。

5）片筏基础、箱形基础底板或接近基础的结构部分之四角处及其中部位置。

6）邻近堆置重物处，受振动有显著影响的部位，重型设备基础和动力设备基础的四角。

7）烟囱、电视塔、水塔、高炉、油罐以及其他高耸建筑物，应沿周边对称轴的特征点上布点，并不少于四个点。

（2）观测点的标志构造与埋设

沉降观测点的标志可以根据不同的建筑结构类型和建筑材料，采用墙（柱）标志（图9-24）、基础标志（图9-25）和隐蔽性标志（图9-26）等形式。沉降观测点应牢固稳定，具有良好的通视条件，能久久使用。各类标志的立尺部位应加工成半球形或有明显的突出点。各类标志在埋设时，位置应避开窗台线、电器开关、雨水管、暖气管线和暖气片等有碍设标与观测的障碍物，并且应视立尺需要离开墙（柱）面和地面一定距离。埋设于基础上标志的露出部分不易过高或过低，高了易被碰撞，低了既不易寻找又可能使置于其上的水准尺与混凝土面接触，影响观测质量。所有的观测点应统一编号，并注记在相应建筑物的平面图上。

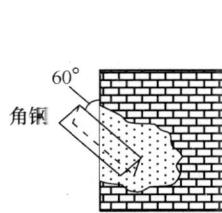

图9-24　角钢观测点

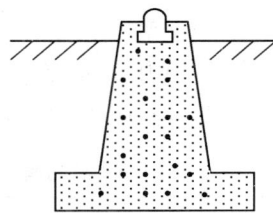

图9-25　地坪观测

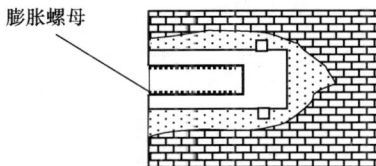

（a）

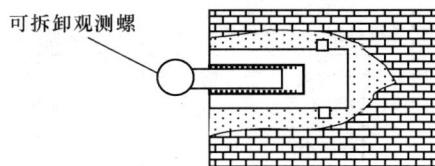

（b）

图9-26　隐蔽观测点

（a）不使用时；（b）使用时

3. 沉降观测的时间和次数

观测周期常随单位时间内沉降量的大小而定，如表 9-1 所示。观测时间一般应选在增加荷重之后以及竣工之后。观测次数应按"先密后疏，施工密，生产疏"的原则确定。每个观测点至少有 6 次以上的观测成果。

观测周期与沉降量的关系　　　　　　　　表 9-1

月均沉降量（mm）	观测周期	月均沉降量（mm）	观测周期
15 以上	10 天～20 天	3～5	2 个月～5 个月
1～15	20 天～30 天	1～3	6 个月～1 年
5～10	1 个月～2 个月		

一般建筑物可在基础完工后或地下室砌筑完成后开始观测，大型、高层建筑物可以在基础垫层或基础底部完成后开始观测。观测次数与间隔时间，也可以视地基和加荷情况而定。民用建筑可每加高 1 层～5 层观测一次，工业建筑可按不同施工阶段（如浇筑基础、基坑回填、安装柱子和厂房屋架、砌筑墙体、设备安装、设备运转、烟囱高度每增加 15m 左右等）分别进行观测。若建（构）筑物均匀增高，则至少应在每增加设计荷载的 25% 时各观测一次。施工期间，如果中途停工时间较长，应在停工时和复工前进行观测。停工期间，可每隔 2 个月～3 个月观测一次。

竣工后的观测周期，可视地基土类型和沉降速率而定。一般可在第一年每两个月观测一次，第二年每季 1 次，第三年每半年 1 次，以后每年 1 次，直至稳定为止。观测期限一般不少于如下规定：砂土地基 2 年，膨胀土地基 3 年，黏土地基 5 年，软土地基 10 年。

如果遇到特殊情况，如基础附近地面荷载突然增加减少，周围大量积水及暴雨后，周围大量抽取地下水或大量开挖土方，均应及时增加观测次数。当建（构）筑物突然发生大量沉降、不均匀沉降或严重开裂时，应立即进行逐日或几天一次的连续观测。

4. 沉降观测点高程的测量

对于一般民用建筑，中、小型厂房可采用三等水准测量；高层建筑物、构筑物、大型厂房，连续生产的设备基础与动力基础，宜采用二等水准测量。测定沉降点高程的精度与方法，取决于工程需要，一般可参照表 9-2 选择确定。

沉降观测点的精度要求与观测方法　　　　　　　　表 9-2

等级	适用范围	使用仪器和观测方法	点高程中误差	相邻点中误差	闭合差（mm）
1	变形特别敏感的高层建（构）筑物、重要建筑、精密工程设施	S_{05} 水准仪按国家一等水准测量技术要求施测，视线长不大于 15m	±0.1	±0.3	≤0.15$\sqrt{n}$
2	变形比较敏感的高层建（构）筑物、古建筑、重要工程设施	S_{05} 水准仪，按国家一等水准测量技术要求施测	±0.5	±0.3	≤0.30$\sqrt{n}$
3	一般性高层建（构）筑物、滑坡监测	S_{05} 或 S_1 水准仪按国家二等水准测量技术要求施测	±1.0	±0.5	≤0.60$\sqrt{n}$
4	观测精度要求不高的建筑物、滑坡监测	S_1 或 S_3 水准仪按国家三等水准测量技术要求施测	±2.0	±1.0	≤1.4$\sqrt{n}$

注：表中最后一栏内的 n 为测站数。

沉降观测的水准线路，宜采用闭合线路。由于施工现场的特殊性，如遇到监测标志被破坏，应立即通知施工方补做。立尺时，要摸标尺底部是否有泥沙、标尺是否落座在标志的球面上，并使气泡严格居中。监测时，标尺为一根，采用"后后前前"法监测。记录时，除按规定记录监测数据外，还要记录天气情况、通视条件、监测人员情况、施工进度、荷载增加量、仓库进货吨位等，特别要记录现场发生的异常情况，如标志松动、标志破坏、标志倾斜、标尺在该点竖不直等情况，这是出现异常结果时分析原因的重要资料。

5. 沉降观测成果的整理和分析

沉降观测应有专用的外业手簿，并需将建筑物、构筑物施工情况详细注明，随时整理，其主要内容包括：建筑物平面图及观测点布置图、基础的长度、宽度与高度；挖槽或钻孔后发现的土质土壤及地下水情况；施工过程中荷重增加情况；建筑物观测点周围工程施工及环境变化的情况；建筑物观测点周围笨重材料及重型设备堆放的情况；施测时所引用的水准点号码、位置、高程及其有无变动的情况；暴雨日期及积水的情况；裂缝出现日期，裂缝开裂长度、深度、宽度的尺寸和位置示意图等。如中间停工，还应将停工日期及停工期间现场情况加以说明。沉降观测成果表格可参考表 9-3 的格式。另外还需提供沉降观测点位布置图、荷载—时间—沉降量曲线图、沉降等值线图和沉降结论等。

当变形监测进行到一定周期，或是工程进度到一定阶段，就要依据前面所监测和计算的结果，绘制点位时间与荷载、沉降量关系曲线图（图 9-27）。通过变形曲线可以直观地了解变形过程情况，也可以对变形发展趋势有个直观的判断。

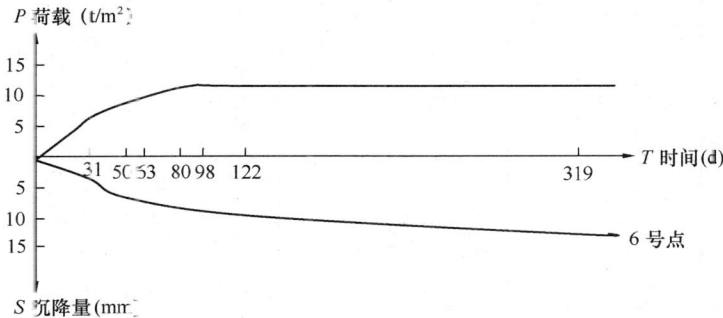

图 9-27　荷载—时间—沉降曲线图

9.4.2　建筑物的倾斜观测

倾斜观测是测定建（构）筑物倾斜度随时间而变化的工作。建筑物产生倾斜的原因主要有地基承载力的不均匀、建（构）筑物体型复杂（有部分高重、部分低轻，形成不同荷重）和受外力作用（如风荷、地震、地下水抽取等）。引起建（构）筑物倾斜的主要原因是基础的不均匀沉降。测定建筑物的倾斜有两类方法：一是直接测定建筑物的倾斜，该方法多用于基础面积过小的超高建筑物，如电视塔、烟囱、高桥墩、高层楼房等；二是通过测量建筑物基础相对沉陷的方法来计算建筑物的倾斜。

1. 一般建筑的倾斜观测

（1）悬吊垂线法

本方法是用于建筑物内部有垂直通道时，从顶部穿过垂直通道挂下大锤球，根据上下应在同一竖线上的点，直接测定倾斜位移值。

表 9-3

沉 降 观 测 成 果 表

工程施工进展情况	主体±0.000完工			主体二层完工			主体四层完工			主体六层完工			主体八层完工			主体十层完工			主体完工		
观测日期(年,月,日)	2002-08-11			2002-09-10			2002-09-29			2002-10-12			2002-10-29			2002-11-16			2002-12-10		
观测次数	1			2			3			4			5			6			7		
沉降量 \ 观测点号	高程(m)	本次下沉(mm)	累计下沉(mm)	高程(m)	本次下沉(mm)	累计下沉(mm)	高程(m)	本次下沉(mm)	累计下沉(mm)	高程(m)	本次下沉(mm)	累计下沉(mm)	高程(m)	本次下沉(mm)	累计下沉(mm)	高程(m)	本次下沉(mm)	累计下沉(mm)	高程(m)	本次下沉(mm)	累计下沉(mm)
1	50.6561	0	0	50.6549	-1.2	-1.2	50.6529	-2.0	-3.2	50.6516	-1.3	-4.5	50.6506	-1.0	-5.5	50.6494	-1.2	-6.7	50.6484	-1.0	-7.7
2	50.6742	0	0	50.6722	-2.0	-2.0	50.6705	-1.7	-3.7	50.6695	-1.0	-4.7	50.6688	-0.7	-5.4	50.6685	-0.3	-5.7	50.6678	-0.7	-6.4
3	50.6856	0	0	50.6839	-1.7	-1.7	50.6822	-1.7	-3.4	50.6821	-0.1	-3.5	50.6816	-0.5	-4.0	50.6811	-0.5	-4.5	50.6806	-0.5	-5.0
4	50.6371	0	0	50.6357	-1.4	-1.4	50.6342	-1.5	-2.9	50.6334	-0.8	-3.7	50.6330	-0.4	-4.1	50.6328	-0.2	-4.3	50.6327	-0.1	-4.4
5	50.6646	0	0	50.6631	-1.5	-1.5	50.6619	-1.2	-2.7	50.6613	-0.6	-3.3	50.6611	-0.2	-3.5	50.6607	-0.4	-3.9	50.6602	-0.5	-4.4
6	50.6440	0	0	50.6422	-1.8	-1.8	50.6407	-1.5	-3.3	50.6398	-0.9	-4.2	50.6388	-1.0	-5.2	50.6383	-0.5	-5.7	50.6377	-0.6	-6.3
7	50.6363	0	0	50.6341	-2.2	-2.2	50.6326	-1.5	-3.7	50.6316	-1.0	-4.7	50.6313	-0.3	-5.0	50.6307	-0.6	-5.6	50.6302	-0.5	-6.1
8	50.6556	0	0	50.6535	-2.1	-2.1	50.6521	-1.4	-3.5	50.6513	-0.8	-4.3	50.6512	-0.1	-4.4	50.6510	-0.2	-4.6	50.6506	-0.4	-5.0
备注																					

（2）差异沉降量推算法

用差异沉降量推算建筑物上部的倾斜，如图9-28，先用精密水准测量测定基础两端点的差异沉降量 Δh，再根据建筑物的宽度 L 和高度 H，推算上部的倾斜值。设顶部倾斜位移值为 Δ，斜度为 i，则

$$i = \frac{\Delta}{L} \tag{9-5}$$

$$\Delta = \frac{\Delta h}{L} \cdot H \tag{9-6}$$

（3）经纬仪垂直投影法

如图9-29所示，选择建筑物上、下应在一条铅垂线上的棱角（墙角），经纬仪安置于一墙面的大致延长方向上。墙脚处横放一小尺，把某一整分米对准棱角。经纬仪向上瞄准房顶棱角，水平制动，再向下在小尺上读出墙角的倾斜位移分量 Δ_1。然后移置经纬仪于另一墙面的大致延长方向上，用同样方法测得另一倾斜位移分量 Δ_2。一般规定向墙外移动为正，向墙内移动为负。由此可以计算该墙上部倾斜位移总量和倾斜的方位角 α（以第一墙面延长方向为零）：

$$\Delta = \sqrt{\Delta_1^2 + \Delta_2^2} \tag{9-7}$$

$$\alpha = \arctan \frac{\Delta_1}{\Delta_2} \tag{9-8}$$

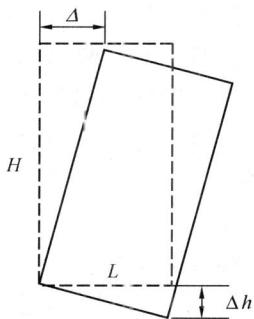

图 9-28　建筑物上部倾斜观测　　　图 9-29　经纬仪投影法

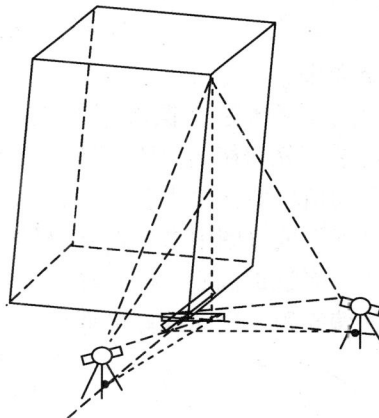

2. 圆形建筑物的倾斜观测

（1）纵横距投影法

当测定圆形建（构）筑物如烟囱、水塔等的倾斜度时，首先须求出顶部中心对底部中心的偏心距。如图9-30(a)所示，在烟囱底部横放一根标尺，然后在标尺的中垂线方向上安置经纬仪。经纬仪距烟囱的距离约为烟囱高度的1.5倍。用望远镜将烟囱顶部边缘两点 A、B 及底部边缘两点 C、D 分别投到标尺上，得读数为 x_1、x_2 及 x_3、x_4，如表9-30(b)所示。烟囱顶部中心 O 对底部中心 O' 在 x 方向上的偏心距为：

$$\Delta x = \frac{x_1 + x_2}{2} - \frac{x_3 + x_4}{2} \tag{9-9}$$

同样可以测得在 y 方向上顶部中心 O 的偏心距为：

$$\Delta y = \frac{y_1 + y_2}{2} - \frac{y_3 + y_4}{2} \tag{9-10}$$

顶部中心对底部中心的总偏心距为：

$$\Delta = \sqrt{\Delta x^2 + \Delta y^2} \tag{9-11}$$

据此可以求出烟囱的倾斜度。

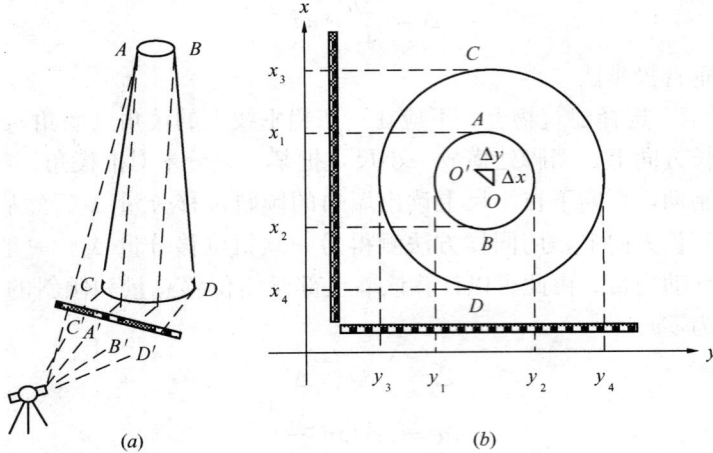

图 9-30　纵横距投影法

（2）前方交会法

如图 9-31 所示，在烟囱等圆形建（构）筑物附近布设导线 A、B、C，可以选用假设的平面直角坐标系，分别在 A、B、C 三点安置经纬仪，测定顶部两侧切线与导线基线边的夹角，取其平均值后的夹角为 α_1、α_2、α_3、α_4；同法测定出底部两侧切线与导线基线边的夹角，而取其平均值（图中未画出）。根据观测数据，利用前方交会公式算出底部圆心 O 的坐标 (x, y) 和顶部圆心 O' 的坐标 (x', y')。由两点之间距离公式，即可算出顶部中心和底部中心的偏心距，进而计算出烟囱的倾斜度。

9.4.3 建筑物的裂缝观测

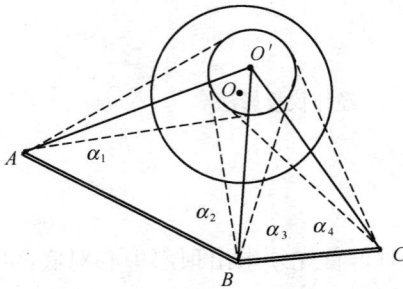

图 9-31　前方交会法

裂缝观测也是建筑物变形观测的重要内容，建筑物出现了裂缝就是变形明显的标志。建（构）筑物产生裂缝的主要原因有：由于受不均匀沉降、地基处理不当、地表和建筑物相对滑动、设计问题等影响而导致局部出现过大的拉应力，混凝土浇筑或养护水温、气温或其他问题和外界因素的影响。裂缝观测主要是定期观测裂缝宽度（必要时尚须观测裂缝长度）的变化，以监视建（构）筑物的安全。观测的裂缝数量视需要而定，主要的或变化大的裂缝应进行观测。

对于一个裂缝，一般应在其两端（最窄处与最宽处）设置观测标志。标志的方向应垂直于裂缝。一个建（构）筑物若有多处裂缝，则应绘制表示裂缝位置的建（构）筑物立面图（简称裂缝位置图），并对裂缝编号。裂缝观测的标志构造和观测方法主要有：

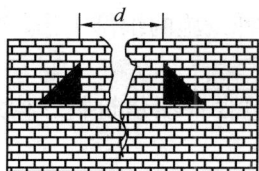
图9-32　油漆观测标志

（1）油漆观测标志。对于砖砌或混凝土建筑物，可在裂缝的两侧用油漆绘制两平行线观测标记"▲▲"，如图9-32所示。每次观测时用尺量取两观测标记的间距 d，可以通过间距 d 的变化值反映出裂缝的扩展情况。

（2）薄铁片观测标志。如图9-33所示，观测标志可用两片白铁片制成，一片为 $150mm×150mm$，固定在裂缝的一侧，并使其一边和裂缝的边缘对齐，喷以白漆，另一片为 $200mm×50mm$，固定在裂缝的另一侧，并使其一部分紧贴在 $150mm×150mm$ 的白铁片上，白铁片的边缘彼此平行。标志固定好后，在两片白铁片露出外面的表面喷上红油漆，并在矩形白铁片上写明编号和标志设置日期。若裂缝继续扩张，则两铁片搭盖处显现白底，每次测量所现白底的宽度并做记录。

（3）金属棒观测标志。在实际应用中，可根据裂缝分布情况，对重要的裂缝，选择有代表性的位置，在裂缝两侧各埋设一个金属棒标点，金属棒标点采用直径为20mm、长约80mm的金属棒，埋入混凝土内60mm，外露部分为标点，两标点的距离不少于150mm，如图9-34所示，用游标卡尺定期地测定两个标点之间距离变化值，以此来掌握裂缝的发展情况，其测量精度一般可达到0.1mm。

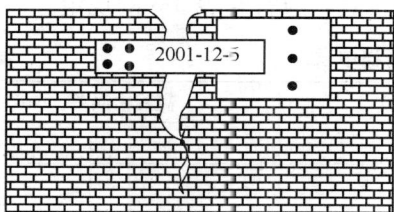
图9-33　薄铁片标志

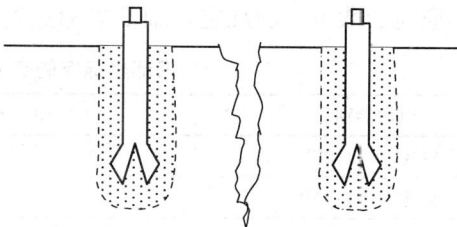
图9-34　金属棒标志

裂缝观测的周期应视裂缝变化速度而定。通常开始半月1次，以后1月1次。当发现裂缝加大时，应增加观测次数，直至几天1次或逐日次的连续观测。裂缝观测时，其宽度应量至0.1mm，每次观测立量出裂缝位置、形态和尺寸，注明日期，附必要的照片资料。

9.5　建筑工程竣工测量

建筑工程竣工测量的主要任务是编绘竣工总平面图。

9.5.1　编绘竣工总平面图的目的及意义

竣工总平面图是设计总平面图在施工后实际情况的全面反映。但在土建工程完工后，实际情况与原来的设计相比，总会有一定的更改，因此必须测绘竣工总平面图，以全面反映竣工后的实际情况。

编绘竣工总平面图的目的在于：

（1）反映竣工后的现状。在施工过程中设计有所变更，致使建成的建（构）筑物无论尺寸、构造或者位置都有所变化，这种临时变更设计的情况必须通过测量反映到竣工总平面图上。

（2）作为工程运营和管理资料。竣工总平面图便于日后进行各种设施的维修工作，特别是地下管线等隐蔽工程的检查和维修工作。

（3）为工程的改建、扩建提供原始资料。因为竣工总平面图包含各项建筑物、构筑物、地下和地上各种管线、道路的坐标、高程等资料。

（4）是评定工程质量的重要依据。

竣工总图与一般的地形图不完全相同，主要是为了反映设计和施工的实际情况，是以编绘为主。当编绘资料不全时，需要实测补充或全面实测。为了使竣工总图与原设计图相协调，因此，其坐标系统、高程基准、测图比例尺、图例符号等，应与施工设计图相同。

竣工总平面图的编绘，最好采用边竣工边编绘的办法。这样做的好处在于，一是可以及时利用竣工成果编绘竣工总平面图，发现问题，能及时在现场核对。二是可以减少测量和编绘的工作量，当工程竣工时，竣工总平面图也可以基本完成，大大节约了人力物力。

竣工总平面图的编绘，包括室外实地测量和室内资料编绘两个方面的内容。现在分别介绍如下。

9.5.2 竣工测量

竣工总图的实测，应采用全站仪测图及数字编辑成图的方法。测量时，应该在已有的施工控制点上进行，当控制点被破坏时，应当进行恢复；待测建（构）筑物的点位及高程中误差，应符合表9-4的规定，细部坐标点测量的位置，应符合表9-5的规定。

细部坐标点的点位和高程中误差 表9-4

地物类别	点位中误差（cm）	高程中误差（cm）
主要建（构）筑物	5	2
一般建（构）筑物	7	3

建（构）筑物细部坐标点测量的位置 表9-5

类 别		坐 标	高 程	其 他 要 求
建（构）筑物	矩形	主要墙角	主要墙外角、室内地坪	
	圆形	圆心	地面	注明半径、高度及深度
	其他	墙角、主要特征点	墙外角、主要特征点	
地下管道		起、终、转、交叉点的管道中心	地面、井台、井底、管顶、下水测出入口官底或沟底	经委托方开挖后施测
架空管道		起、终、转、交叉点的支架中心	起、终、转、交叉点、变坡点的基座面或地面	注明通过铁路、公路的净空高
架空电力线路、电信线路		铁塔中心，起、终、转、交叉点杆柱的中心	杆（塔）的地面或基座面	注明通过铁路、公路的净空高
地下电缆		起、终、转、交叉点的井位或沟道中心、入地处、出地处	起、终、转、交叉点，入地点、出地点、变坡点的地面和电缆面	经委托方开挖后施测
铁路		车档、岔心、进厂房处、直线部分每50m一点	车档、岔心、变坡点、直线部分每50m一点、曲线内轨每20m一点	
公路		干线交叉点	变坡点、交叉点、直线段每30～40m一点	

类　别	坐　标	高　程	其 他 要 求
桥梁、涵洞	大型的四角点，中型的中心线两端点，小型的中心点	大型的四角点，中型的中心线两端点，小型的中心点、涵洞进出口底部高	

注：1. 建（构）筑物轮廓凸凹部分大于 0.5m 时，应丈量细部尺寸。

　　2. 厂房门宽度大于 2.5m 或能通行汽车时，应实测位置。

9.5.3　竣工总平面图的编绘

（1）竣工总平面图的编绘应收集以下资料：

1）总平面布置图；

2）施工设计图；

3）设计变更文件；

4）施工检测记录；

5）竣工测量资料；

6）其他相关资料。

（2）竣工总平面图的编绘应符合下列规定：

1）地面建（构）筑物，应按实际竣工位置和形状进行编制。

2）地下管道及隐蔽工程，应根据回填前的坐标和高程记录进行编制。

3）施工中，应根据施工情况和设计变更文件及时编制。

4）对实测的变更部分，应按照实测资料编制。

5）当平面布置超过图上面积 1/3 时，不宜在原施工图上修改和补充，应重新编制。

（3）竣工总平面图的绘制，应满足下列要求：

1）应绘出地面的建（构）筑物、道路、铁路、地面排水沟渠、树木及绿化地等。

2）矩形建（构）筑物的外墙角，应注明 2 个以上点的坐标。

3）圆形建（构）筑物，应注明中心坐标及接地处半径。

4）主要建筑物，应注明室内地坪高程。

5）道路的起终点、交叉点，应注明中心点的坐标和高程；弯道处，应注明交角、半径及交点坐标；路面，应注明宽度及铺装材料。

6）铁路中心线的起终点、曲线交点、应注明坐标；曲线上，应注明曲线的半径、切线长、曲线长、外矢距、偏角等曲线元素；铁路的起终点、变坡点及曲线的内轨轨面应注明高程。

7）当不绘制分类专业图时，给水管道、排水管道、动力管道、工艺管道、电力及通信线路等在总图上绘制。

复 习 思 考 题

1. 施工平面控制网有几种形式？它们各适合于哪些场合？

2. 试述轴线控制桩和龙门板的测设方法。

3. 工业厂房的柱子安装时，需要进行哪些测量工作？

4. 试述高层建筑的轴线投测方法。

5. 建筑物的倾斜观测有哪几种方法？试述之。

第10章 道路、桥梁与地下工程测量简介

10.1 道路工程测量概述

道路包括铁路、公路、城市道路、农村道路及厂矿企业内部道路，它们具有线路狭长、连接复杂的特点。为保证车辆的平稳、安全运行，道路从一个方向转到另一个方向，从一种坡度转到另一种坡度时，必须用曲线连接。其中连接不同方向的曲线称为平面曲线，连接不同坡度的曲线称为竖曲线。

在道路勘测阶段和施工阶段的测量工作称为道路工程测量。道路工程测量也要遵循"先控制，后碎部"的原则。勘测阶段的测量工作主要包括线路初测、线路定测，施工阶段的测量工作主要包括线路复测、护桩设置、路基边坡放样、竖曲线和竣工测量。

初测是对方案研究中认为有价值的几条或一条主要线路，结合现场的实际情况，在实地选点、标出线路方向，然后进行导线测量、水准测量和带状地形图测绘，并收集沿线地质、水文等资料，作为纸上定线、方案编制和初步设计的依据。根据初步设计，选定某一定线方案后，可转入线路定测阶段。

定测是对已批准的初步设计所选定的线路方案，利用带状地形图上初测导线和定线线路的几何关系，将选定的线路测设到实地上去。定测工作包括中线测量、曲线测设、纵横断面测量和局部地形图测绘。

本章主要介绍道路定测和施工测量。

10.2 道 路 中 线 测 量

将设计线路的中心线测设到实地上，并用木桩标定出来的工作，称为中线测量。道路中线上的直线段之间可通过圆曲线和缓和曲线等曲线进行平面连接。缓和曲线是为了解决曲线超高（公路外侧高于公路内侧的高度或铁路外轨高于内轨的高度）问题，在直线段和曲线段之间插入的一段过渡曲线，该曲线的曲率半径由直线段的∞渐变到圆曲线半径 R。因此，道路中线测量必须重点关注中线上的一些特殊点，道路中线测量的主要任务就是要解决这些点的测设问题，并解决与此有关的一些其他测量问题。

图 10-1 中的道路中线上，有转点（ZD——线路直线段上的点）、直圆点（ZY——直线和圆曲线的连接点）、曲中点（QZ——圆曲线段的中间点）、圆直点（YZ——圆曲线和直线的连接点）、直缓点（ZH——直线与缓和曲线的连接点）、缓圆点（HY——缓和曲线与圆曲线的连接点）、圆缓点（HY——圆曲线与缓和曲线的连接点）、缓直点（HZ——缓和曲线和直线的连接点），线路转折角 α_1、α_2。

图 10-1 中道路中线以外的交点（JD——是相邻两直线段的相交之点）是详细测设道路中线的控制点，其位置由初测带状地形图上纸上定线给出，且要求在中线测量中测设

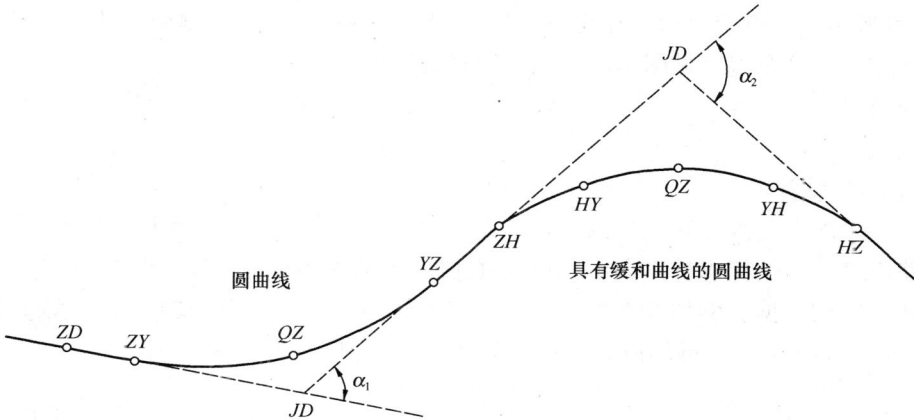

图 10-1　道路中线主点

出来。

中线测量的主要工作包括交点（JD）、转点（ZD）的测设，转点上的偏角测量，曲线测设等。

1. 线路交点和转点的测设

交点和转点的测设与第 8 章"点的平面位置的测设"方法类似：

（1）可根据初测导线控制点与交点之间的几何关系，采用极坐标法测设。

（2）可根据交点与周围地物的几何关系，采用距离交会法测设。

（3）可根据交点和附近控制点的坐标，采用全站仪坐标法直接测设。

（4）另外，当地形不太复杂，且定测中线离初测导线不远时，交点也可以采用穿线法测设，即先测设出线路直线段上的点，然后根据相邻两直线段相交定出交点。穿线法思路如下：

1）放样转点：根据初测导线与选定线路的相互关系，选择定测中线转点位置，计算放样数据，在现场放样出定测转点（见图 10-2）。

2）穿线：根据实地上已经放出的转点位置，用仪器检查并调整，使这些点在一条直线上。

3）定交点：事先预估交点位置，在相邻两直线上穿线时，在交点前后各打两个骑马桩，骑马桩的交点即为所求（见图 10-3）。

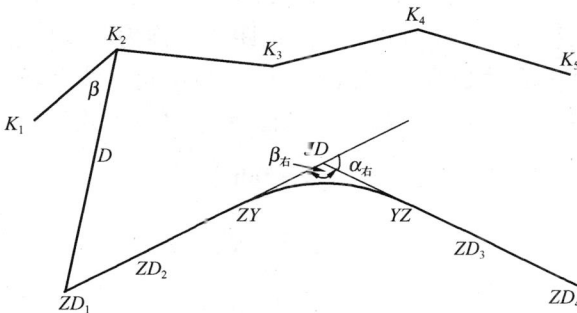

图 10-2　转点放样及偏角测量

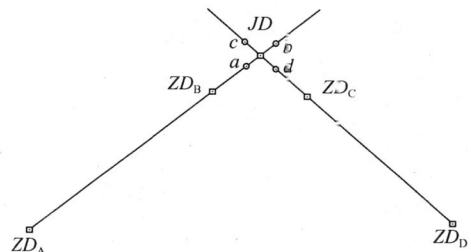

图 10-3　穿线法测设路线交点

153

4）测偏角：交点定出后，在交点上安置仪器，观测 $\beta_右$ 一个测回，然后计算偏角 α，并注明其左偏还是右偏（见图10-2）。偏角计算式为：

左偏角 $\qquad\qquad\qquad \alpha_左 = \beta_右 - 180°$

右偏角 $\qquad\qquad\qquad \alpha_右 = 180° - \beta_右$

2. 里程桩设置

线路上除测设交点和转点桩以外，还需要每隔一定距离设置里程桩。里程桩是说明本桩距线路起点距离的标志桩。它不仅可以详细标定线路中线位置和线路长度，还是施测线路纵横断面图的依据。例如某点为交点，且其距线路起点距离为2134.53m，则其桩号为：$JD_2+134.53$，其中，字母用以说明该点的性质（见图10-4）。

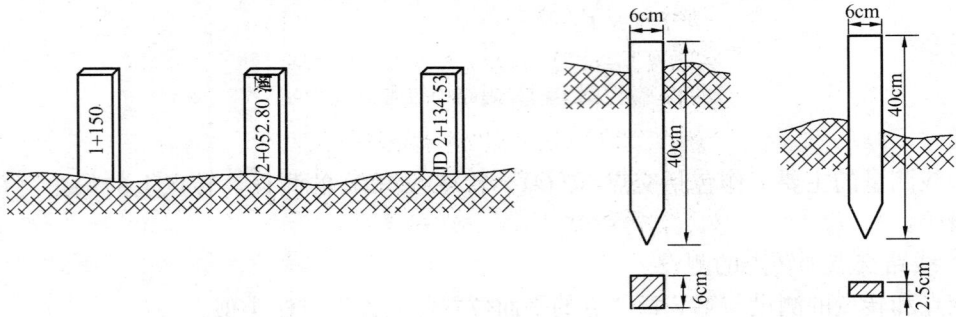

图 10-4　里程桩及加桩

里程桩分为整桩和加桩两种。整桩是从线路起点开始每隔一定的整数米设置的里程桩，直线上中桩间距以不大于50m为宜，曲线上可根据曲率半径每隔20m、10m或5m设置一桩。加桩是线路在通过地形、地物、地质变化等地方时加设的里程桩，桩位设置在坡度变化处、地物连接处及地质土壤变化处，桩号不一定是整数。另外，在曲线的起点、中点和终点处设置的桩称为主点桩，在线路交点、转点处设置的桩称为关系桩。

10.3　道　路　曲　线　测　设

线路上用以平面连接的曲线形式多样，其中圆曲线和缓和曲线是比较常用的两种。

1. 圆曲线测设

如图10-5中，圆曲线的半径 R、圆心角 α、切线长 T、曲线长 L、外矢距 E，称为曲线要素。其中 R 为圆曲线设计半径，α 为偏角（线路转向角），视为已知数据。其余各要素可按下式计算：

$$T = R \cdot \tan\frac{\alpha}{2}$$

$$L = \frac{\pi}{180°}\alpha \cdot R$$

$$E = R \cdot \left(\sec\frac{\alpha}{2} - 1\right) \qquad (10\text{-}1)$$

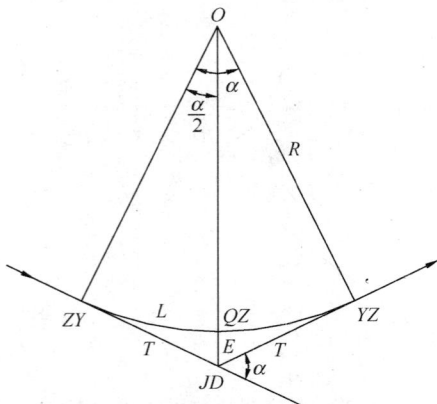

图 10-5　圆曲线要素

圆曲线的起点 ZY、圆曲线的中点 QZ、圆曲线的终点 YZ 总称为圆曲线的主点。圆曲线主点对整条曲线起着控制作用，其测设的正确与否，直接影响曲线的详细测设，所以在作业时应详细检查。

测设时，一般可在交点 JD 或圆心 O 处架设仪器，通过拨角量距法测设主点。若交点和圆心受施工现场地形条件限制，在建立好施工控制网的前提下，也可以根据主点坐标，考虑利用极坐标等方法测设主点。

圆曲线主点测设完成后，还要沿着曲线测设除主点以外的所有加密曲线桩，才能比较确切的反映圆曲线的形状。这项内容称为圆曲线细部测设。圆曲线细部测设的方法很多，有偏角法、切线支距法、弦线支距法、弦线偏距法及正矢法等，目前比较常用的有偏角法和切线支距法。下面对这两种方法作简单介绍。

（1）偏角法

偏角法测设曲线细部的原理，是以方向与长度交会的方法获得放样点位的。即以相邻两曲线点间的长度（弦长）与经纬仪的视线方向进行交会。如图 10-6 中，若第 $i-1$ 点已经放样出，则放样第 i 个点时，可在 ZY 点安置经纬仪，后视 JD 点，拨出偏角 δ_i，再以计算出的长度 d_i 自 $i-1$ 点与拨出的视线方向交会，得出 i 点。

偏角 δ_i 称为弦切角，d_i 为 $i-1$ 点与 i 点的连线——弦长，其对应的弧长为 c。

设弧长 c 所对应的圆心角为 ϕ，其对应的弦长为 d，则：

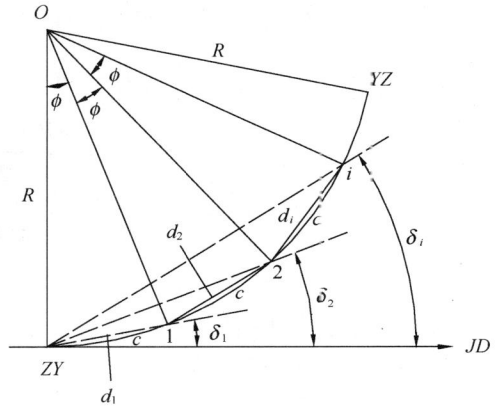

图 10-6　偏角法测设圆曲线细部

$$\delta = \frac{\phi}{2} = \frac{c}{2R} \cdot \rho$$

$$d = 2R\sin\frac{\phi}{2}$$

当圆曲线上要放样的各个细部点等间距时，则曲线上各点的偏角为第一点偏角的整数倍。即：

$$\delta_1 = \delta$$
$$\delta_2 = 2\delta_1 = 2\delta$$
$$\cdots\cdots\cdots\cdots$$
$$\delta n = n\delta_1 = n\delta \qquad (10\text{-}2)$$

（2）切线支距法

如图 10-7，切线支距法是以曲线起点 ZY（或终点 YZ）为坐标原点，切线方向为 x 轴，过 ZY（或 YZ）的半径方向为 y 轴，根据坐标 x_i、y_i 按照直角坐标法测设曲线细部。

设 i 到 ZY 之间的弧长为 S_i，对应的圆心角为 ϕ_i，则

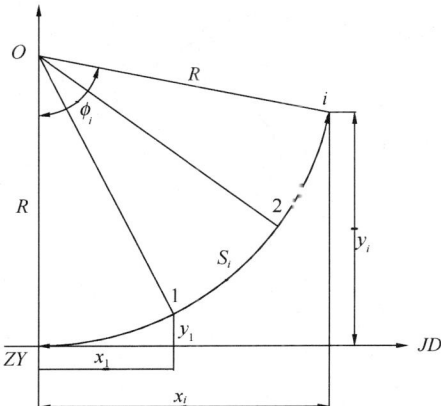

图 10-7　切线支距法测设圆曲线细部

155

$$\left. \begin{array}{l} \phi_i = \dfrac{S_i}{R} \cdot \rho \\[2mm] x_i = R \cdot \sin\phi_i \\[2mm] y_i = R \cdot (1 - \cos\phi_i) \end{array} \right\} \qquad (10\text{-}3)$$

进行细部测设时，自 ZY 点开始，沿切线方向依次测设水平距离 x_1、$x_2\cdots x_i$，并标定各距离处的垂足，在对应垂足点上安置经纬仪，分别测设垂距 y_1、$y_2\cdots y_i$，即得到要测设的细部点 1、2$\cdots i$。

2. 具有缓和曲线的圆曲线测设

如图 10-8 中，具有缓和曲线的圆曲线的切线长 T、曲线长 L、外矢距 E 和切曲差 q，称为曲线要素。曲线各要素可按下式计算：

$$T = m + (R + p) \cdot \tan\frac{\alpha}{2}$$

$$L = \frac{\pi R \cdot (\alpha - 2\beta_0)}{180°} + 2l_0$$

$$E = (R + p) \cdot \sec\frac{\alpha}{2} - R$$

$$q = 2T - L \qquad (10\text{-}4)$$

式中　α——偏角（线路转向角）；

R——圆曲线半径；

l_0——缓和曲线长度；

m——加设缓和曲线后使切线增长的距离；

p——加设缓和曲线后，圆曲线相对于切线的内移量；

β_0——缓和曲线角度。

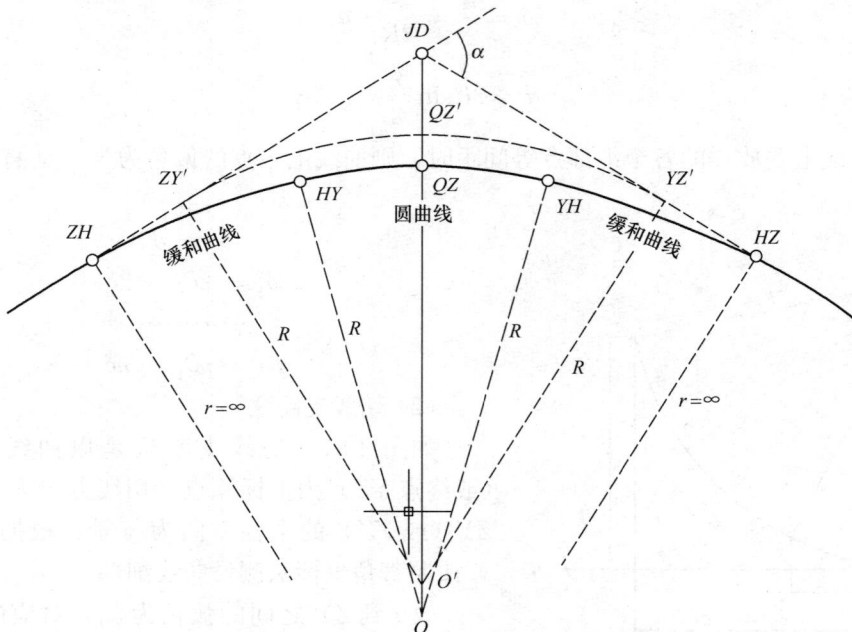

图 10-8　具有缓和曲线的圆曲线要素

其中，m、p、β_0 为缓和曲线参数，可按照下式计算：

$$\left.\begin{array}{l} \beta_0 = \dfrac{l_0}{2R} \cdot \rho \\[2mm] m = \dfrac{l_0}{2} - \dfrac{l_0}{240R^2} \\[2mm] p = \dfrac{l_0^2}{240R} \end{array}\right\} \qquad (10\text{-}5)$$

曲线上的直缓点（ZH）、缓圆点（HY）、曲中点（QZ）、圆缓点〔YH〕和缓直点（HZ）称为主点。

（1）主点测设

主点测设时，可以先根据曲线 α、R、l_0 计算曲线要素，然后：

1）在 JD 上安置仪器，沿过 JD 的切线方向量取切线长 T，即得 ZH 及 HZ。

2）在 JD 上用经纬仪设置（$180°-\alpha$）的平分线，在平分线上由 JD 量取外矢距 E，可得 QZ。

3）在两切线上，自 JD 起分别向曲线起、终点量取（$T-x_0$），然后沿其垂线方向量取 y_0 即得 HY、YH 点。其中：

$$x_0 = l_0 - \frac{l_0^3}{40R^2}, \ y_0 = \frac{l_0^2}{6R}$$
$$(10\text{-}6)$$

（2）细部点测设

主点位置测设完成后，缓和曲线上细部点的测设仍可采用偏角法和切线支距法进行测设。不加推导，现简单说明偏角法测设细部点的方法。

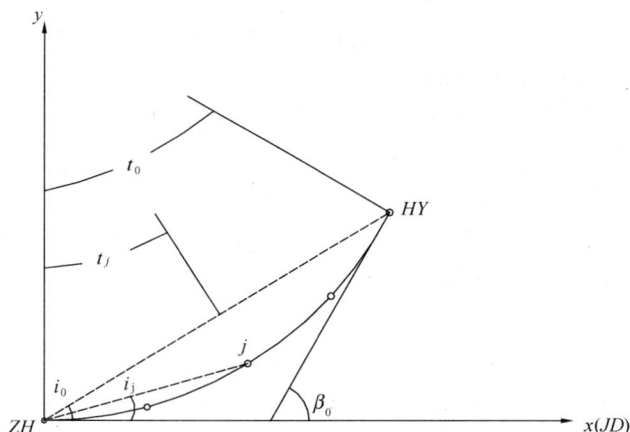

图 10-9　偏角法测设缓和曲线细部

如图 10-9，设缓和曲线自 ZH 点开始测设，将缓和曲线 l_0 按固定间隔 c（c 一般取 10、20m）等分为 1、2、…、j、…、$n-1$ 共 $n-1$ 个细部点，并令第 n 点与 HY 点重合。则：

$$i_0 = \frac{1}{3}\beta_0, \ i_1 = \frac{1}{3n^2}\beta_0, \ i_j = j^2 i_1 \qquad (10\text{-}7)$$

1）在 ZH 点上安置经纬仪，后视切线方向（即 x 轴所指的 JD 方向），将水平度盘置 0。

2）逆时针拨角 $i_1 = \dfrac{1}{3n^2}\beta_0$，自 ZH 点沿视线方向量取 c，得第一点。

3）逆时针拨角 $i_2 = 2^2 i_1$，自 1 点量取距离 c，与视线方向相交得 2 点。

4）逆时针拨角 $i_3 = 3^2 i_1$，自 2 点量取距离 c，与视线方向相交得 3 点。

……

将缓和曲线上各点测设完成后，将仪器移至 HY 点，后视 ZH 点，纵转望远镜，逆

时针旋转 ($\beta_0 - i_0$)，此时的视线方向即为过 HY 点的切线方向，再按照圆曲线测设方法，可以测设出圆曲线细部。

采用切线支距法测设曲线细部时，建立以 ZH 点为坐标原点，以 ZH 至 JD 的连线为 X 轴的平面直角坐标系，设细部点至 ZH 点的曲线长为 l，则缓和曲线上细部点的坐标为：

$$\left.\begin{aligned} x &= l - \frac{l^5}{40R^2 l_0^2} \\ y &= \frac{l^3}{6Rl_0} \end{aligned}\right\} \tag{10-8}$$

自 ZH 点沿 X 轴量取 x，作垂距 y，即可得到放样点。

10.4 路线纵横断面测量

10.4.1 纵断面测量

纵断面图测量是根据水准点的高程，测量线路中线上各桩的高程，然后根据测得的高程和相应的桩号绘制纵断面图，以供路基设计、土方计算及施工边桩放样之用。

1. 水准点的布设

为保证线路高程测量的精度，在纵断面水准测量之前，应在沿线布置一定精度、一定数量的水准点，作为纵断面水准细部测量的高程基准。

起控制作用的水准点分永久性水准点和临时性水准点。永久性水准点一般每隔 20～25km 应布置一个，另外在线路的起点、终点、大桥两岸、隧道两端等重要地段也应布置。临时性水准点的布置可视线路地形起伏情况和工程需要而定，一般在丘陵和山地，每隔 0.5～1km 布置一个，平坦地区 1～2km 布置一个，另外在桥梁、涵洞等工程集中阶段，在较短的线路上，每隔 300～500m 也应布置一个，以保证纵断面水准测量及高程施工放样对高程控制点密度的需要。

水准点高程的测量，要先与高等级国家高程控制点连测，然后按三、四等水准测量的要求施测。

2. 纵断面水准测绘

纵断面水准测量一般以相邻水准点为一测段，自一水准点开始，逐点测量中桩高程，再附合到另一水准点上，以资校核（见图 10-10）。纵断面水准测量可依据视线高法计算

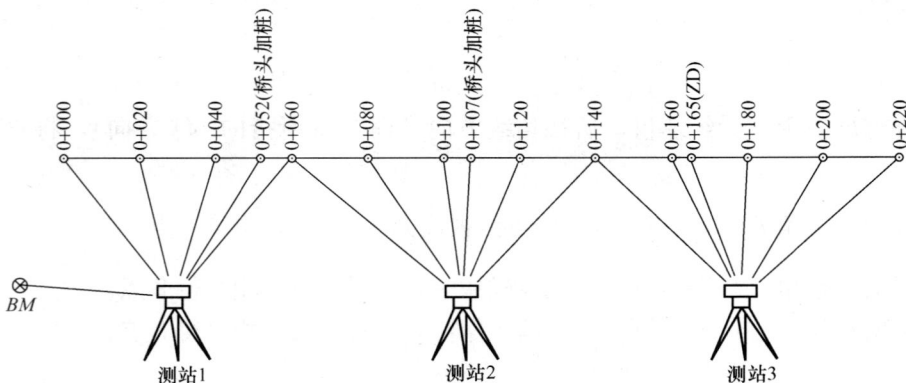

图 10-10 纵断面测量

高程的原理，选定后视点以后，一般选择中桩点作为前视点，后视点与前视点之间的所有待测点作为中间点，这样在读完后视读数后，中间点的立尺可由后尺员完成。测量时，后视、前视读数读至 mm，中视读至 cm。纵断面测量的记录见表 10-1。

纵断面水准测量记录表 表 10-1

测站	点　号	水准尺读数			视线高程	测点高程	备　注
		后视	中视	前视			
1	BMA	1.634			11.634	10.000	
	0+000		1.21			10.42	
	0+020		1.32			10.31	
	0+040		1.43			10.20	
	0+052		1.52			10.11	桥头加桩
	0+060			1.548		10.086	转点
2	0+060	1.535			11.621	10.086	
	0+080		1.31			10.29	
	0+100		1.45			10.17	
	0+107		1.52			10.10	桥头加桩
	0+120		1.40			10.22	
	0+140			1.645		9.976	转点
3	0+140	1.413			11.389	9.976	
	0+160		1.36			10.029	
	0+165		1.48			9.91	ZD
	0+180		1.47			9.92	
	0+200		1.60			9.79	
	0+220			1.745		9.644	转点

3. 纵断面图的绘制

纵断面图既可以表示中线方向的地势起伏，又可在其上进行纵坡设计，是线路设计和施工中的重要资料。

纵断面图是以中线桩里程为横坐标，以中线桩高程为纵坐标绘制的。为了明显表示地面起伏状况，纵轴、横轴可以采用不同的比例尺，通常高程比例尺比里程比例尺大 10～20 倍。纵断面图一般自左至右沿线路里程绘制。

在纵断面图上除要体现里程、高程两类要素外，一般还应绘制出设计纵坡线，标注出桩号和设计高程以及挖、填土的高度。另外，还要表示出直线和曲线部分，曲线部分还要标注出曲线要素和转向角。曲线部分用直角折线表示，上凸表示路线右偏，下凹表示线路左偏（见图 10-11）。

10.4.2 横断面测绘

横断面测量的主要任务是在各中桩处测定垂直于中线方向的地面起伏，然后绘制横断面图。横断面图是设计路基横断面、计算土石方和施工时确定路基挖填边界的依据。其测量的宽度由路基及地形条件确定，一般在中线两侧各 15～50m。测量中距离和高差一般精

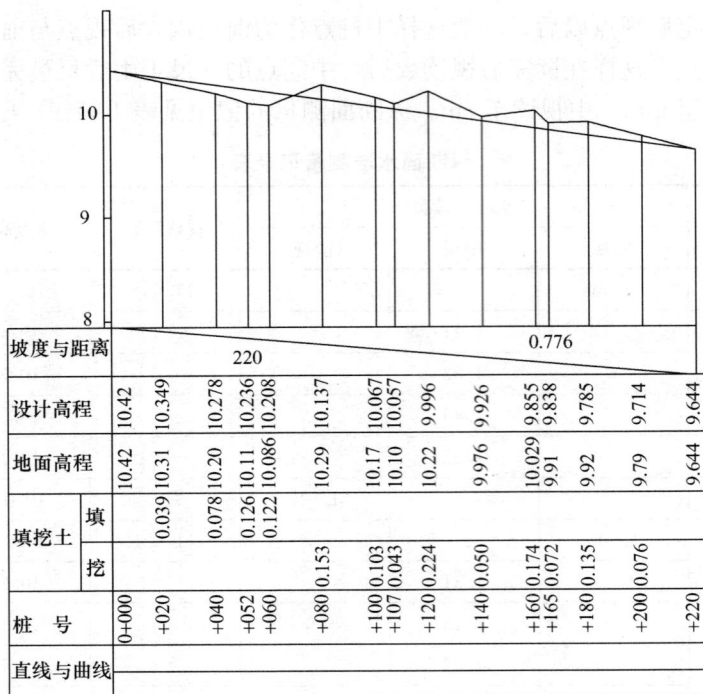

坡度与距离																
设计高程	10.42	10.349		10.278	10.236	10.208	10.137	10.067	10.057	9.996	9.926	9.855	9.838	9.785	9.714	9.644
地面高程	10.42	10.31		10.20	10.11	10.086	10.29	10.17	10.10	10.22	9.976	10.029	9.91	9.92	9.79	9.644
填挖土	填		0.039		0.078	0.126	0.122									
	挖							0.153	0.103	0.043	0.224	0.050	0.174	0.072	0.135	0.076
桩 号	0+000	+020		+040	+052	+060	+080	+100	+107	+120	+140	+160	+165	+180	+200	+220
直线与曲线																

图 10-11 纵断面图

确到 0.05～0.1m 既可满足工程要求。

1. 测设横断面方向

横断面方向一般采用方向架法测设。图 10-12 为方向架示意图，图中 1—1′、2—2′互相垂直且固定不动，3—3′为可转动、可制动的定向杆。

在直线段上测设横断面方向时，如图 10-13 所示，在 ZY 点上立好方向架，用方向架上的 1—1′对准 JD，则 2—2′所指示的方向即为横断面方向，可用标杆或其他标志物标定出来。

转动 3—3′，瞄准 P_1 点，制动 3—3′。将方向架移动到 P_1 点，用 2—2′对准 ZY 点，按照"同弧两端弦切角相等"的定理，3—3′方向即为 P_1 点的横断面方向。

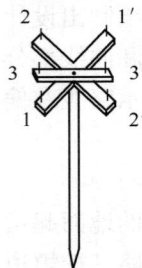

图 10-12　方向架

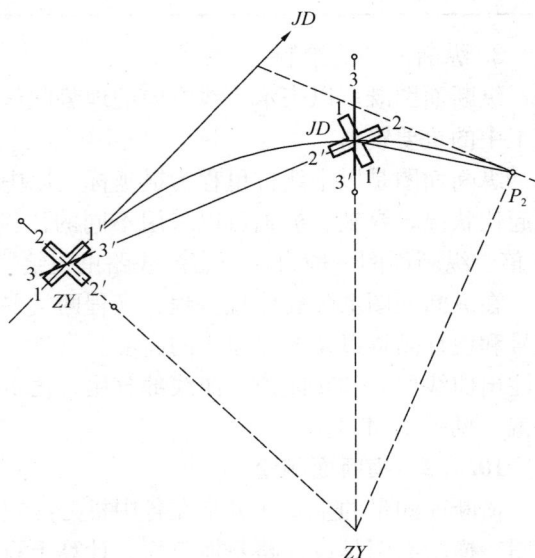

图 10-13　用方向架测设横断面方向

为了继续测设 P_2 点的横断面方向，在 P_1 点定好横断面方向后，不动方向架，松开 3—3′，使其对准 P_2 点后制动。然后将方向架移动至 P_2 点，用 2—2′对准 P_1 点，则 3—3′的指向即为 P_2 点的横断面方向。

2. 测定横断面上的点位

横断面上中桩地面点的高程在纵断面测绘时已经测定，横断面上的点位测定实质上就是测定这些点相对于中桩点的距离和高差。

距离、高差的测定可用皮尺加水准仪测定，也可以用全站仪测定，本节不再详述。

3. 横断面图的绘制

横断面图一般采用 1：100 或 1：200 比例尺绘制。如图 10-14，绘制时，先标定中桩位置，由中桩开始，逐一将特征点绘在图上，再直接连接相邻点，即绘出横断面的地面线。

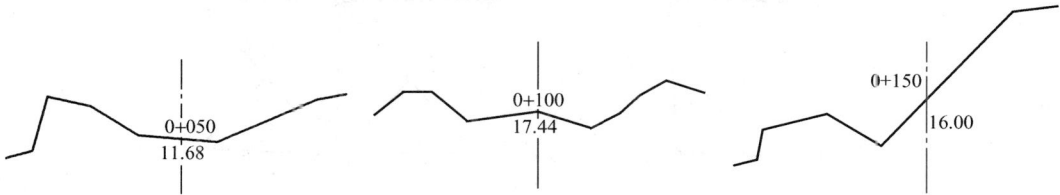

10-14　横断面图

10.5　桥梁工程测量概述

为保证道路的正确连接和交通顺畅，在跨越江河的地段修建了大量桥梁，市政工程中还有大量的互通立交桥。测量工作贯穿于桥梁建设的全过程，按照工程建设的三个阶段，桥梁工程在勘测设计阶段的主要工作包括：桥位平面和高程控制测量、桥址定线测量、桥址平面地形测绘、桥址纵断面及辅助断面测量、河床地形测绘、船筏行走线测量、钻孔定位测量等。桥梁在施工阶段的测量工作主要包括：建立桥梁施工控制网、精确放样桥墩及桥台的位置和跨越结构的各个部分，以保证建筑设计的正确。桥梁竣工后的测量工作包括：竣工测量、变形观测。本节主要介绍桥梁施工测量。

10.6　桥梁控制测量

为保证桥梁轴线、桥梁墩台和桥梁结构的精确定位，桥梁施工之前需要建立专门的桥梁施工控制网。桥梁施工阶段的控制测量包括平面控制测量和高程控制测量。

1. 平面控制测量

按照观测要素的不同，桥梁控制网可布设成三角网、边角网、精密导线网、GPS 网等。为了施工放样计算的方便，对于直线桥梁，桥梁控制网常常将桥轴线或桥轴线的垂线作为一条坐标轴，建立独立的坐标系统。对于曲线桥梁，坐标轴可选择平行或垂直于一岸轴线点的切线。

由于控制测量本身也带有误差，在测量前首先要进行精度估算，以使控制测量的精度达到一定的精度要求，即"控制点误差对放样点位不产生显著影响"。布网时，尽量将桥轴线作为控制网的一条边，这样在测量控制网平差后，只要该边的长度相对误差小于规定限值，就可以保证轴线放样和墩台放样的精度要求。见图 10-15。

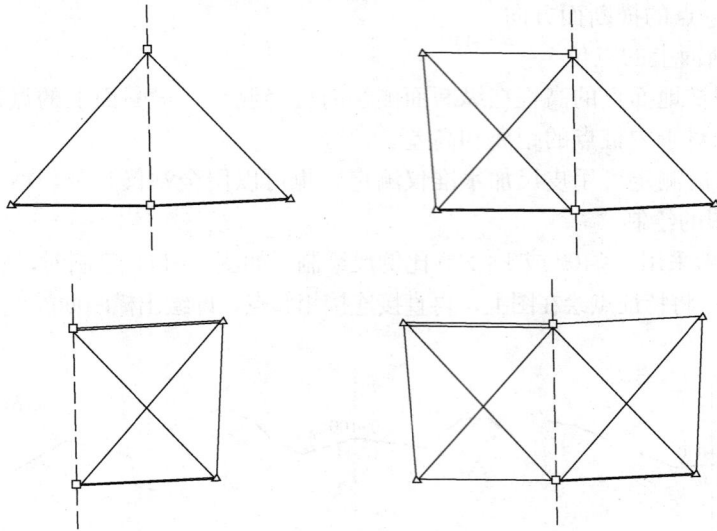

图 10-15　桥梁平面控制网

2. 高程控制测量

桥梁高程控制网有两个作用：一是统一本桥高程基准面，二是在桥址附近设立一些基本水准点和施工水准点，以满足施工中高程放样和监测桥梁墩台垂直变形的需要。由于跨越河流进行高程测量的特殊性，在进行水准测量时，可采用跨河水准测量法。

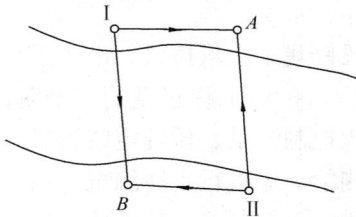

图 10-16　跨河水准测量示意图

如图 10-16 所示，在江河最窄处的两岸布点，A、B 为水准点，Ⅰ、Ⅱ 为测站点，并尽量使距离 ⅠA＝ⅡB、ⅠB＝ⅡA。在 Ⅰ、Ⅱ 点同时架设水准仪，分别以 A、B 为后视，以 B、A 为前视，读取水准尺读数，可求 h_{AB}、h_{BA}，这样可完成一个测回观测。跨河水准测量一般要进行 4 个测回的观测，另外，为了便于水准尺读数，还应使用特制的照准觇板。

10.7　桥 梁 施 工 测 量

10.7.1　桥梁墩台的施工放样

准确放样桥梁墩台的中心位置和它们的纵横轴线，是桥梁施工阶段最主要的工作之一，这项工作称为桥梁墩台定位和轴线测设。

对于直线型的中、小型桥梁，根据桥位桩号及岸上轴线控制桩的桩号，求出其距离，通过精密距离放样法，即可定出桥梁墩台的中心位置，然后采用直角坐标法，可以定出墩台中心线（见图 10-17）。

对于大型桥梁、曲线桥梁或量距不方便的桥梁，可先根据设计资料计算出桥梁墩台中心点的坐标，再考虑利用方向交会法、极坐标法测设墩台中心位置。如图 10-18，A、B、

C、D 为控制点，其中 A、B 在桥轴线上，P 为桥墩点，根据这些点的坐标，由坐标反算原理，可计算交会角：

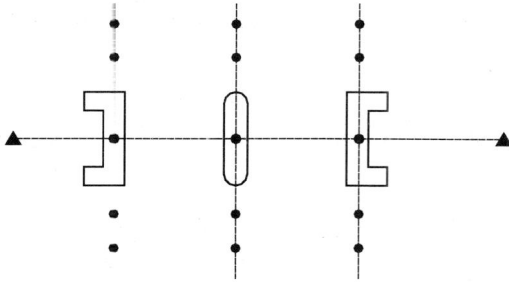

图 10-17　直线型桥梁墩台定位　　　　图 10-18　前方交会法放样桥墩

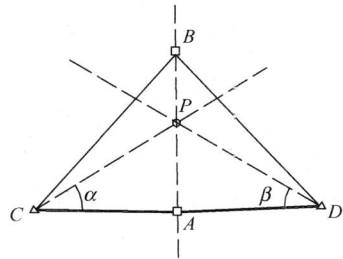

$\alpha = \alpha_{CA} - \alpha_{CP}$，$\beta = \alpha_{DP} - \alpha_{DA}$，根据角度前方交会法的测设方法，可测设出桥墩点 P。

10.7.2　桥梁架设施工测量

桥梁墩台施工完成后，即可进入桥梁架设的工序。由于桥梁的梁部结构复杂，因此事先必须对支撑梁部结构的桥台、桥墩的距离、方向和高程进行精确测定。这包括两方面的工作，一是墩台自身距离、方向和高程的测定，二是墩台中心点之间距离、方向和高程的测定，它们都应该符合设计要求。

大跨度钢桁架或连续梁采用悬臂或半悬臂安装架设，拼装开始前，应在横梁的顶部和底部弹出分中点，架设时，用以检查钢架中心线与桥梁中心线的偏差值。在梁的拼装开始后，应通过不断地测量以保证钢梁始终在正确的平面位置上，并保证高程（立面）方向应符合设计的挠度和整跨拱度要求。

对于两端悬臂，跨中合拢的钢梁而言，合拢前应重点测量两端悬臂的相对关系，如中心线的偏差、最近节点的距离差和高差，以使合拢满足设计要求。

全桥架通后，还要作一次方向、距离和高程的全面测量，以作为钢梁整体纵向移动、横向移动和起落调整的依据，这项工作称为全桥贯通测量。

10.8　地下工程测量概述

10.8.1　地下工程测量的特点

地下通道工程、地下建（构）筑工程以及地下采矿工程都属于地下工程。如隧道、地铁等属于地下通道工程，地下工厂、人防工程及军事设施等属于地下建（构）筑工程，地下煤矿、地下金属开采等属于地下采矿工程。就某项具体工程而言，其特点各有差异，施工方法也各有特色，与此有关的测量工作也不尽相同，但由于都是地下工程，因此，测量工作存在着共性。具体而言，与地面工程相比，地下工程测量具有如下特点：

（1）地下工程施工面阴暗潮湿，环境较差，测量精度难以提高；地下工程施工面狭窄，坑道只能前后通视，致使控制测量形式单一，只能采用导线测量。

（2）地下工程往往采用独头掘进，而洞室之间互不通视，较难组织有效的检核，难以及时发现错误，误差会随着坑道的掘进越来越大。

（3）测量工作随着坑道的掘进，要不间断的进行。

（4）地下工程测量要采用一些特殊仪器和特殊方法才能进行。

10.8.2　地下工程测量的内容及要求

地下工程测量的内容依次为：建立地面控制网、地面和地下的联系测量、地下控制测量、地下施工测量和竣工测量。

地下工程测量的要求包括：

（1）严格遵循"先控制后碎部、由高级到低级、步步有检核"的测量原则，以保证测量成果的精度。

（2）应严格控制横向贯通误差和高程贯通误差的精度，以保证两个相向开挖的贯通面能正确贯通。

（3）工程施工前应进行工程测量误差预计，以保证地下工程的质量。

（4）宜采用先进的测量设备，以保证测量的速度和精度。

10.9　地下工程控制测量

地下工程控制测量包括地面以上的控制测量和地面以下的控制测量。

10.9.1　地面控制测量

1. 平面控制测量

平面控制测量的主要任务是测定各洞口控制点的相对位置，以便根据洞口控制点按照设计方向开挖，并能以规定的精度正确贯通。因此，平面控制网要包括洞口控制点。平面控制测量根据具体工程范围（长度），计有现场标定法、导线法、三角网法和GPS法等。

（1）现场标定法

长度较短且呈直线状态的简单小型工程（如小型隧道、采用明挖法的地下商场等）可采用现场标定法。

如图10-19，A、D两点是隧道中线上位于洞口的两个点，由于两点之间并不通视，需要在A、D两点之间定出B、C两点，使A、B、C、D四点在同一直线上，这样，B、C两点就可以作为向洞内引线的依据（后视点）。其作法是先根据设计资料求出AD的概略方位角，然后在现场按照这一方位角用经纬仪正倒镜分中法将中线从A点延长到B'点、C'点直至D'点，然后量取DD'的距离。则

$$CC' = \frac{DD'}{AD'} \times AC'$$

然后将仪器移到C，后视D，再用上法将直线延长到A，若直线不通过A点，再按照

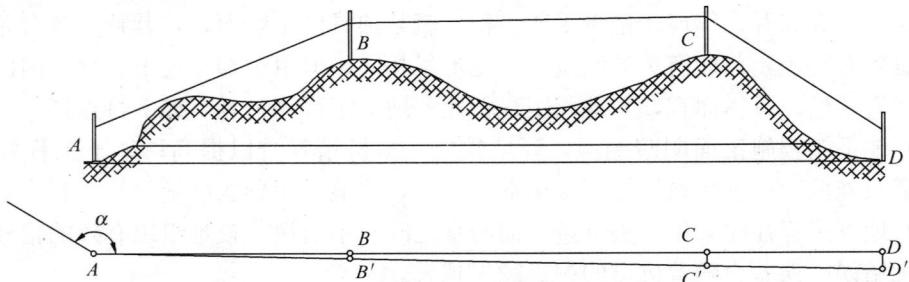

图 10-19　现场标定

上法计算 B 点的偏距，并将仪器移至 B 点，依此方法，直到 A、B、C、D 四点在同一直线上，最后将 B、C 在地面上标定出来，作为向洞内引线的依据。

（2）导线法

导线法是将包括进洞口的控制点在内的控制点用导线连接并测量，经洞口两点坐标的反算，可求得两点连线方向的距离和方位角，据以计算从洞口开始的掘进方向。

（3）三角网法

三角网法是将包括进洞口的控制点在内的地面控制点组成三角网，经三角测量，计算出控制点的坐标。三角测量较导线具有较高的精度，有利于控制隧道贯通误差。

（4）GPS 法

利用 GPS 布网灵活、控制点间无需通视的特点，布置 GPS 控制网，求定控制点坐标。但布网时洞口点及其定向点间要保证通视，以利于往洞内引线。

2. 高程控制测量

高程控制测量的任务是以一定的精度要求，测定洞口附近水准点的高程，作为高程引测进洞的依据。高程控制测量宜采用水准测量的方法进行。

10.9.2 地下控制测量

地下控制测量包括地下平面控制测量和地下高程控制测量。受地下工程的条件限制，地下平面控制测量方法单一，只能布置导线。地下高程控制测量可采用水准测量方法，也可采用三角高程测量方法。

地下导线点是放样地下工程中心线及其衬砌位置、指示工程的掘进方向的控制依据。

地下导线的坐标起算点即地面控制测量的洞口点，或者是根据联系测量传递到地下的坐标点。地下导线不可能一次布设完成，只能根据工程掘进的进度而延长；导线点有时需要设置在坑道板顶，需要采用点下对中；若开挖阶段布置的导线精度较低，还应布置高级导线对低级导线进行检查和校正。

地下高程控制测量的任务是，测定地下坑道中各高程点的高程，建立一个与地面统一的高程系统，作为地下工程在竖直面内施工放样的依据。

地下高程测量一般采用与地下导线相同的线路，高程点可设在板顶、底板和边墙上；在施工过程中，低等级的高程测量应由高等级的高程测量进行检核；地下水准测量的视距不宜超过 50m，且做到前后视距相等，测量时应注意测站检核和成果检核；地下水准点应由地面水准点定期复测，以检查地下水准点的稳定性。

采用三角高程测量时，作业方法与地面相同。

10.10 联 系 测 量

在矿山建设、地铁、江隧道以及其他地下工程中，除了开挖横洞、斜井来增加工作面以外，更常通过竖井进行地下的开挖工作。为保证各相向开挖面能够正确贯通，就必须将地面控制网中的坐标、方向和高程，经由竖井传递到地下去，这些传递工作称为联系测量。其中坐标和方向的传递称为竖井定向测量。经过联系测量，可使地下拥有与地面一样的平面基准和高程基准。

竖井定向的误差对贯通有一定的影响，其中坐标传递的误差将使地下导线各点产生同一数值的位移，它对贯通的影响是一常数。方向传递的误差，将使地下导线各边的方位角转动同一个误差值，它对贯通的影响将随导线的延长而增大，因此，地下工程测量对定向的精度要求是很高的。

按照地下控制网与地上控制网联系的形式不同，定向的方法可分为一井定向、两井定向和陀螺经纬仪定向。

1. 一井定向

通过一个竖井进行定向，就是在井口选择两个固定的投影点，利用重锤法或垂准仪法将这两个点往井下投影（见图 10-20）。

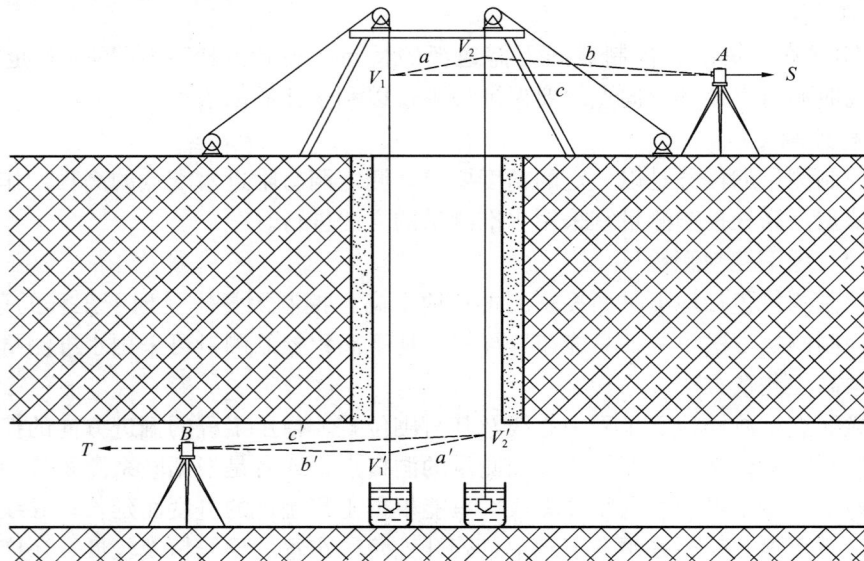

图 10-20　一井定向联系测量

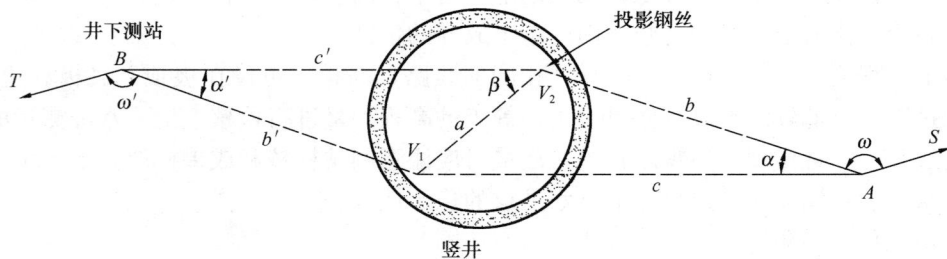

图 10-21　联系三角形

如图 10-21，进行联系测量时，在地面控制点 A 安置经纬仪，后视另一控制点，测量水平角 ω 和 α，并用钢尺精确量取井上联系三角形的三条边长 a、b 和 c。与此同时，在地下同样用钢尺丈量井下联系三角形的三条边长 a'、b' 和 c'，在地下导线点 B 上安置经纬仪，后视另一地下导线点，测量水平角 ω' 和 α'。经由这样的联系测量，就可以将地面点的坐标和方向传递到地下。计算思路如下：

（1）根据地面测站点、后视点的坐标，可以计算起始坐标方位角 α_{AS}，根据观测的水平角 ω 和 α，可计算坐标方位角 α_{AV_1}、α_{AV_2}，由于边长 b 和 c 已测，可根据支导线计算原理，计算出 V_1、V_2 两点的坐标。

（2）根据地下观测的三条边长 a'、b' 和 c'，水平角 α'，利用正弦定理，可计算连接角 γ，根据与上部相同的计算思路，可计算出 B 点的坐标，即传递了坐标。考虑到地下还观测了水平角 ω'，因此也可以计算出坐标方位角 α_{BT}，即确定了地下导线的方向。

2. 两井定向

两井定向是指在两个相邻竖井开挖的工作面贯通后，在两井中分别测设一根铅垂线，这两根铅垂线相当于无定向导线两端的两个已知点，然后利用无定向导线计算原理，对两井间的地下导线进行平差计算。

如图 10-22 所示的一段导线 V_1EFV_2，V_1、V_2 的坐标可由地面传递下去，由于 V_1、V_2 不通视，在 V_1、V_2 上安置仪器时，没有明确的后视方向，故不能根据前面章节的导线计算原理计算导线点 E、F 的坐标，这种导线称为无定向导线。

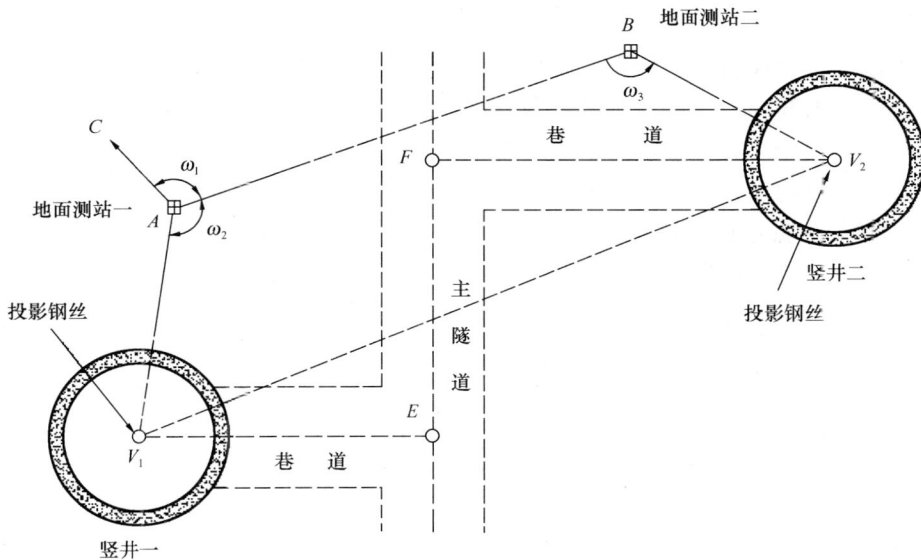

图 10-22 两井定向联系测量

无定向导线观测时，可在其中一个已知点 V_1 上安置仪器，瞄准任意一个方向（当然可选邻近导线点 E 的方向）作为后视方向，并假定包括该已知点的导线边 V_1E 的坐标方位角为 α_{V_1E}。在其他点上安置仪器时，观测量、观测方法同前述章节的要求相同。

计算时，利用假定的坐标方位角，按照支导线计算原理可计算其他导线点，包括另一已知点 V_2 的坐标。结果会发现，计算出的另一已知点 V_2 的坐标与起始数据存在较大差异，即 V_2 的计算位置产生了变化，变化后的位置不妨设为 V_2'。根据 V_1、V_2；V_1、V_2' 可以计算出两组坐标反算数据，$S_{V_1V_2}$、$\alpha_{V_1V_2}$ 和 $S_{V_1V_2'}$、$\alpha_{V_1V_2'}$，它们对应不等，其差值称为缩放误差和旋转误差，它们是由实际测量误差和假定方向误差共同引起的。对这两项误差施加改正后，再进行支导线计算，就可以准确地求出导线点的坐标。

无定向导线的详细计算方法不再赘述。

3. 陀螺经纬仪定向

陀螺经纬仪是经纬仪和陀螺仪的结合体，高速旋转的陀螺在地球自转的作用下，具有自动指向真北的特性，因此，利用陀螺经纬仪可以测定真方位角。

在地下工程测量中，利用陀螺经纬仪测定的真方位角，再计算出子午线收敛角，就可以计算出坐标方位角。一条已知坐标方位角的边，即意味着该边方向已经确定。

4. 高程的传递

将地面点的高程传递到地下去的工作，称为竖井高程传递。高程传递可考虑用在铅垂方向拉直的钢尺代替水准尺，以解决水准尺尺长不足的问题，其测量原理参见第8章高程传递有关内容。

10.11 地下工程施工测量

地下工程的类型不同，具体施工方法也不同，本节以隧道工程为例，说明地下工程的施工测量。

洞外控制测量完成后，按照设计要求可计算洞内设计中线点的坐标和高程。根据坐标反算原理，可求出洞内设计点与洞外控制点之间的距离、角度和高差关系。隧道施工测量的主要任务就是根据反算数据，确定隧道在平面及竖直面内的掘进方向，另外定期检查工程进度及计算完成的土石方量。

1. 隧道水平面掘进施工测量

（1）掘进方向测设数据计算

如图10-23，设 A、B…I 为地面控制点，P_1 为隧道中线点，它们的坐标或者已知，或者通过设计资料计算获得。则由洞外点 A 进洞至 P_1 的测设数据为水平角度 β 和水平距离 D_{AP1}，根据坐标反算原理：

$$\beta = \alpha_{AP1} - \alpha_{AD}$$
$$D_{AP1} = \sqrt{(Y_{P1} - Y_A)^2 + (X_{P1} - X_A)^2}$$

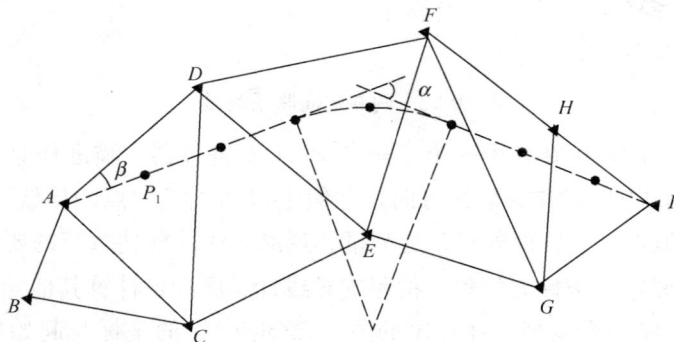

图 10-23 隧道掘进方向

当隧道掘进到曲线段时，根据曲线要素，采用曲线测设的方法，可计算并测设出曲线的主点。

（2）洞口掘进方向的标定

隧道贯通的横向误差主要由测设隧道中线方向的精度所决定，因此进洞时的初始方向尤其重要。如图10-24，在进洞方向的中线上埋设若干点1、2、3、4，并在其垂线方向上埋设若干点5、6、7、8，则1、2、3、4即为掘进方向上的控制桩，5、6、7、8为检核桩。这样，事先测定洞口控制点 A 至 2、3 和 6、7 的距离，在施工过程中，就可以随时检查和恢复洞口控制点 A 的位置，恢复洞口中线方向。

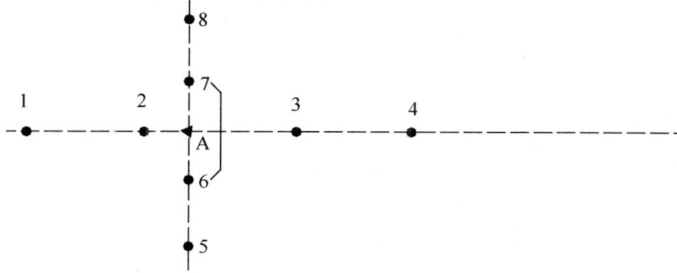

图 10-24 洞口控制点和掘进方向的标示

2. 隧道竖直面掘进方向施工测量

在隧道开挖过程中，除标定隧道在水平面内的掘进方向外，还应定出坡度，以保证隧道在竖直面内的贯通精度。通常采用腰线法标定。隧道腰线是用来指示隧道在竖直面内掘进方向的一条基准线，通常标设在隧道壁上，并离开隧道底板一定距离。

图 10-25 中，A 为已知水准点，C、D 为待标定的腰线点。在适当位置安置水准仪，后视已知水准点 A，求出视线高程。根据隧道坡度及 C、D 点的里程计算两点的高程，求出 C、D 两点与视线的高差 Δh_1、Δh_2，由仪器视线向上或上下量取 Δh_1、Δh_2，即得到 C、D 点的位置。

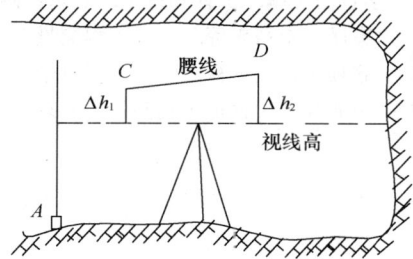

图 10-25 腰线的标定

复 习 思 考 题

1. 道路中线上有哪些主要的点？

2. 什么是中线测量？简述穿线放线法的思路。

3. 圆曲线要素有哪些？缓和曲线要素有哪些？

4. 曲线测设的方法有哪些？

5. 纵断面图、横断面图有什么作用？如何测绘？

6. 桥梁施工测量的主要内容有哪些？

7. 地下工程测量的内容有哪些？

8. 什么是联系测量？联系测量的目的是什么？竖井定向测量的方法有哪些？

主 要 参 考 文 献

[1] 合肥工业大学，重庆建筑大学，天津大学，哈尔滨建筑大学合编. 测量学(第四版). 北京：中国建筑工业出版社，1995.

[2] 张正禄等. 工程测量学. 武汉：武汉大学出版社，2005.

[3] 杨松林. 测量学. 北京：中国铁道出版社，2003.

[4] 郝光荣等. 测量员. 北京：中国建筑工业出版社，2009.

[5] 覃辉. 土木工程测量. 上海：同济大学出版社，2005.

[6] 潘正风等. 数字测图原理与方法. 武汉：武汉大学出版社，2004.

[7] 顾孝烈等. 测量学. 上海：同济大学出版社，2006.

[8] 周忠谟等. GPS卫星测量原理与应用. 北京：测绘出版社，1992.

[9] 李青岳主编. 工程测量学. 北京：测绘出版社，1984.

[10] 秦昆，李裕忠等. 桥梁工程测量. 北京：测绘出版社，1991.

[11] 张项铎，张正禄. 隧道工程测量. 北京：测绘出版社，1998.

[12] 王兆祥等. 铁道工程测量. 北京：铁道出版社，1998.